電気・磁気がつくる未来の社会

電気や磁気の性質を利用・応用したさまざまな製品や技術により，
わたしたちの社会は，便利で快適なものになっています。
さらなる社会の発展のために，環境にも配慮した，さまざまな製品や技術が
実用化に向けて研究・開発されています。

太陽光発電

バイオマス発電

地熱発電

風力発電

黒潮の流れ

タービン回転

海流発電

海水の流れでタービン
を回して発電する。

宇宙太陽光発電

宇宙空間の太陽電池で発電し，
マイクロ波やレーザで地上に送
信する。地上の受信設備で電力
に再変換する。

宇宙太陽光発電衛星
（地上36 000 km上空）

洋上に建設された
受電施設

超電導ケーブル

発電時に電気抵抗によって
熱として損失する電気を大
幅に減少させる。

フォーマ　超電導シールド（2層）

超電導導体
（4層）

電気絶縁体

断熱管

実用化・普及に向けて研究・開発が
進められている製品・技術

JN097867

名称・図記号	外観例	名称・図記号	外観例
直流電源		交流電源	
直流電圧計		交流電圧計	
直流電流計		交流電流計	
スイッチ (一般図記号)		抵抗器 (一般図記号)	
インダクタ（コイル） (空心コイル)（磁心入りインダクタ）	（磁心入りインダクタ）	コンデンサ (一般図記号)（有極性コンデンサ）	

▌▌▌ 代表的な抵抗器

名称	図記号	種類			特徴	目的
固定抵抗器		炭素皮膜抵抗器	チップ抵抗器	セメント抵抗器	抵抗値一定	電気回路の構成要素となる。
可変抵抗器	（二端子）（三端子）	ダイヤル抵抗器	すべり抵抗器	炭素皮膜可変抵抗器	抵抗値を任意に変えられる。	電流や電圧を変化させるのに使用する。
半固定抵抗器	（二端子）（三端子）				抵抗値を任意に変えられる。	電流や電圧を調整したのち，固定して使用する。

First Stage シリーズ

新訂電気回路入門

日髙邦彦・堀桂太郎　[監修]

井上弘司・金澤恵司・河合英光・坂本成一・佐竹一郎・長久　大　[編修]

実教出版

目次 Contents

（本書は，高等学校用教科書「工業 722 精選電気回路」（令和 5 年発行）を底本として制作したものです。）

『精選電気回路』を 学ぶ にあたって

▶ わたしたちの生活に欠かせない電気

電気は，水力発電，火力発電，原子力発電のほか，太陽光や風力などの再生可能エネルギーを用いた発電によってつくり出されている。発電所で高い電圧の交流としてつくられた電気は，送電線を通り，途中の変電所で低い電圧に変換されながら家庭や工場などに送られている。そして，用途に適した大きさの電圧に変換されたり，交流から直流に変換されたりして利用されている。今や電気はいたる所で利用されており，わたしたちの社会生活や産業になくてはならない重要なエネルギーとなっている。本書による学習を通して，電気に関する基礎事項を学び，電気をより有効に活用する能力などを身につけよう。

なお，本書は次のページの約束事に基づいて編修されているので，正しく理解して学習を進めよう。

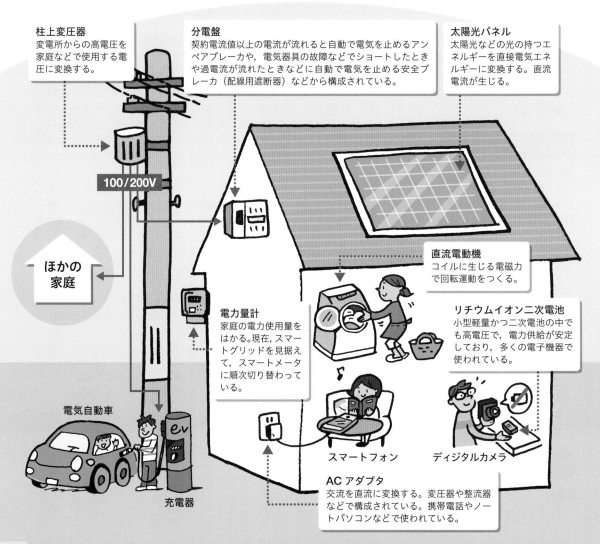

柱上変圧器
変電所からの高電圧を家庭などで使用する電圧に変換する。

分電盤
契約電流値以上の電流が流れると自動で電気を止めるアンペアブレーカや，電気器具の故障などでショートしたときや過電流が流れたときなどに自動で電気を止める安全ブレーカ（配線用遮断器）などから構成されている。

太陽光パネル
太陽光などの光の持つエネルギーを直接電気エネルギーに変換する。直流電流が生じる。

100/200V

ほかの家庭

直流電動機
コイルに生じる電磁力で回転運動をつくる。

リチウムイオン二次電池
小型軽量かつ二次電池の中でも高電圧で，電力供給が安定しており，多くの電子機器で使われている。

電力量計
家庭の電力使用量をはかる。現在，スマートグリッドを見据えて，スマートメータに順次切り替わっている。

電気自動車

充電器

スマートフォン

ディジタルカメラ

AC アダプタ
交流を直流に変換する。変圧器や整流器などで構成されている。携帯電話やノートパソコンなどで使われている。

▶ 大きな数や小さな数の表し方

本書で学習する内容には，大きな数や小さな数がたくさん使われている。そのような数を扱う場合には，べき乗や接頭語を用いると便利である。たとえば，大きな電圧として 2000 V を考えると，10 のべき乗 10^3 を接頭語「k」に置き換えて単位につけて，次のように表すことができる。

$$1\,000 = 10 \times 10 \times 10 = 10^3$$

$$2000\,\text{V} = 2 \times 1\,000\,\text{V} = 2 \times 10^3\,\text{V} = 2\,\text{kV}$$

べき乗 a^m の m を指数という。上の式に用いた 10^3 の指数は，3 である。

また，小さな電圧として 0.002 V を考えると，10 のべき乗 10^{-3} を接頭語「m」に置き換えて単位につけて，次のように表すことができる。

$$0.002\,\text{V} = 2 \times 0.001\,\text{V} = 2 \times 10^{-3}\,\text{V} = 2\,\text{mV}$$

$$\frac{1}{1\,000} = \frac{1}{10^3} = 10^{-3}$$

◆おもな接頭語

接頭語	p	n	μ	m	c	k	M	G	T
読みかた	ピコ	ナノ	マイクロ	ミリ	センチ	キロ	メガ	ギガ	テラ
べき乗	10^{-12}	10^{-9}	10^{-6}	10^{-3}	10^{-2}	10^3	10^6	10^9	10^{12}

指数を用いた数値は，次のように計算できる。

指数の計算ルール（$a > 0$）

$a^0 = 1$

$a^1 = a$

$a^{-m} = \dfrac{1}{a^m}$

$(x \times a^m) + (y \times a^m) = (x + y) \times a^m$

$a^m \times a^n = a^{m+n}$

$a^m \div a^n = a^{m-n}$

$(a^m)^n = a^{m \times n}$

計算例

$2 \times 10^3\,\text{V} + 4 \times 10^3\,\text{V} = (2 + 4) \times 10^3\,\text{V} = 6 \times 10^3\,\text{V} = 6\,\text{kV}$

$0.000\,001\,\text{V} = \dfrac{1}{10^6}\,\text{V} = 1 \times 10^{-6}\,\text{V} = 1\,\mu\text{V}$

$10^3 \times 10^2\,\text{V} = 10^{3+2}\,\text{V} = 10^5\,\text{V} = 10^2 \times 10^3\,\text{V} = 100\,\text{kV}$

$10^4 \times 10^{-7} \times 10^6\,\text{V} = 10^{4-7+6}\,\text{V} = 10^3\,\text{V} = 1\,\text{kV}$

$10^6\,\text{V} \div 10^2 = 10^{6-2}\,\text{V} = 10^4\,\text{V} = 10^1 \times 10^3\,\text{V} = 10\,\text{kV}$

$5 \times 10^1 \div 10^2 \times 10^4\,\text{V} = 5 \times 10^{1-2+4}\,\text{V} = 5 \times 10^3\,\text{V} = 5\,\text{kV}$

$(10^3)^2\,\text{V} = 10^{3 \times 2}\,\text{V} = 10^6\,\text{V} = 1\,\text{MV}$

$(10^3)^{-2}\,\text{V} = 10^{3 \times (-2)}\,\text{V} = 10^{-6}\,\text{V} = 1\,\mu\text{V}$

▶ 単位および円周率の値などの表し方

●**単位**● 本書では，V，I などの量記号に対しては，$V\,[\text{V}]$，$I\,[\text{A}]$ のように $[\ ]$ をつけ，2，3，π などの数値に対しては，$2\,\text{V}$，$3\,\text{A}$，$\pi\,\text{rad}$ のように，$[\ ]$ をつけない。

●**円周率，平方根，三角関数の値**● 例題・問題などの計算問題においては，$\pi = 3.14$，$\sqrt{2} = 1.41$，$\sqrt{3} = 1.73$，$\sin 60° = \cos 30° = 0.866$，$\sin 45° = \cos 45° = 0.707$ などを使った（関数電卓などで算出し，3 けたに丸めた数値）。関数電卓を使って，これらの値を 3 けたに丸めずに計算すると，答えの数値がわずかに異なることがあるが，どちらも正しい計算である。

第1章

電気回路の要素

第 章

1節 電気回路の電流と電圧

1 電気回路とその表し方

目標	◎ 電気回路の表し方を知り，実体配線図と電気回路の違いを理解しよう。
	◎ 電気用図記号を覚え，正しい電気回路図の描き方を身につけよう。

1 電気回路　図1(a) は，スイッチを用いて電池と豆電球を導線で接続した電気回路である。スイッチを入れると，電池の正極（＋極）から負極（－極）へ電流が流れ，豆電球が点灯する。このように，電流が流れる経路を，**電気回路**またはたんに**回路**という。
electric circuit

図1(a) は，電気回路を構成する回路要素（素子）を実際の物のように絵で表している。このように表した電気回路を，**実体配線図**という。

❶ 回路図においては，豆電球や白熱電球，発光ダイオードを用いた電球などを総称して，**ランプ**という。

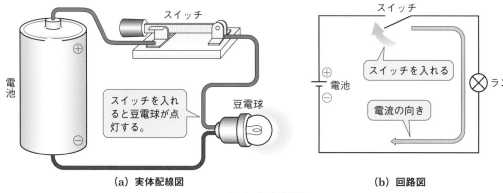

(a) 実体配線図　　　　　(b) 回路図

図1　電気回路

一方，図1(b) は，電気回路を構成する回路要素を電気用図記号に置き換えて表している。これを**電気回路図**，またはたんに**回路図**という。
circuit diagram

<table>
<tr><td>**2**</td><td>回路図に用いる図記号</td></tr>
</table>

電気用図記号は，**日本産業規格** (JIS) で決められている。表1に，おもな電気用
Japanese Industrial Standards
図記号を示す。
→見返し3

表1　おもな電気用図記号

直流電源（電池など）	交流電源	抵抗	インダクタ（コイル）	コンデンサ	可変抵抗器
⊣⊢	⊙	▭	⌒⌒⌒	⊣⊢	⊘
スイッチ	接地	フレーム接続	端子	導線の交わり（接続する場合）	導線の交わり（接続しない場合）
〵	⏚	⊥	○	┼•	┼

回路図を描くさいには，各回路要素の接続を間違えないように注意する。各回路要素の電気用図記号をわかりやすく配置し，直列・並列の接続関係を正しく描く。また，回路図が複雑になると接続線どうしが交わることがあるが，電気的に接続されている交わりには，黒丸を付けて表す。

たとえば，図2(a) の実体配線図を回路図で表すと，図2(b) のようになる。

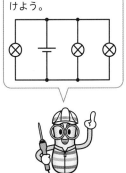

各回路要素の接続のしかたや直列・並列関係が正しければ，図2(b) の回路図を次のように描くこともできるよ。回路図が複雑になるときなどは，みやすく描くことを心がけよう。

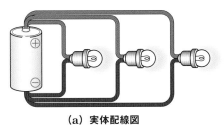

(a) 実体配線図

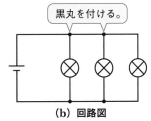

黒丸を付ける。

(b) 回路図

図2　回路図の表し方の例

問1 図3に示す実体配線図を回路図で表せ。

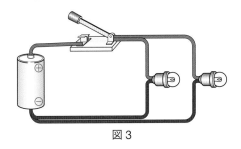

図3

1節　電気回路の電流と電圧　**7**

2 電子と電流

目標	❷ 自由電子の働きを理解し，自由電子の移動する向きと電流の向きとの関係を説明できるようになろう。
	❷ 電流の大きさを求めることができるようになろう。

図4　帯電

1 電荷とその性質

プラスチックの棒をふきんでこ すると，電気が生じ，図4のように，物を引きつけ合うことがある。これは，プラスチックの棒とふきんが電気を帯びて，その作用によって引き合うためである。このように，物体が電気を帯びることを**帯電**とい ➡p.56
electrification
い，帯電した物体が持つ電気のことを**電荷**という。電荷には， 正（＋）または負（－）の極性があり，同じ極性どうしは反発し，違う極性どうしは引き合う性質がある。

2 自由電子

すべての物質は原子でできており，原子は正の電荷を持つ**原子核**と負の電荷を持つ**電子**で構成
atomic nucleus electron
されている。固体は，たくさんの原子が結びついて構成されており，その結びつき方によって金属やセラミックス，プラスチックなどの材料に分類される。

　金属では，図5に示すように，構成する原子から出た電子の一部が，特定の原子に属することなく，物質内を自由に動き回ることができる。この電子を**自由電子**という。自由電子が多い物質は，電気をよく伝え
free electron ➡p.12
ることができるので，**導体**といわれる。
conductor
　一方，ゴムやガラス，油などは，電子が特定の原子に共有されており，自由電子をほとんど持たないため，電気を伝えることができない。このような物質は，**絶縁体**といわれている。
➡p.12
insulator

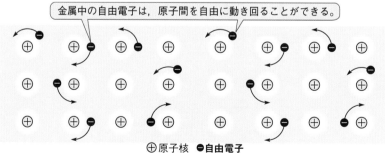

金属中の自由電子は，原子間を自由に動き回ることができる。

⊕原子核　●自由電子
図5　金属中の自由電子

3 電流の向きと大きさ

図6のように，導線に電池を接続すると，導線内の自由電子は，電池の正極⊕に向かって移動する。この自由電子の流れが**電流**である。電流の向きは，正の電荷の動く向きとされており，自由電子の移動する向きと逆になる。

electric current

5 　電気回路において，導体の中にある自由電子を動かす力を与えるものを，**電源**という。また，豆電球のように，電気によるエネルギーを光や熱などのエネルギーに変換する装置を，**負荷**という。

power source

load

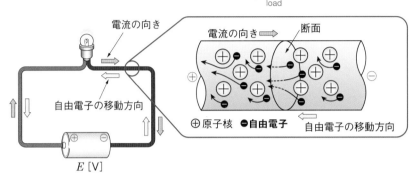

電流の向き
断面
電流の向き ⟹
自由電子の移動方向
⊕原子核 ●自由電子　自由電子の移動方向
E [V]

図6　自由電子の流れと電流の向き

　電流の大きさは，導体のある断面を，1秒間に通過する電荷の量で表す。電流の単位には [A]（**アンペア**），電荷の単位には [C]（**クーロン**）

ampere　　　　　　　　　　coulomb

10 が用いられる。導体の断面を，t 秒間に Q [C] の電荷が通過するとき，電流 I [A] は，式 (1) で表される。

| 電流 | $$I = \frac{Q}{t} \ [\text{A}]$$ | (1) |

例題 ❶　2秒間に3Cの電荷が導体の断面を通過したときの電流を求めよ。

15 　**解 答**　式 (1) より，電流 $I = \dfrac{Q}{t} = \dfrac{3}{2} = 1.5\,\text{A}$❶

❶　本書では原則として，計算途中の式には単位を明示せず，計算結果の数値に単位をつけて表す。

問2　1Aの電流を10秒間流したとき，導体の断面を通過した電荷を求めよ。

3 電流と電圧

目標	◆ 直流と交流の違いについて理解しよう。
	◆ 電圧・電位差・起電力について，タンクの水の例から，イメージしながら理解しよう。

1 直流と交流

図7のように，電池から流れる電流は，時間に対して大きさと向きが一定である。このような電流を，**直流**という。一方，わたしたちの家庭に送られてくる電流は，図8のように，時間とともに大きさと向きが変化している。このような電流を，**交流**という。

❶ DC ともいう。

direct current

❷ AC ともいう。

alternating current

直流が流れている回路のことを，**直流回路**といい，交流が流れている回路のことを，**交流回路**という。
➡第2章
➡第5章

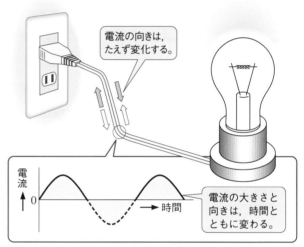

電流の向きは，一定である。

電流の大きさと向きが一定

電流

0 ← 時間

図7 直流回路の電流

電流の向きは，たえず変化する。

電流の大きさと向きは，時間とともに変わる。

電流

0 → 時間

図8 交流回路の電流

コンセントからは，交流が供給されているよ。

問3 大きさと向きがゆっくりと変化する電源に電球を接続すると，電球の明るさは，どのように変化するだろうか。

家庭内で使用される電化製品には，直流で動作するものと交流で動作するものがある。テレビやパソコンは直流で動作するので，コンセントからの交流を適切な大きさの直流に変換して使用している。また，扇風機や換気扇などの多くは，交流で動作するので，コンセントからの交流をそのまま使用している。

2 | 電位・電圧・起電力

図 9(a) のように，二つのタンク A，B が，弁のついたパイプでつながっている。弁を開くと，水は水位の高いタンク A から，水位の低いタンク B へ流れる。このとき，ポンプの力を利用し，タンク B の水をタンク A に戻し，水位の差を保つようにしている。

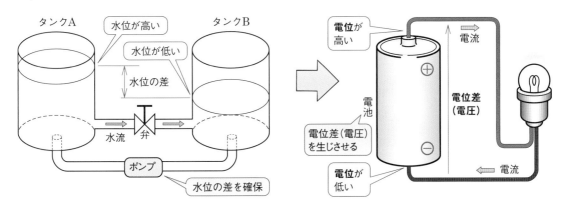

(a) 水位の差と水流 　　　　　　　　　**(b) 電位差と電流**

図 9　水位の差と電位差の関係

これを電気回路に対応させると，図 9(b) のようになり，水位に相当するものを**電位❶**といい，水流は電流に相当する。電流は，電位の高いほうから低いほうへ流れる。このときの電位の高さの差を，**電位差**または**電圧**といい，量記号を V で表す。

electric potential
potential difference
voltage

図 9(a) のポンプに相当するものは電池である。電池内部の化学作用によって，正極⊕は負極⊖より電位が高くなり，正極と負極の間に電圧が生じる。この電圧を発生させる働きを，**起電力**といい，量記号を E で表す。

electromotive force

電位差・電圧・起電力の単位には，[V]（**ボルト**）が用いられる。

❶　電位の高低を表すには，次のように，電位が高いほうに矢印を向けて表す。

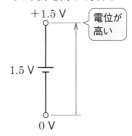

問4　図 10 において，電圧 V_a，V_b を求めよ。

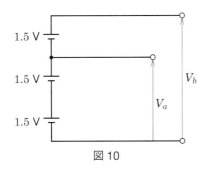

図 10

1 抵抗の役割と導体の抵抗率

目標
- 抵抗の性質と種類を学び，直流回路と交流回路における抵抗の役割を理解しよう。
- 物体の形状と種類から抵抗値が求められることを理解し，計算できるようになろう。

1 抵抗の役割

電気の流れをさまたげる働きを**電気抵抗**，または<ruby>たんに<rp>(</rp><rt></rt><rp>)</rp></ruby>**抵抗**という。この流れをさまたげ<ruby>抵抗<rp>(</rp><rt>resistance</rt><rp>)</rp></ruby>る度合いを数値で表したものを**抵抗値**といい，単位には $[\Omega]$ (**オーム**) <ruby><rp>(</rp><rt>Ohm</rt><rp>)</rp></ruby>が用いられる。

❶ 本書において，抵抗値と抵抗器を，ともに抵抗という場合がある。

電気抵抗を持った素子を**抵抗器**といい，抵抗値が一定の固定抵抗器や抵抗値を変化させることができる可変抵抗器などがある。図1に固定抵抗器の，図2に可変抵抗器の外観例と図記号を示す。
→見返し3

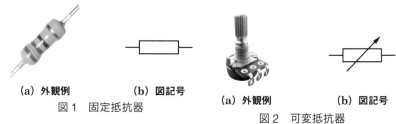

(a) 外観例　　**(b) 図記号**
図1　固定抵抗器

(a) 外観例　　**(b) 図記号**
図2　可変抵抗器

抵抗に加える電圧と流れる電流の間には，ある規則性がある。電圧・電流・抵抗の間の関係を表す規則性を，**オームの法則**という。
→ p.20

抵抗のおもな役割は，次のとおりである。

① 必要な電圧を取り出す
→ p.23

② 過剰な電流が流れるのを防ぐ

③ 熱を発生させる
→ p.42

これらの役割は，直流回路と交流回路で同じである。

2 導体の抵抗率

導体の抵抗は，材質や形状によって異なる。一般に導体の抵抗は，長さに比例し（図3(a)），断面積に反比例する（図3(b)）。長さ l [m]，断面積 A [m²] の導体の抵抗 R [Ω] は，式 (1) で表される。

❷

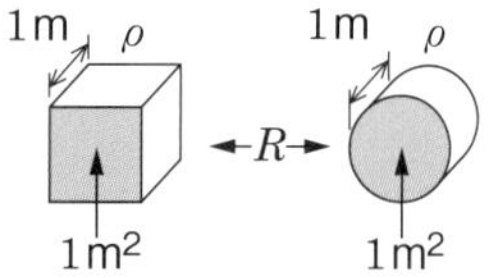

断面形状が異なっても，断面積と長さが等しく，同じ材質であれば，抵抗値は同じである。

❸ 抵抗率が，約 10^{-4} Ω·m 以下の物質を**導体**といい，約 10^{5} Ω·m 以上の物質を**絶縁体**という。その中間にある物質を**半導体**という。

導体の抵抗	$R = \rho \dfrac{l}{A}$ [Ω]	(1)

ρ は，物質の**抵抗率**といわれ，物質によって異なる定数であり，電<ruby>抵抗率<rp>(</rp><rt>resistivity</rt><rp>)</rp></ruby>流の流れにくさを表している。

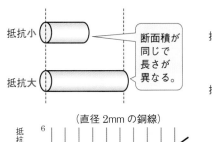

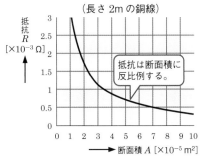

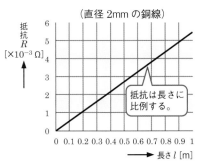

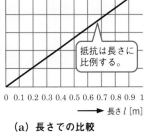

抵抗は長さに比例する。

抵抗は断面積に反比例する。

(a) 長さでの比較　　　　**(b) 断面積での比較**

図 3　導体の抵抗

❶　一般に，電線の断面積は [mm²] の単位で表されるので，電線の抵抗率の単位には [Ω·mm²/m] が用いられる。

抵抗率の単位には，[Ω·m]（**オームメートル**）が用いられる。抵抗率 ρ は，式 (2) で表される。

$$\rho = \frac{R\,[\Omega] \cdot A\,[\mathrm{m}^2]}{l\,[\mathrm{m}]} = \frac{RA}{l}\,[\Omega\cdot\mathrm{m}]\quad(2)$$

5　　表 1 に，おもな金属の抵抗率を示し，表 2 に，抵抗率の単位を示す。

表 1　金属の抵抗率 (20 ℃)

金　　属		抵抗率 $\rho\,[\Omega\cdot\mathrm{m}]$
アルミニウム	Al	2.71×10^{-8}
金	Au	2.22×10^{-8}
銅	Cu	1.69×10^{-8}
銀	Ag	1.59×10^{-8}
タングステン	W	5.4×10^{-8}
鉄	Fe	10×10^{-8}
白金	Pt	10.6×10^{-8}

表 2　抵抗率の単位

単　　位	単位の関係
Ω·cm	$1\,\Omega\cdot\mathrm{cm}$ $= 10^{-2}\,\Omega\cdot\mathrm{m}$
❶ Ω·mm²/m	$1\,\Omega\cdot\mathrm{mm}^2/\mathrm{m}$ $= 10^{-6}\,\Omega\cdot\mathrm{m}$

（「理科年表 2021 年版」より作成）

例題 ❶　　直径 2 mm，長さ 50 m の銅線の抵抗を求めよ。ただし，温度は 20 ℃ とする。

解 答　　直径を $D\,[\mathrm{m}]$ とすれば，断面積 $A\,[\mathrm{m}^2]$ は，

10
$$A = \pi\left(\frac{D}{2}\right)^2 = \frac{\pi D^2}{4} = \frac{\pi(2 \times 10^{-3})^2}{4} = \pi \times 10^{-6}\,\mathrm{m}^2$$

となり，式 (1) より，次のように $R\,[\Omega]$ の値が求められる。

$$R = \rho\frac{l}{A} = 1.69 \times 10^{-8} \times \frac{50}{\pi \times 10^{-6}} = \mathbf{0.269\,\Omega}$$

❷　$2\,\mathrm{mm} = 2 \times 10^{-3}\,\mathrm{m}$ のように換算する。

問 1　半径 0.5 mm，長さ 12 m のアルミニウム線の抵抗を求めよ。ただし，温度は 20 ℃ とする。

15　**問 2**　長さ 10 m，断面積 1 mm² の金属線の抵抗が 0.4 Ω であった。この金属の抵抗率 [Ω·m] を求めよ。

2 導電率と抵抗の温度係数

目標　✍ 物体の抵抗が温度によって変化することを理解し，特定の温度における抵抗の値を求めることができるようになろう。

1 導電率

式 (3) に示すように，抵抗率の逆数を**導電率** σ
conductivity
といい，電流の流れやすさを表す。単位には [S/m]（ジーメンス毎メートル）が用いられる。

❶ 抵抗の単位の逆数で，[S] = [Ω⁻¹] の関係がある。

| 導電率 | $\sigma = \dfrac{1}{\rho}$ [S/m] | (3) |

❷ 国際標準軟銅の導電率は，5.8×10^7 S/m である。

導電率は，式 (4) のように，国際標準軟銅❷の導電率に対する百分率 σ [%]（**パーセント導電率**）で表すこともある。

$$（パーセント導電率）= \frac{（ある物質の導電率）}{（国際標準軟銅の導電率）} \times 100 \, [\%] \quad (4)$$

問3 アルミニウムの導電率を，p. 13 表 1 を使って求め，パーセント導電率で表せ。

2 抵抗の温度係数

物質の抵抗は，材質や温度によって変化する。一般に，金属は温度が上昇すると，抵抗が大きくなる。しかし，**サーミスタ**❸など，抵抗が減少するものもある。温度が 1 ℃ 上昇するごとに抵抗が増加する割合を，**抵抗の温度係数**という。

❸ ニッケルやコバルトなどを材料にした，金属酸化物焼結体である。

図 4 は，銅線・サーミスタ・マンガニン線の温度-抵抗特性の例である。金属でも，**マンガニン線**❹のように，温度上昇に対して抵抗がほとんど変化しないものもある。サーミスタは，抵抗の温度係数が大きく，温度変化に対して抵抗が大きく変わるため，温度検出素子として電子体温計などに用いられている。

❹ 銅を主成分として，マンガン，ニッケルからなる合金である。

> マンガニン線は，標準抵抗器や電流計の分流器（p. 29）などに用いられているよ。

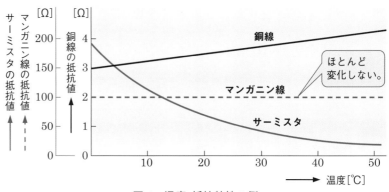

図 4　温度-抵抗特性の例

ここで，図5のように，任意の温度区間 t_1 [℃] から t_2 [℃] において，抵抗の温度変化が直線とみなせる場合について考える。

図5で，温度 t_1 [℃] のときの導体の抵抗を R_{t_1} [Ω] とする。温度が上昇して t_2 [℃] になったとき，抵抗が R_{t_2} [Ω] になったとすると，1℃ あたりの抵抗の変化は式 (5) で表される。

$$\frac{R_{t_2} - R_{t_1}}{t_2 - t_1} \ [\text{Ω/℃}] \tag{5}$$

温度 t_1 [℃] のときの抵抗の温度係数 α_{t_1} は，抵抗 R_{t_1} [Ω] に対して温度が 1℃ 上昇したときの抵抗の増加の割合であるから，式 (6) で求められる。

$$\alpha_{t_1} = \frac{\dfrac{R_{t_2} - R_{t_1}}{t_2 - t_1}}{R_{t_1}} = \frac{R_{t_2} - R_{t_1}}{R_{t_1}(t_2 - t_1)} \ [\text{℃}^{-1}] \tag{6}$$

したがって，抵抗 R_{t_2} [Ω] は，式 (6) を変形し，式 (7) で表される。

t_2 [℃] の抵抗　　$R_{t_2} = R_{t_1}\{1 + \alpha_{t_1}(t_2 - t_1)\}$ [Ω]　　(7)

表3に，おもな金属の 0～100℃ における抵抗の温度係数の平均値を示す。

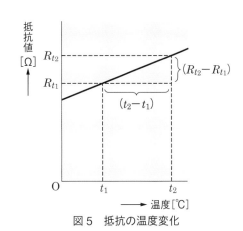

抵抗値 [Ω]

図5　抵抗の温度変化

表3　金属の抵抗の温度係数

(0～100℃ の平均値)

金属		温度係数 α [℃$^{-1}$]
亜鉛	Zn	4.2×10^{-3}
アルミニウム	Al	4.20×10^{-3}
金	Au	4.05×10^{-3}
銀	Ag	4.15×10^{-3}
タングステン	W	4.9×10^{-3}
鉄	Fe	6.5×10^{-3}
銅	Cu	4.39×10^{-3}
白金	Pt	3.86×10^{-3}

（「理科年表 2021 年版」より作成）

例題 2　銅線の抵抗が，20℃ のときに 5Ω であった。100℃ では何 [Ω] になるか。ただし，抵抗の温度変化は直線とみなし，抵抗の温度係数は表3の値を用いるものとする。

解答　表3より，銅の抵抗の温度係数は，$\alpha = 4.39 \times 10^{-3}$ ℃$^{-1}$ である。100℃ のときの銅線の抵抗を R_{100} [Ω] とすれば，式 (7) より，

$$R_{100} = R_{20}\{1 + \alpha(100 - 20)\}$$
$$= 5 \times (1 + 4.39 \times 10^{-3} \times 80) = \textbf{6.76 Ω}$$

問4　20℃ のとき，抵抗が 3Ω の銅線がある。50℃ における抵抗 [Ω] を求めよ。ただし，抵抗の温度変化は直線とみなし，抵抗の温度係数は表3の値を用いるものとする。

3 コンデンサとコイルの役割

✒ コンデンサとコイルの種類と図記号を学び，直流回路と交流回路におけるコンデンサとコイルの役割を理解しよう。

❶ 充電という。

❷ 放電という。

1 コンデンサ

→第3章2節

コンデンサは，電気をたくわえたり，たくわ ❶
capacitor
えた電気を放出したりする働きを持つ部品で ❷ 5
ある。コンデンサには，いろいろな種類があり，用途によって使い分
けられている。図6にセラミックコンデンサ，図7に電解コンデンサ
の外観例と図記号を示す。

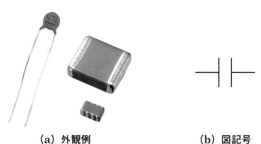

(a) 外観例　　　　　　(b) 図記号

図6　セラミックコンデンサ

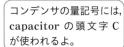

コンデンサの量記号には，capacitor の頭文字 C が使われるよ。

(a) 外観例　　　　　　(b) 図記号 ❸

図7　電解コンデンサ

❸ 電解コンデンサは，端子に極性（＋，－）があるため，図記号に ＋ を付けて表す。

コンデンサは，**静電容量**とよばれる値を持っており，この値が大き
electrostatic capacity
いほど多くの電気をたくわえることができる。静電容量の単位には， 10
[F]（**ファラド**）が用いられる。大きな静電容量が必要なときは，電解 ❹
コンデンサが使われることが多い。

❹ 一般には，μF や pF などで表す静電容量を持つコンデンサが使われることが多い。

　　コンデンサのおもな役割は，次のとおりである。

　　① 電気をたくわえたり，放出したりすることで，電圧を安定に
　　　保つ。 15

❺ 容量性リアクタンスという。p. 148 参照。

　　② 直流に対しては抵抗分が大きくなるため，交流は通しやすい ❺
　　　が，直流は通しにくい。

2 | コイル

コイルは，銅線などの導体を巻いてつくられており，電流を流すことで磁気を発生するなどの働きを持つ部品である。図8にコイルの外観例と図記号を示す。

空心コイル

磁心入りインダクタ ❶

(a) 外観例　　　(b) 図記号

図8　コイル

コイルは，**インダクタンス**とよばれる値を持っており，この値が大
5 きいほど強い磁気を発生することができる。インダクタンスの単位には，〔H〕(**ヘンリー**) が用いられる。コイルを利用した部品には，電磁継電器 (図9) や変圧器 (図10) などがある。

図9　電磁継電器

図10　変圧器

コイルのおもな役割は，次のとおりである。
① 電気から磁気を発生させたり，磁気から電気をうみ出したり
10 　する。
② 交流に対しては抵抗分が大きくなるため，直流は通しやすい
　が，交流は通しにくい。
③ 交流の電圧の大きさを変える。

問5　コンデンサとコイルのうち，交流を通しやすい素子はどちらか。また，
15 その理由を答えよ。

Let's Try グループをつくって，コンデンサやコイルの種類や用途を調べてみよう。

---

❶ インダクタンスを大きくするために，コイルの中に鉄心などを入れることもある。このようなコイルを磁心入りインダクタという (見返し3参照)。

コイルの量記号に，coil の頭文字 C を使うと，コンデンサと同じになってしまうので，末尾文字 L を使うよ。

❷ リレーともいう。
❸ トランスともいう。

❹ 誘導性リアクタンスという。p. 146 参照。

第1章 ● 電気回路の要素

2節　電気回路を構成する素子　**17**

1 節

1 電気回路 (p.6) いくつかの素子から構成され，電流が流れる経路を電気回路という。

2 実体配線図と回路図 (p.6~7) 電気回路を構成する素子を，実物のように絵で表したものを実体配線図という。一方，回路素子を電気用図記号に置き換えて表したものを電気回路図または回路図という。

3 電気用図記号 (p.7) 電気回路を構成する素子などを記号で表したもので，日本産業規格 (JIS) で決められている。

4 自由電子 (p.8) 金属では，構成する原子から出た電子の一部が，特定の原子に属することなく，物質内を自由に動き回ることができる。この電子を自由電子という。

5 電流の向き (p.9) 電流は自由電子の流れである。電流の向きは，正の電荷の動く向きとされており，自由電子の移動する向きと逆になる。

6 電流と電荷 (p.9) 導体の断面を，t 秒間に Q [C] の電荷が通過するとき，電流 I [A] は，次の式で求められる。

$$I = \frac{Q}{t} \text{ [A]}$$

7 直流回路と交流回路 (p.10) 時間に対して大きさと向きが一定の電流を直流といい，直流が流れている回路を直流回路という。時間とともに大きさと向きが変化する電流を交流といい，交流が流れている回路を交流回路という。

8 電位 (p.11) 電流は，電位の高いほうから低いほうへ流れる。電位の高さの差は，電位差または電圧といわれる。電源のような電圧を発生させる働きを，起電力という。

2 節

9 導体の抵抗 (p.12~13) 電気の流れをさまたげる働きを電気抵抗または抵抗という。導体の抵抗 R [Ω] は，長さ l [m] に比例し，断面積 A [m^2] に反比例する。

$$R = \rho \frac{l}{A} \text{ [Ω]} \quad (\rho は，物質によって異なる抵抗率である)$$

10 抵抗の温度係数 (p.14~15) 温度が 1℃ 上昇するごとに抵抗が増加する割合を，抵抗の温度係数という。t_1 [℃] で R_{t_1} [Ω] の抵抗が，t_2 [℃] になったときの抵抗 R_{t_2} [Ω] は，抵抗の温度係数 α_{t_1} [℃$^{-1}$] を使って，次の式で求められる。

$$R_{t_2} = R_{t_1}\{1 + \alpha_{t_1}(t_2 - t_1)\} \text{ [Ω]}$$

11 抵抗，コンデンサ，コイルの役割 (p.12, 16~17)

抵　抗	コ　ン　デ　ン　サ	コ　イ　ル
① 必要な電圧を取り出す。	① 電気をたくわえたり，放出したりすることで，電圧を安定に保つ。	① 電気から磁気を発生させたり，磁気から電気をうみ出したりする。
② 過剰な電流が流れるのを防ぐ。	② 直流に対しては抵抗分が大きくなるため，交流は通しやすいが，直流は通しにくい。	② 交流に対しては抵抗分が大きくなるため，直流は通しやすいが，交流は通しにくい。
③ 熱を発生させる。		③ 交流の電圧の大きさを変える。

章末問題

① 図 1 に示す図記号の名称を答えよ。

② 図 2(a) の実体配線図を回路図で表した場合，図 2(b)〜(d) のうち，正しいものを答えよ。

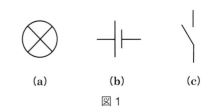

(a) (b) (c)

図 1

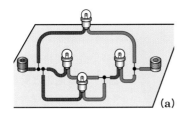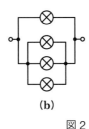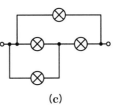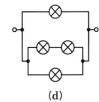

(a) (b) (c) (d)

図 2

③ 導体の断面を，5 秒間に 25 C の電荷が通過した。このときの電流を求めよ。

④ 抵抗のおもな役割を答えよ。

⑤ 直径 6 mm，長さ 10 m の銅線の抵抗を求めよ。ただし，温度は 20 ℃ とし，銅線の抵抗率は p. 13 表 1 を参照すること。

⑥ 軟銅線の抵抗率が 1.72×10^{-8} Ω·m であるとき，これを Ω·mm^2/m に換算すると，いくらになるか。

⑦ 断面積 A [m^2]，長さ l [m] の抵抗線がある。この抵抗線の体積を変えずに均一に伸ばして長さを 3 倍にすると，抵抗はもとの何倍になるか。

⑧ ある導体の 20 ℃ の抵抗が，図 3 のように，0.5 Ω である。このときの抵抗の温度係数が 0.004 ℃$^{-1}$ であるとすれば，80 ℃ に上昇させたとき，この導体の抵抗を求めよ。

⑨ 直径 1.6 mm，長さ 120 m の軟銅線がある。抵抗率を 1.69×10^{-8} Ω·m とすると，この軟銅線の抵抗は，次のうちどれか。

 ア．0.101 Ω イ．1.01 Ω ウ．8.6 Ω エ．10.1 Ω

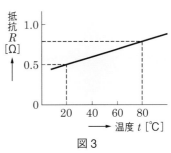

図 3

⑩ 図 4 に示す図記号の名称を答えよ。

⑪ 次の説明がコイルの役割と一致するように，文中の（　）に「直流」または「交流」を入れよ。

 抵抗値が（　）に対して大きくなるため，（　）は通しやすいが，（　）は通しにくい。

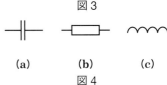

(a) (b) (c)

図 4

⑫ 抵抗，コンデンサの静電容量，コイルのインダクタンスについて，それぞれの単位を答えよ。

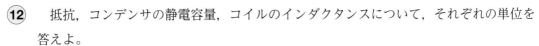

第2章 直流回路

1節 直流回路の計算
2節 消費電力と発生熱量
3節 電流の化学作用と電池

1節 直流回路の計算

1 オームの法則

目標 ✅ 抵抗における電圧と電流の関係から、オームの法則を理解しよう。

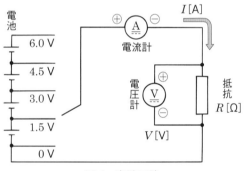

図1 実験回路

1 抵抗における電圧と電流の関係

図1の実験回路において、抵抗 R [Ω] を一定にし、電池の電圧 V [V] を 0, 1.5, 3.0, 4.5, 6.0 V と加えていくと、回路に流れる電流の大きさ I [A] は、それぞれ 0, 0.5, 1.0, 1.5, 2.0 A となった。この関係をグラフに表すと、図2(a) のようになる。図2(a) から、電流 I [A] は、電圧 V [V] に比例して変化することがわかる。

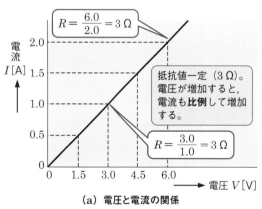

$$R = \frac{6.0}{2.0} = 3 \ \Omega$$

抵抗値一定（3 Ω）。電圧が増加すると、電流も**比例**して増加する。

$$R = \frac{3.0}{1.0} = 3 \ \Omega$$

(a) 電圧と電流の関係

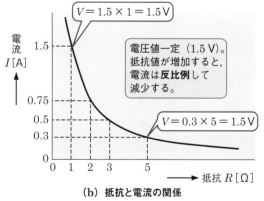

$V = 1.5 \times 1 = 1.5$ V

電圧値一定（1.5 V）。抵抗値が増加すると、電流は**反比例**して減少する。

$V = 0.3 \times 5 = 1.5$ V

(b) 抵抗と電流の関係

図2 電流・電圧・抵抗の関係

一方, 電圧 V [V] を一定にして抵抗 R [Ω] の値を大きくしていくと, 図 2(b) のように, 流れる電流は抵抗に反比例して減少する。以上の関係を**オームの法則**といい, 電流 I [A] は, 式 (1) で表される。
Ohm's law

| オームの法則 ✹ | $I = \dfrac{V}{R}$ [A] | (1) |

❶ **オーム** (G.S.Ohm： 1789〜1854)

ドイツの物理学者。

1827 年に「電気回路の数学的研究」を出版し, のちにオームの法則とよばれる内容を発表した。

電気抵抗の単位オーム [Ω] は, 彼の名によっている。

5　**例題 ❶**　50 Ω の抵抗に 100 V の電圧を加えたときの電流を求めよ。

──────────────────

解 答　式 (1) より, 電流 $I = \dfrac{V}{R} = \dfrac{100}{50} = 2$ A

──────────────────

問 1　式 (1) を変形し, 電圧 V [V] を R と I で表せ。また, 抵抗 R [Ω] を V と I で表せ。

問 2　30 Ω の抵抗に 3 A の電流が流れているとき, 抵抗に加えられている電圧
10　を求めよ。

問 3　ある抵抗に 1.5 V の電圧を加えたとき, 0.5 A の電流が流れた。このときの抵抗を求めよ。

✹**オームの法則の覚え方**

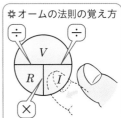

上図をつくり, 求めたい量の記号を指でかくします。たとえば, I をかくすと, $I = \dfrac{V}{R}$ [A] となり, 式 (1) と一致します。

2　電圧降下　図 3(a) の回路で, 抵抗 R [Ω] に電流 I [A] を流したとき, 各点の電位について調べる。

15　図 3(b) は, 図 3(a) の回路について, 点 a を電位の基準 0 V としたときの b, c, d 各点の電位を示している。点 b の電位は, 点 a の電位より, 電池の起電力の大きさ E [V] だけ高くなる。

また, 点 c–d 間では, 抵抗 R [Ω] に流れる電流 I [A] によって, RI [V] の電位の差が生じる。そのため, 点 d の電位は, 点 c の電位より
20　低くなる。このように, 抵抗 R [Ω] に電流 I [A] が流れるとき, 電位が RI [V] だけ低くなることを, **電圧降下**という。
voltage drop

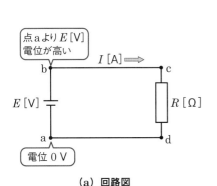

(a) 回路図　　　　　　**(b) 各点の電位分布図**

図 3　回路の各点の電位変化

2 抵抗の直列接続

目標	・直列に接続された2個の抵抗の合成抵抗の意味を理解し，合成抵抗を計算できるようになろう。
	・電圧の分圧について理解し，計算できるようになろう。

❶ クリスマスツリーに飾るランプを直列接続すると，ランプが増えるにつれて，一つあたりのランプの明るさは暗くなる。

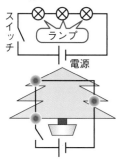

1 直列接続の合成抵抗

図 4(a) のように，抵抗を一列に連ねて接続する方法を，**直列接続**❶という。この接続方法 series connection では，抵抗 R_1 [Ω] を流れた電流 I [A] は，抵抗 R_2 [Ω] にも同じ大きさで流れる。電圧降下 V_1，V_2 [V] は，オームの法則により，式 (2) で表される。

$$\left.\begin{array}{l} V_1 = R_1 I \ [V] \\ V_2 = R_2 I \ [V] \end{array}\right\} \tag{2}$$

各電圧降下の和は，電源電圧 V [V] と等しいので，式 (3) がなりたつ。

$$V = V_1 + V_2 = (R_1 + R_2) I \ [V] \tag{3}$$

ここで，$R_0 = R_1 + R_2$ [Ω] とすると，式 (3) は式 (4) のようになる。

$$V = R_0 I \ [V] \tag{4}$$

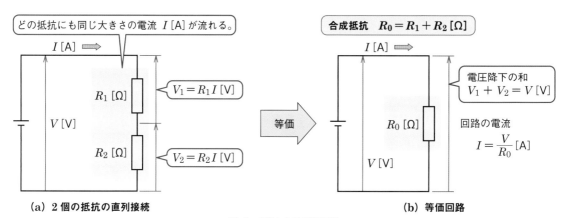

(a) 2個の抵抗の直列接続　　　　　　　　　　　　**(b) 等価回路**

図4　抵抗の直列接続

式 (1)，(3) より，電源電圧 V [V] が等しければ，図 4(a) と図 4(b) の回路に流れる電流 I [A] は同じである。このとき，図 4(a) と図 4(b) の回路は等価であるといい，図 4(b) の回路を図 4(a) の回路の**等価回路**という。R_0 は，直列回路における抵抗 R_1，R_2 [Ω] の**合成抵抗** equivalent circuit combined resistance といい，式 (5) で表される。

❷ 一般に，抵抗 R_1，R_2，R_3，……，R_n [Ω] を直列接続した場合の合成抵抗 R_0 [Ω] は，次の式で表される。
$$R_0 = R_1 + R_2 + R_3 + \cdots + R_n$$

直列接続の合成抵抗	$R_0 = R_1 + R_2$ [Ω]❷	(5)

例題 ②　図 4(a) において，$R_1 = 10\,\Omega$，$R_2 = 20\,\Omega$，$I = 5\,A$ のとき，各抵抗に加わる電圧 V_1，$V_2\,[V]$ と電源電圧 $V\,[V]$ および合成抵抗 $R_0\,[\Omega]$ を求めよ。

$\boxed{解}\boxed{答}$　式 (2) より，$V_1 = R_1 I = 10 \times 5 = \mathbf{50\,V}$，

$\qquad\qquad\qquad V_2 = R_2 I = 20 \times 5 = \mathbf{100\,V}$

式 (3) より，$V = V_1 + V_2 = 50 + 100 = \mathbf{150\,V}$

式 (4) より，$R_0 = \dfrac{V}{I} = \dfrac{150}{5} = \mathbf{30\,\Omega}$

または，式 (5) より，$R_0 = R_1 + R_2 = 10 + 20 = \mathbf{30\,\Omega}$

問 4　図 4(a) において，$R_1 = 15\,\Omega$，$R_2 = 5\,\Omega$，電源電圧 $V = 30\,V$ のとき，合成抵抗 $R_0\,[\Omega]$ と回路の電流 $I\,[A]$ を求めよ。

2 ┃ 電圧の分圧　図 4(a) において，回路に流れる電流 $I\,[A]$ は，式 (3) より，式 (6) のように表すことができる。

$$I = \frac{1}{R_1 + R_2} V \quad [A] \tag{6}$$

式 (6) の電流 I を式 (2) に代入すると，各抵抗における電圧降下 V_1，$V_2\,[V]$ は，式 (7) で表される。

$$\left. \begin{array}{l} V_1 = \dfrac{R_1}{R_1 + R_2} V \quad [V] \\[3mm] V_2 = \dfrac{R_2}{R_1 + R_2} V \quad [V] \end{array} \right\} \tag{7}$$

このように，回路に加えた電圧 $V\,[V]$ は，抵抗によって，式 (7) で表される電圧 V_1，$V_2\,[V]$ に分けられる。これを**電圧の分圧**❶という。

❶　一般に，抵抗 R_1，R_2，R_3，……，$R_n\,[\Omega]$ を直列接続した場合の各抵抗における電圧降下は，合成抵抗 R_0 を用いて次の式で表される。

$V_1 = \dfrac{R_1}{R_0} V$，……，

$V_n = \dfrac{R_n}{R_0} V$

ただし，$R_0 = R_1 + R_2$ $+ \cdots + R_n$ である。

例題 ③　図 5 において，$V = 100\,V$ のとき，各抵抗に加わる電圧 V_1，$V_2\,[V]$ を求めよ。

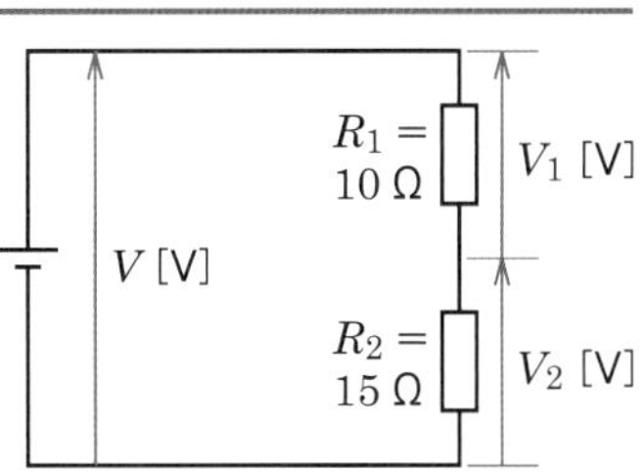

$\boxed{解}\boxed{答}$　式 (7) より，

$$V_1 = \frac{R_1}{R_1 + R_2} V = \frac{10}{10 + 15} \times 100 = \mathbf{40\,V}$$

$$V_2 = \frac{R_2}{R_1 + R_2} V = \frac{15}{10 + 15} \times 100 = \mathbf{60\,V}$$

図 5

問 5　図 5 において，$R_1 = 12\,\Omega$，$R_2 = 8\,\Omega$，電源電圧 $V = 35\,V$ のとき，各抵抗に加わる電圧 V_1，$V_2\,[V]$ を求めよ。

3 抵抗の並列接続

❶ クリスマスツリーに飾るランプを並列接続すると，ランプが増えても一つあたりの明るさは変わらないが，電池の消耗が激しい。

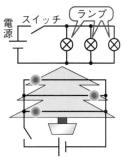

1 並列接続の合成抵抗

図 6(a) のように抵抗を並べ，それぞれの両端をまとめて接続する方法を**並列接続**❶という。
parallel connection

この接続方法では，抵抗 R_1，R_2 [Ω] に電源電圧 V [V] が同じ大きさで加わり，それぞれ電流 I_1，I_2 [A] が流れる。各抵抗に流れる電流 I_1，I_2 [A] は，オームの法則により，式 (8) で表される。

$$\left. \begin{array}{l} I_1 = \dfrac{V}{R_1} \ [\text{A}] \\[2mm] I_2 = \dfrac{V}{R_2} \ [\text{A}] \end{array} \right\} \tag{8}$$

各抵抗を流れる電流の和を I [A] とすると，式 (9) がなりたつ。

$$I = I_1 + I_2 = \frac{V}{R_1} + \frac{V}{R_2} = \left(\frac{1}{R_1} + \frac{1}{R_2} \right) V \ [\text{A}] \tag{9}$$

ここで，$\dfrac{1}{R_0} = \dfrac{1}{R_1} + \dfrac{1}{R_2}$ とすると，式 (9) は式 (10) で表される。

$$I = \frac{V}{R_0} \ [\text{A}] \tag{10}$$

どの抵抗にも電源電圧 V [V] が加わる。

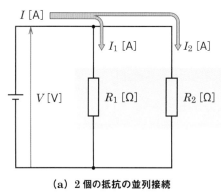

(a) 2 個の抵抗の並列接続

等価 ⟹

合成抵抗 $R_0 = \dfrac{1}{\dfrac{1}{R_1} + \dfrac{1}{R_2}}$ [Ω]

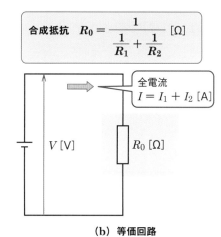

全電流 $I = I_1 + I_2$ [A]

(b) 等価回路

図 6 抵抗の並列接続

❷ 一般に，抵抗 R_1，R_2，R_3，……，R_n [Ω] を並列接続したときの合成抵抗 R_0 [Ω] は，次の式で表される。

$$R_0 = \frac{1}{\dfrac{1}{R_1} + \dfrac{1}{R_2} + \cdots + \dfrac{1}{R_n}}$$

したがって，図 6(a) の回路は，図 6(b) のような**等価回路**で表すことができる。R_0 は，並列回路における抵抗 R_1，R_2 [Ω] の**合成抵抗**といい，式 (11) で表される。

| 並列接続の合成抵抗 | $R_0 = \dfrac{1}{\dfrac{1}{R_1} + \dfrac{1}{R_2}} = \dfrac{R_1 R_2}{R_1 + R_2}$ [Ω] ❷ | (11) |

例題 4　図 6(a) において，$R_1 = 80\,\Omega$，$R_2 = 20\,\Omega$，$V = 100\,\text{V}$ のとき，電流 I_1，I_2 [A] および合成抵抗 R_0 [Ω] を求めよ。

解答　式 (8)，(11) より，

$$I_1 = \frac{V}{R_1} = \frac{100}{80} = \mathbf{1.25\,A}, \quad I_2 = \frac{V}{R_2} = \frac{100}{20} = \mathbf{5\,A}$$

$$R_0 = \cfrac{1}{\cfrac{1}{R_1} + \cfrac{1}{R_2}} = \frac{R_1 R_2}{R_1 + R_2} = \frac{80 \times 20}{80 + 20} = \frac{1\,600}{100} = \mathbf{16\,\Omega}\text{❀}$$

抵抗 2 個を並列接続した合成抵抗の式 (11) は，分母が和，分子が積の形をしていることから，「和分の積」と覚えよう。

問 6　図 6(a) において，$R_1 = 15\,\Omega$，$R_2 = 5\,\Omega$，電源電圧 $V = 30\,\text{V}$ のとき，合成抵抗 R_0 [Ω] と回路の電流 I [A] を求めよ。

2 電流の分流　図 6(a) において，電源電圧 V [V] は，式 (9) を変形することにより，式 (12) で表される。

$$V = \cfrac{I}{\cfrac{1}{R_1} + \cfrac{1}{R_2}} = \frac{R_1 R_2}{R_1 + R_2} I \ [\text{V}] \tag{12}$$

❀合成抵抗 R_0 は，$I = I_1 + I_2$ を計算し，式 (10) から求めることもできます。

式 (12) を式 (8) に代入すると，各抵抗に流れる電流 I_1，I_2 [A] は，式 (13) で表される。

$$\left.\begin{array}{l} I_1 = \dfrac{1}{R_1} \times \dfrac{R_1 R_2}{R_1 + R_2} I = \dfrac{R_2}{R_1 + R_2} I \ [\text{A}] \\[3mm] I_2 = \dfrac{1}{R_2} \times \dfrac{R_1 R_2}{R_1 + R_2} I = \dfrac{R_1}{R_1 + R_2} I \ [\text{A}] \end{array}\right\} \tag{13}$$

このように，回路に流れる全電流 I [A] は，式 (13) で表される電流 I_1，I_2 [A] に分けられる。これを**電流の分流**❶という。

例題 5　図 7 の回路において，各抵抗に流れる電流 I_1，I_2 [A] を求めよ。

解答　式 (13) より，

$$I_1 = \frac{R_2}{R_1 + R_2} I = \frac{3}{2 + 3} \times 20 = \mathbf{12\,A}$$

$$I_2 = \frac{R_1}{R_1 + R_2} I = \frac{2}{2 + 3} \times 20 = \mathbf{8\,A}$$

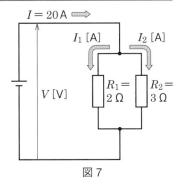

図 7

❶　一般に，抵抗 R_1，R_2，R_3，……，R_n [Ω] を並列接続した場合の各抵抗に流れる電流は，合成抵抗 R_0 を用いて次の式で表される。

$$I_1 = \frac{R_0}{R_1} I \cdots\cdots,$$

$$I_n = \frac{R_0}{R_n} I$$

ただし，$R_0 =$

$$\cfrac{1}{\dfrac{1}{R_1} + \dfrac{1}{R_2} + \cdots + \dfrac{1}{R_n}}$$

である。

問 7　図 7 の回路において，電流 $I = 5\,\text{A}$，抵抗 $R_1 = 1\,\Omega$，$R_2 = 9\,\Omega$ のとき，合成抵抗 R_0 [Ω] と電流 I_1，I_2 [A] を求めよ。

4 抵抗の直並列接続

目標 ◎ 直並列に接続された抵抗の合成抵抗を，直列接続された抵抗の合成抵抗と，並列接続された抵抗の合成抵抗を使って，計算できるようになろう。

1 直並列接続の合成抵抗

電気回路では，いくつかの抵抗を組み合わせて使用することがある。図8(a)のように，直列接続と並列接続を組み合わせた接続方法を，**直並列接続**という。

図8(a)のような接続方法の場合は，R_2とR_3の並列接続の部分を先に計算し，図8(b)の等価回路のように，合成抵抗R_{bc}で表してから計算するとよい。

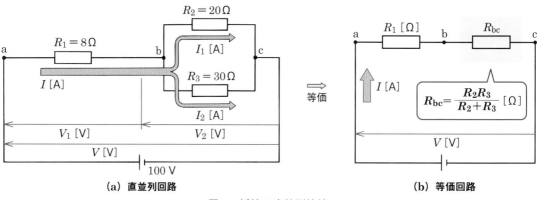

(a) 直並列回路　　　　　　　　　　　**(b) 等価回路**

図8　抵抗の直並列接続

例題 **6** 　図8(a)の回路において，電流I, I_1, I_2 [A] および電圧V_1, V_2 [V] を求めよ。

....

解答　b-c間の合成抵抗R_{bc} [Ω] は，R_2とR_3が並列接続なので，

$$R_{bc} = \frac{R_2 R_3}{R_2 + R_3} = \frac{20 \times 30}{20 + 30} = 12 \ Ω$$

a-c間の合成抵抗R_{ac}は，R_1とR_{bc}が直列接続なので，

$$R_{ac} = R_1 + R_{bc} = 8 + 12 = 20 \ Ω$$

したがって，回路に流れる電流I [A] は，次のようになる。

$$I = \frac{V}{R_{ac}} = \frac{100}{20} = 5 \ A$$

a-b間，b-c間の電圧V_1, V_2 [V] は，オームの法則により，次の式で求められる。

$$V_1 = R_1 I = 8 \times 5 = 40 \ V, \quad V_2 = R_{bc} I = 12 \times 5 = 60 \ V$$

また，電流I_1, I_2 [A] は，$V_2 = 60 \ V$より，次のようになる。

$$I_1 = \frac{V_2}{R_2} = \frac{60}{20} = 3 \text{ A}$$

$$I_2 = \frac{V_2}{R_3} = \frac{60}{30} = 2 \text{ A}$$

問8 図9の回路において，電流 I, I_1, I_2 [A] および電圧 V_1, V_2 [V] を求めよ。

問9 図10の回路において，電流 I, I_1, I_2, I_3, I_4 [A] を求めよ。

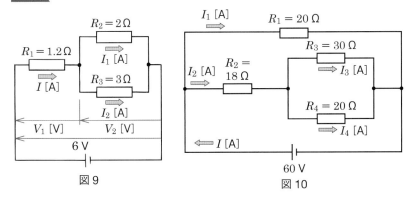

図9   図10

問10 1.2 kΩ の抵抗二つを直列に接続したときの合成抵抗を求めよ。また，並列に接続したときの合成抵抗を求めよ。

Let's Try 図11のように，3個の抵抗すべてを直列接続 (図11(a)) または並列接続 (図11(b)) したときの合成抵抗の式を，グループで討論しながら求めてみよう。

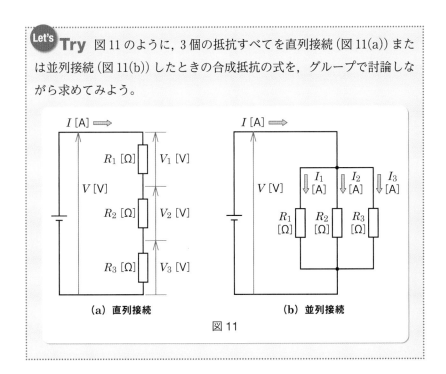

(a) 直列接続   (b) 並列接続

図11

5 直列抵抗器と分流器

❶ 電圧計の内部にあるコイルなどの抵抗をいう。電圧計や電流計などの電気計器（第6章で学ぶ）は，内部抵抗を持っている。

❷ 倍率器（multiplier）ともいう。

1 直列抵抗器

抵抗の直列接続を活用すると，直流電圧計の測定範囲を拡大することができる。

図12において，電源電圧を V [V]，回路に流れる電流を I_v [A]，電圧計の**内部抵抗**❶を r_v [Ω]，直列に接続する抵抗（この抵抗を**直列抵抗器**❷ series resistor という）を r_m [Ω]，電圧計に加わる電圧を V_v [V] とすれば，分圧の式 ➡ p.23 (7) より，$V_v = \dfrac{r_v}{r_m + r_v} V$ がなりたち，V を求めると，式 (14) で表される。

$$V = \frac{r_m + r_v}{r_v} V_v = \left(1 + \frac{r_m}{r_v}\right) V_v = mV_v \quad (14)$$

このとき，m を式 (15) で定義する。

$$m = 1 + \frac{r_m}{r_v} \quad (15)$$

この m を，**直列抵抗器の倍率**という。式 (15) より，r_m を適切に選べば，電圧計に加わる電圧 V_v の m 倍の電圧を測定できることがわかる。

図13は，二つ以上の倍率を持つ電圧計で，**多重範囲電圧計**という。

図13(b) の直列抵抗器は，複数の直列抵抗器が途中に − 端子を介して直列に，また内部抵抗とも直列に接続されている。

測定のさいに使用する − 端子によって，＋ 端子との間の直列抵抗器の数が変わり，r_m が変化することで倍率が変わる。

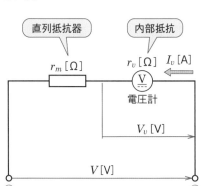

直列抵抗器　　内部抵抗

r_m [Ω]　　r_v [Ω] I_v [A]
Ⓥ 電圧計
V_v [V]
V [V]
⊖　　　⊕
図12　直列抵抗器

− 端子　　＋ 端子

V

(a) 外観

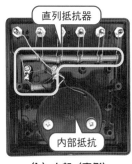

直列抵抗器

内部抵抗

(b) 内部（裏側）
図13　多重範囲電圧計

例題 7　図12において，最大目盛 $V_v = 30$ V，内部抵抗 $r_v = 30$ kΩ の電圧計に直列抵抗器を接続し，最大目盛 300 V の電圧計にするとき，直列抵抗器の抵抗 r_m を求めよ。

解答　式 (14) より，直列抵抗器の倍率 $m = \dfrac{V}{V_v} = \dfrac{300}{30} = 10$

したがって，式 (15) より，直列抵抗器の抵抗 r_m は，

$$r_m = r_v(m - 1) = 30 \times 10^3 \times (10 - 1) = \mathbf{270\ k\Omega}$$

問 11　最大目盛 10 mV，内部抵抗 100 Ω の電圧計がある。最大目盛 1 V の電圧計にするには，接続する直列抵抗器の抵抗 r_m を，何 [Ω] にすればよいか。

2 分流器

抵抗の並列接続を活用すると, 直流電流計の測定範囲を拡大することができる。

図 14 において, 電流 I [A], 電流計に流れる電流を I_a [A], 電流計の内部抵抗を r_a [Ω], 並列に接続する抵抗 (この抵抗を, **分流器**という) を r_s [Ω] とすれば, 分流の式 (13) より, $I_a = \dfrac{r_s}{r_s + r_a} I$ がなりたち, I を求めると, 式 (16) で表される。 →p.25

$$I = \frac{r_s + r_a}{r_s} I_a = \left(1 + \frac{r_a}{r_s}\right) I_a = m I_a \qquad (16)$$

このとき m を, 式 (17) で定義する。

$$m = 1 + \frac{r_a}{r_s} \qquad (17)$$

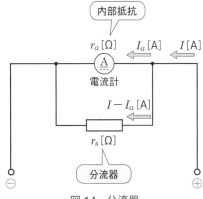

内部抵抗

r_a [Ω] I_a [A] I [A]

Ⓐ
電流計

$I - I_a$ [A]

r_s [Ω]

分流器

図 14 分流器

この m を**分流器の倍率**という。式 (16) より, r_s を適切に選べば, 電流計に流れる電流 I_a の m 倍の電流を測定できることがわかる。

図 15 は, 二つ以上の倍率を持つ電流計で, **多重範囲電流計**という。

図 15(b) の分流器は, 複数の分流器が途中に − 端子を介して直列に, また内部抵抗とは並列に接続されている。

測定のさいに使用する − 端子によって, ＋ 端子との間の分流器の数が変わり, r_s が変化することで倍率が変わる。

(a) 外観

例題 8 図 14 において, 電流計の内部抵抗 $r_a = 5\ \Omega$, 電流計に流せる電流 $I_a = 10\ \text{mA}$ のとき, 回路に電流 $I = 50\ \text{mA}$ を流せるようにしたい。分流器の抵抗 r_s を求めよ。

解答 式 (16) より, 分流器の倍率 $m = \dfrac{I}{I_a} = \dfrac{50 \times 10^{-3}}{10 \times 10^{-3}} = 5$

したがって, 式 (17) より, 分流器の抵抗 r_s は,

$$r_s = \frac{r_a}{m - 1} = \frac{5}{5 - 1} = \frac{5}{4} = 1.25\ \Omega$$

(b) 内部 (裏側)

図 15 多重範囲電流計

問 12 最大目盛 20 mA, 内部抵抗 2 Ω の電流計がある。最大目盛 30 mA の電流計にするには, 接続する分流器の抵抗 r_s を, 何 [Ω] にすればよいか。

6 ブリッジ回路

1 ブリッジ回路の原理

❶ わずかな電流を検出する電気計器である。

図 16 のように，4 個の抵抗 R_1, R_2, R_3, R_4 [Ω] を接続し，a-c 間に直流電源 E [V]，b-d 間に検流計 G を接続した回路を，**ブリッジ回路**という。b の電位
galvanometer　　　　　　　　bridge circuit
と d の電位が等しいとき，式 (18) がなりたつ。

$$\left.\begin{array}{l} R_1 I_1 = R_2 I_2 \\ R_3 I_1 = R_4 I_2 \end{array}\right\} \quad (18)$$

点 b と点 d の電位が等しいことから，a-b 間の電圧降下と a-d 間の電圧降下は等しいよ。つまり，式 (18) の第 1 式が導かれるよ。

このような状態を，ブリッジ回路が**平衡**<ruby>平衡<rt>へいこう</rt></ruby>しているという。このとき，スイッチ S を閉じても，検流計 G には電流が流れない。ブリッジ回路が平衡しているときは，式 (19) がなりたつ。

$$\frac{R_1 I_1}{R_3 I_1} = \frac{R_2 I_2}{R_4 I_2} \quad (19)$$

したがって，式 (20) が得られる。

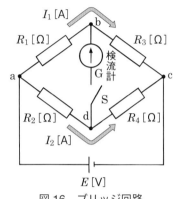

I_1 [A]

R_1 [Ω]　　R_3 [Ω]

検流計 G

a　　　　　　　　　c

S

R_2 [Ω]　d　R_4 [Ω]

I_2 [A]

E [V]

図 16　ブリッジ回路

ブリッジ回路の平衡条件	$R_1 R_4 = R_2 R_3$	(20)

ブリッジ回路の原理を利用した抵抗測定器に，ホイートストンブリッジがある。
Wheatstone bridge

2 ホイートストンブリッジ

図 17(a) に，ホイートストンブリッジの外観，図 17(b) に回路図を示す。

未知抵抗 X [Ω] を求めるには，スイッチ S を閉じて，検流計の値が 0 になるように R_4 [Ω] を調整し，ブリッジ回路の平衡条件を満たすようにすればよい。

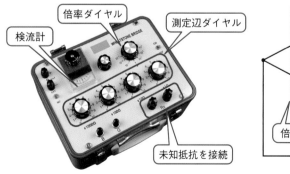

検流計

倍率ダイヤル

測定辺ダイヤル

R_1

X 　未知抵抗

G
S

R_2

R_4

倍率ダイヤル

微小電流を検出できる電流計（検流計）

外観図の 4 個のダイヤル式抵抗器（測定辺ダイヤル）

未知抵抗を接続

(a) 外観　　　　　　　　　　　**(b) 回路図**

図 17　ホイートストンブリッジ

したがって、式 (20) の R_3 を X に置き換えれば、未知抵抗 X [Ω] は、式 (21) で求められる。

ホイートストンブリッジ の未知抵抗	$X = \dfrac{R_1}{R_2}{\cdot}R_4$ [Ω] ❶	(21)

❶ $\dfrac{R_1}{R_2}$ は、ダイヤル式の倍率目盛である。R_4 は、図 17(a) では 4 個のダイヤル式抵抗器になっている。

例題 ❾ 図 17(b) において、$R_1 = 20\ \Omega$、$R_2 = 200\ \Omega$、$R_4 = 36\ \Omega$ のとき、未知抵抗 X [Ω] の値を求めよ。

解答 未知抵抗 X は、式 (21) より、次のようになる。

$$X = \frac{R_1}{R_2}{\cdot}R_4 = \frac{20 \times 36}{200} = 3.6\ \Omega$$

問 13 図 18 において、$R_1 = 100\ \Omega$、$R_2 = 10\ \Omega$ である。R_4 を調整して 922 Ω にしたとき、スイッチ S を閉じても検流計 G には電流が流れなかった。未知抵抗 X [Ω] を求めよ。

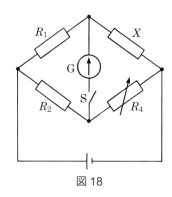

図 18

7 キルヒホッフの法則

目標 ✐ キルヒホッフの法則について理解し，式を立てることができるようになろう。

電気回路において，電流の分岐点や電源が複数個あって，回路が複雑になると，オームの法則だけでは計算できないことが多い。ここでは，このような場合に用いられる**キルヒホッフの法則❶**について学ぶ。
Kirchhoff's law

❶ **キルヒホッフ**（G. R. Kirchhoff：1824～1887）

ドイツの物理学者。
1845年，電気回路における電流と電圧に関する法則を発表した。これがのちに，キルヒホッフの第1法則および第2法則とよばれるものである。

1 キルヒホッフの第1法則

キルヒホッフの第1法則は，電流に関する法則であり，次のように表される。

> 回路中の任意の接続点に流入する電流の和は，流出する電流の和に等しい。

図19において，接続点dに注目すると，I_1，I_2 [A] は流入する電流であり，I_3 [A] は流出する電流である。キルヒホッフの第1法則より，式 (22) がなりたつ。

$$\underbrace{I_1 + I_2}_{\text{流入する電流の和}} = \underbrace{I_3}_{\text{流出する電流の和}} \qquad (22)$$

式 (22) の右辺を左辺に移項すると，

$$I_1 + I_2 + (- I_3) = 0$$

となる。これは，流入する電流を正，流出する電流を負とすると，出入りする電流の和が 0 であることを表している。

電流の向きは好きに決めていいよ。もし，キルヒホッフの法則から得られる式を解いた結果，電流の値が負になったら，実際の電流の向きは，好きに決めた向きとは逆だったということだよ。

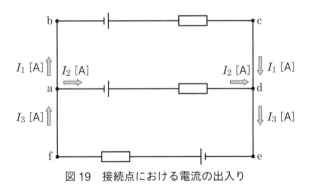

図19 接続点における電流の出入り

問14 図19において，点aに対してキルヒホッフの第1法則を求め，式 (22) と比べてみよ。

2 キルヒホッフの第2法則

キルヒホッフの第2法則は，電圧に関する法則であり，次のように表される。

> 回路中の任意の閉回路を一定の向きにたどるとき，その閉回路の起電力の和は，抵抗による電圧降下の和に等しい。

図 20 において，閉回路 I のたどる向きと同じ向きの起電力・電流を正とし，矢印と逆の向きを負として扱うと，キルヒホッフの第 2 法則より，式 (23) がなりたつ。

閉回路の向きも好きに決めていいよ。図 20 では，閉回路の一つを，b-c-d-e-f-a-b としてもいいよ。

$$R_1 I_1 - R_2 I_2 = E_1 - E_2 \tag{23}$$

また，閉回路 II では，式 (24) がなりたつ。

$$R_2 I_2 + R_3 I_3 = E_2 + E_3 \tag{24}$$

このように，キルヒホッフの法則を用いて問題を解く場合，電流や閉回路をたどるときの向きを仮定し，式を立てるようにする。

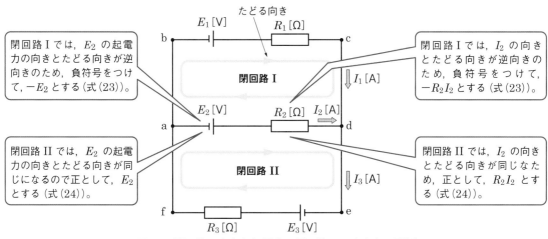

図 20　閉回路の向きと起電力・電圧降下の向きとの関係

Zoom up　**連立方程式の解き方**

　キルヒホッフの法則を用いて式を立てると，一般に，いくつかの求めたい変数を含んだ複数の方程式が得られる。これらの方程式を，**連立方程式**という。たとえば，式 (a)〜(c) に示す連立方程式から，変数 X，Y，Z を求めてみよう。

$$\begin{cases} X + Y = Z & \text{(a)} \\ 5X + 3Y - 2Z = 4 & \text{(b)} \\ 3X - Y + 4Z = 3 & \text{(c)} \end{cases}$$

　式 (a) の Z を式 (b) の Z に代入すると (代入法)，

$$5X + 3Y - 2(X + Y) = 4$$
$$3X + Y = 4 \tag{d}$$

同様に，式 (a) の Z を式 (c) の Z に代入して，

$$3X - Y + 4(X + Y) = 3$$
$$7X + 3Y = 3 \tag{e}$$

　以上より，未知の変数が X と Y のみの二つの方程式 (d)，(e) になる。式 (d) を 3 倍したものから式 (e) を引くと (式どうしを足したり引いたりする方法を加減法という)，次のようになる。

$$9X + 3Y = 12 \quad \cdots\cdots 式 (d) \times 3$$
$$-)\ \ \underline{7X + 3Y = 3} \quad \cdots\cdots 式 (e)$$
$$2X \qquad = 9$$

　したがって，$X = 4.5$ となる。これを式 (d) に代入すると，$Y = 4 - 3X = 4 - 13.5 = -9.5$ となる。X，Y の値を式 (a) に代入すると，$Z = -5$ と求められる。

　このように，連立方程式は，代入法や加減法を使って解くことができる。

8 キルヒホッフの法則を用いた電流の計算

目標 📖 キルヒホッフの法則を用いて，回路の計算ができるようになろう。

図21に示す回路において，回路に流れる電流 I_1，I_2，I_3 [A] の向きを図のように仮定して，キルヒホッフの法則を用いて求めてみよう。

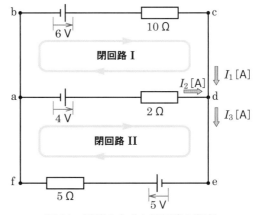

図21 電流の向きと閉回路の設定

まず，点 d において，キルヒホッフの第1法則を適用すると，式 (25) が得られる。

$$I_1 + I_2 = I_3 \tag{25}$$

次に，閉回路 I，II をたどる向きを図21に示したとおりとし，キルヒホッフの第2法則を適用すると，式 (26)，式 (27) が得られる。

閉回路 I から $\quad 10I_1 - 2I_2 = 6 - 4 = 2 \tag{26}$

閉回路 II から $\quad 2I_2 + 5I_3 = 4 + 5 = 9 \tag{27}$

式 (25) を式 (27) に代入すると，次のようになる。

$$2I_2 + 5(I_1 + I_2) = 9$$
$$5I_1 + 7I_2 = 9 \tag{28}$$

求めた電流は，すべて正だね。仮定した電流の向きが，実際に流れる電流の向きと一致していたんだね。

式 (26) − 式 (28) × 2 より，

$$
\begin{array}{r}
10I_1 - 2I_2 = 2 \quad \cdots\cdots 式 (26)\\
-)\ 10I_1 + 14I_2 = 18 \quad \cdots\cdots 式 (28) \times 2\\
\hline
-16I_2 = -16
\end{array}
$$

したがって，$I_2 = \mathbf{1\,A}$ となる。これを，式 (26) に代入すると，次のようになる。

$$10I_1 - 2 \times 1 = 2$$
$$I_1 = \frac{4}{10} = \mathbf{0.4\ A}$$

I_1，I_2 の値を式 (25) に代入すると，I_3 [A] が求められる。

$$I_3 = I_1 + I_2 = 0.4 + 1 = \mathbf{1.4\ A}$$

例題❿ 図 22 は，図 21 の回路において，閉回路をたどる向きと電流の向きを変えた回路である。このとき，回路に流れる電流 I_1，I_2，I_3 [A] を求めよ。

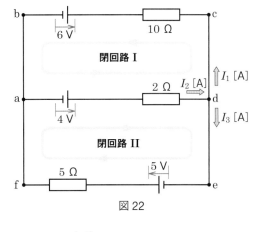

図 22

解 答 図 22 において，点 d にキルヒホッフの第 1 法則を適用すると，

$$I_2 = I_1 + I_3 \qquad (ア)$$

次に，閉回路 I，II にキルヒホッフの第 2 法則を適用すると，

閉回路 I から，　　$10I_1 + 2I_2 = -6 + 4 = -2$　　（イ）

閉回路 II から，　　$2I_2 + 5I_3 = 4 + 5 = 9$　　　　（ウ）

式（ア）を式（イ）と式（ウ）にそれぞれ代入すると，次のようになる。

$10I_1 + 2(I_1 + I_3) = -2$ から，$12I_1 + 2I_3 = -2$　（エ）

$2(I_1 + I_3) + 5I_3 = 9$　　から，$2I_1 + 7I_3 = 9$　（オ）

そして，式（エ）－式（オ）×6 から，I_1 を消去し，I_3 を求める。

$$\begin{array}{r} 12I_1 + 2I_3 = -2 \\ -) \ 12I_1 + 42I_3 = 54 \\ \hline -40I_3 = -56 \end{array}$$

したがって，$I_3 = \dfrac{56}{40} = 1.4\,\mathrm{A}$ となる。これを式（オ）に代入すると，$I_1 = \dfrac{9}{2} - \dfrac{7}{2}$ $\times 1.4 = -0.4\,\mathrm{A}$ となる。I_1 と I_3 の値を式（ア）に代入すると，I_2 [A] は次のようになる。

$$I_2 = I_1 + I_3 = -0.4 + 1.4 = 1\,\mathrm{A}$$

I_1 の値が負になったことから，実際に I_1 が流れる向きは，はじめに仮定した向きと逆であることがわかる。この結果は，図 21 で求めた結果と一致する。

問 15 図 23 において，回路に流れる電流 I_1，I_2，I_3 [A] を求めよ。

問 16 図 24 は，p. 26 で学んだ回路である。この回路を，ここでは，キルヒホッフの法則を用いて，各抵抗に流れる電流 I_1，I_2，I_3 [A] を求めよ。

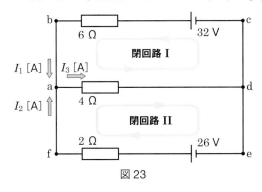

図 23

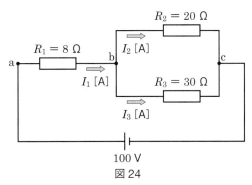

図 24

❶ 図25の回路で，1 kΩ の抵抗に5 V の電圧を加えたときの電流 [mA] を求めよ。

❷ ある抵抗に10 V の電圧を加えたら，20 mA の電流が流れた。このときの抵抗を求めよ。

❸ 図26の回路で，47 kΩ の抵抗に100 µA の電流を流したとき，この抵抗の両端の電圧を求めよ。

❹ 図27のように，5 Ω と 10 Ω の抵抗を直列に接続し，これに3 V の電源を接続した。このときの合成抵抗と，回路に流れる電流を求めよ。また，5 Ω の抵抗に生じる電圧降下を求めよ。

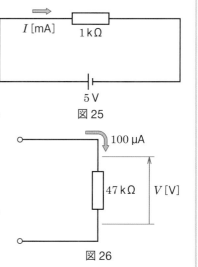

図25

図26

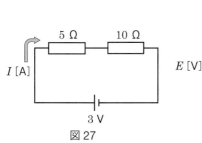

図27

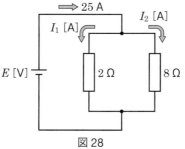

図28

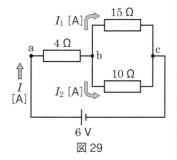

図29

❺ 図28のように，2 Ω，8 Ω の抵抗が並列に接続されている。この回路の全電流は25 A であった。このときの電源電圧 E [V] と，各抵抗に流れる電流 I_1，I_2 [A] を求めよ。

❻ 図29において，a–b 間，b–c 間の電圧を求めよ。また，回路に流れる電流 I，I_1，I_2 [A] を求めよ。

❼ 図30において，検流計が0 A を示すとき，この状態を何とよぶか。また，この状態において，a–b 間の合成抵抗と回路を流れる電流 I [mA] を求めよ。

❽ 図31の回路において，電流 I_1，I_2，I_3 [A] を求めよ。また，2 Ω の抵抗の両端の電圧はいくらか。

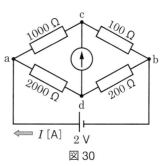

図30

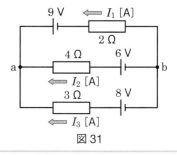

図31

計測器の接続方法について考えてみよう

電圧計と電流計を接続する位置によって測定値に違いがあるか，実験で確かめてみよう。

実験器具　直流電源装置，直流電圧計（10 V），直流電流計（1 A），すべり抵抗器，回路計（p. 196 参照）

実験方法　① 回路計で測定しながら，すべり抵抗器のつまみを調整し，抵抗 R を 100 Ω にする。

② 各実験器具を図 A のように接続し，図 B の回路図となるようにする。

③ 直流電源装置のスイッチを入れ，電圧調整つまみを回して，2.0, 4.0, 6.0, 8.0 V とし，そのつど電流 I を読んで，記録する。

④ 直流電源装置のスイッチを切り，各実験器具を図 C の回路図となるように接続しなおし，③と同じように操作し，電流 I を記録する。

⑤ 記録した電流 I の値と電圧 V の値から，抵抗 R の値を計算により求める。

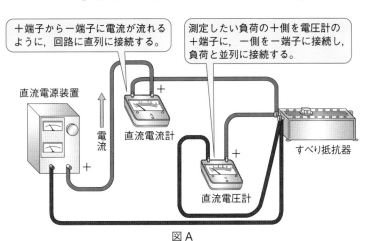

＋端子から－端子に電流が流れるように，回路に直列に接続する。

測定したい負荷の＋側を電圧計の＋端子に，－側を－端子に接続し，負荷と並列に接続する。

直流電源装置

電流

直流電流計

すべり抵抗器

直流電圧計

図 A

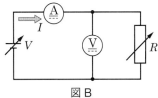

図 B

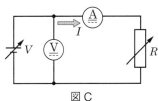

図 C

実験結果　図 B, 図 C の回路における実験結果は，それぞれ表 A, 表 B のようになった。

考察　表 A と表 B では，計算によって求めた抵抗 R の値が異なっている。この理由を，次の観点をふまえて考えてみよう。

・測定器の内部抵抗

・抵抗 R に流れる電流の値と電圧計に流れる電流の値

・電流計の内部抵抗による電圧降下

表 A　図 B の回路

V [V]	I [mA]	R [Ω]
2.0	20.2	99.0
4.0	40.8	98.0
6.0	60.8	98.7
8.0	81.0	98.8

表 B　図 C の回路

V [V]	I [mA]	R [Ω]
2.0	20.0	100.0
4.0	40.0	100.0
6.0	60.0	100.0
8.0	79.8	100.3

第 **2** 章●直流回路

Let's challenge!

チャレンジ 回路をつくってキルヒホッフの法則を使って解こう

　以下の条件・手順に従って問題をつくり，みずから解いたり，友人などと出題しあったりして，キルヒホッフの法則を使った回路の計算について理解を深めよう。

条件 　3Vと5Vの直流電源2個と，2Ωと5Ωと10Ωの抵抗3個をすべて使って回路をつくる。

手順 　① 条件に従って自由に回路をつくり，回路図を描く。図1は，例である。

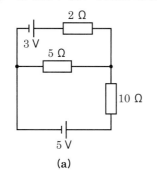 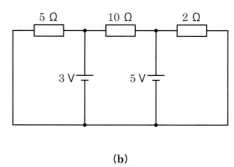

(a) 　　　　　　　　　　　　　　　　　　(b)

図1　回路図の例

　② 回路の各部に流れる電流を，I_1，I_2，……のように設定する（図2）。

注意 回路の形によって，電流の数が変わるので，過不足のないように電流を設定する。

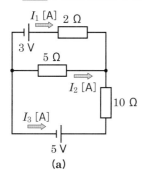 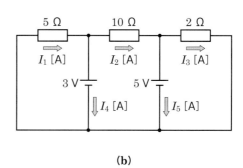

(a) 　　　　　　　　　　　　　　　　　　(b)

図2　電流の設定

　③ キルヒホッフの法則により，連立方程式を立てる。

　④ 連立方程式を解いて，各電流の値を求める。

探求 　① 未知数となる電流の数とキルヒホッフの法則によって立てた方程式の数の間には，何か関係があるか考えてみよう。また，必要な方程式が立てられない場合や解けない場合は，その原因を考えてみよう。

　② 電源の数や抵抗の数などの条件を変えて回路をつくり，解いてみよう。

チャレンジ　電気湯沸かし器の修理方法を考えてみよう

　以下の設定を通じて，抵抗器の表示記号（色）を読み取れるようになり，また，ブリッジ回路の平衡条件を応用した回路について理解し，課題を解決できるようになろう。

ストーリー設定

　あなたは電気湯沸かし器でお湯を沸かしました。ところがお湯が沸いても電気湯沸かし器の電源が切れないことに気がつき，電源プラグをコンセントから抜きました。このままでは，お湯を沸かすとき，電気湯沸かし器のそばを離れることができません。

　そこで，電気湯沸かし器のメーカーの Web サイトを調べてみたら，サーミスタを含むブリッジ回路の機能により，自動的に電源を切っていることがわかりました。➡ p. 14　　　　➡ p. 30

　あなたは，ブリッジ回路に使われている抵抗3個すべてが壊れてしまったと想定し，抵抗を取り替えることで，修理できるのではないかと考えました。ただし，実際に分解して修理しようとした場合，回路についてじゅうぶんに調べきれていないので，想定外の危険が生じる恐れがあると思い，まずは，ブリッジ回路の機能が回復する抵抗の組み合わせを考えるだけにしました。

条件

① 電気湯沸かし器の回路は，図1とする。

② 水が 100 ℃未満のときには，ブリッジ回路の a-b 間に電流が流れ，スイッチ回路がオンとなる。この間，電熱線に電流が流れ発熱する。

③ 水が 100 ℃になると，サーミスタの抵抗値は 56 Ω になり，ブリッジ回路が平衡する。このとき，a-b 間に電流が流れなくなり，スイッチ回路がオフとなり，電源が切れる。

④ 使用できる抵抗は，図2に示すものがそれぞれ3個ある。

課題

まず，図2の抵抗の値を見返し4を参考に求めてみよう。次に，$R_1 \sim R_3$ の抵抗をどのように組み合わせたら，ブリッジ回路が平衡するのか（修理できるのか），考えてみよう。

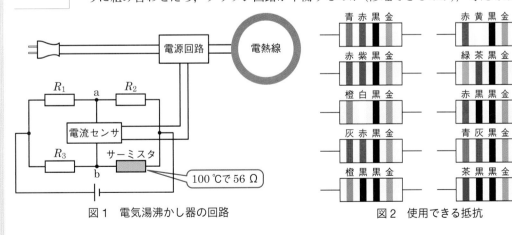

図1　電気湯沸かし器の回路　　図2　使用できる抵抗

1 電力と電力量

目標　⚙電力と電力量の違いを理解し，電力と電力量を計算できるようになろう。

1 | 電力　電球・電熱器・電動機などの負荷に電圧を加えると，電流が流れる。この電流は，電球では光に，電熱器では熱に，電動機では回転運動など，さまざまなエネルギーに変換され，仕事をする。図1(a) は電気を光に，図1(b) は電気を熱に変換している例である。

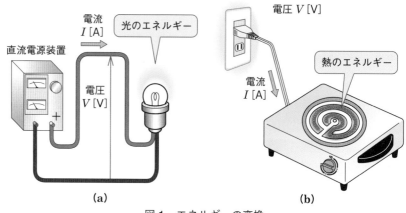

図1　エネルギーの変換

　このとき，電流が単位時間あたりにする仕事の大きさを，**電力**という。電力の単位には [W]（**ワット**）が用いられる。V [V] の電圧で，I [A] の電流が流れたときの電力 P [W] は，式 (1) で表される。
electric power

式 (1) は，オームの法則 $I = \dfrac{V}{R}$ を用いて変形しているよ。

電力	$$P = VI = I^2 R = \dfrac{V^2}{R} \ [\text{W}]$$	(1)

例題 ❶　100 V の電源に接続された抵抗負荷がある。電流を測定したところ 5 A であった。この抵抗器に供給されている電力を求めよ。

解|答　式 (1) より，$P = VI = 100 \times 5 = 500\,\text{W} = \mathbf{0.5\,kW}$

問1　100 V，60 W の白熱電球に 100 V の電圧を加えたとき，流れる電流を求めよ。また，このときの抵抗を求めよ。

問2　100 V，400 W の電熱器に 80 V の電圧を加えた。このとき，電熱器の抵抗と電熱器に流れる電流を求めよ。ただし，電熱器の抵抗は一定とする。

2 | 電力量

電流が，ある時間内にする仕事を，**電力量**という。
electric energy
電力量は，電力と時間との積で表される。電力量の単位は [J]（**ジュール**）である。電力を P [W]，時間を t [s] とすれば，t 秒間の電力量 W [J] は，式 (2) で表される。

電力量	$W = Pt = VIt$ [J]	(2)

電力量の単位 [J] は [W·s] とも表されるが，一般には，[W·h]（ワット時）あるいは [kW·h]（キロワット時）が用いられる。表 1 に，電力と
watt hour
電力量の単位などを示す。

表 1　電力と電力量の単位

名称	記号	読み方	単位と接頭語の関係
電力	mW	ミリワット	$1\,\mathrm{mW} = 10^{-3}\,\mathrm{W} = \dfrac{1}{1\,000}\,\mathrm{W}$
	W	ワット	
	kW	キロワット	$1\,\mathrm{kW} = 10^{3}\,\mathrm{W} = 1\,000\,\mathrm{W}$
電力量	J	ジュール	
	W·s	ワット秒	$1\,\mathrm{W\cdot s} = 1\,\mathrm{J}$
	W·h	ワット時	$1\,\mathrm{W\cdot h} = 3\,600\,\mathrm{W\cdot s}$
			$\quad\quad\quad = 3.6 \times 10^{3}\,\mathrm{W\cdot s}$
			$\quad\quad\quad = 3.6 \times 10^{3}\,\mathrm{J}$
	kW·h	キロワット時	$1\,\mathrm{kW\cdot h} = 1\,000 \times 3\,600\,\mathrm{W\cdot s}$
			$\quad\quad\quad = 3.6 \times 10^{6}\,\mathrm{W\cdot s}$
			$\quad\quad\quad = 3.6 \times 10^{6}\,\mathrm{J}$

例題 2　電熱器に 100 V を加えたら，電流が 8 A 流れた。このとき，消費する電力を求めよ。また，この電熱器を 1 時間使用したときの電力量を，[J] と [kW·h] で表せ。

解答　式 (1) より，$P = VI = 100 \times 8 = \textbf{800 W}$
電力量の単位は [J]，[W·s] であるから，1 時間を秒単位に変換すると，$1\,\mathrm{h} = 1 \times 60 \times 60 = 3\,600\,\mathrm{s}$，また，$1\,\mathrm{J} = 1\,\mathrm{W\cdot s}$であるから，式 (2) より，
$$W = Pt = 800 \times 3\,600 = \textbf{2.88} \times \textbf{10}^{\textbf{6}}\,\textbf{J}$$
$$= 800 \times 1 = 800\,\mathrm{W\cdot h} = \textbf{0.8\,kW·h}$$

問 3　100 V 用の電気アイロンの使用時の抵抗が 50 Ω であった。消費する電力を求めよ。また，1 時間 20 分使用したときの電力量を，[J] と [kW·h] で表せ。

2 ジュールの法則

- ❷電気(電流)が流れることによって,電気が熱に変換されることを理解しよう。
- ❷ジュールの法則などを利用して,ジュール熱を求められるようになろう。

1 電流の発熱作用とジュールの法則

電流が熱に変換されるときは,ジュールの法則により,回路の抵抗や電流の値から発生する熱量を求めることができる。

図2のように,電熱器のニクロム線(抵抗 R [Ω])に電圧 V [V]を加えて,I [A]の電流を t 秒間流した。

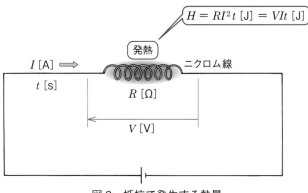

$$H = RI^2t \text{ [J]} = VIt \text{ [J]}$$

発熱
ニクロム線
I [A]
t [s]
R [Ω]
V [V]

図2 抵抗で発生する熱量

❶ **ジュール** (J. P. Joule : 1818〜1889)

イギリスの物理学者。
1840 年にジュールの法則を発見した。
電力量やジュール熱の単位ジュール [J] は,彼の名によっている。

このとき発生する熱量 H [J] は,式(3)で表される。

ジュールの法則	$H = RI^2t = VIt$ [J]	(3)

式(3)は,**ジュール**❶が実験によって求めたものであり,**ジュールの法則**といわれる。このとき発生する熱を,**ジュール熱**という。ジュール熱の単位には,[J] (**ジュール**)が用いられる。
Joule's law
Joule heat

✿効率とは,入力に対する出力の割合のことをいいます。ここでは,
$$\frac{\text{発生する熱量}}{\text{電力量}}$$
を百分率で表したものです。

例題 3 ニクロム線に 100 V の電圧を加え,1.5 A の電流を 40 秒間流した。ニクロム線に発生する熱量を求めよ。

解答 熱量 H は,式(3)より,
$$H = VIt = 100 \times 1.5 \times 40 = 6\,000 \text{ J} = 6 \text{ kJ}$$

問4 500 W の電熱器を 2 時間使用したときに発生する熱量はいくらか。ただし,電熱器の効率✿を 80 % とする。

問5 ある電熱器で 5 分 15 秒間電流を流したところ,220 kJ の熱量が発生した。このとき流れた電流を求めよ✿。ただし,電熱器の抵抗は 30 Ω とする。

✿式(3)の $H = RI^2t$ を変形して,I を求めよう。このとき,時間を秒に換算することを忘れないようにしよう。

2 物質の温度上昇と熱量

質量 1 g の物質の温度を 1 K（℃）上げる[❶]ために必要な熱量を，その物質の**比熱**という，単位には，[J/(g·K)]（**ジュール毎グラム毎ケルビン**）が用いられる。

比熱 c [J/(g·K)]，質量 m [g]，温度 T_1 [K] の物質に熱を加え，温度 T_2 [K] になったとき，加えた熱量 Q [J] は，式 (4) で表される。

物質の温度上昇に必要な熱量	$Q = mc(T_2 - T_1)$ [J]	(4)

例題 ❹ 20 ℃の水 1.5 kg を，80 ℃まで上昇させるのに必要な熱量を求めよ。ただし，水の比熱を，4.19 J/(g·K) とする。

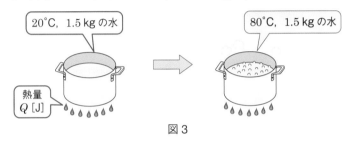

図 3

解答 1.5 kg = 1500 g であるから，必要な熱量 Q は，式 (4) より，

$Q = 1500 \times 4.19 \times (80 - 20)[❷] = 377100 = \mathbf{377\ kJ}$

問 6 30 Ω の抵抗値を持つ電熱器に，5 A の電流を流して，20 ℃の水 1 kg を 80 ℃まで上昇させるには，何分何秒かかるか。ただし，電熱器から発生する熱量の 80 ％が，水に有効に供給されるものとする✿。また，水の比熱を，4.19 J/(g·K) とする。

Let's Try 一般に，図 4 の電工ドラム（コードリール）や，図 5 の掃除機の電源コードは，使用時にすべて引き出すことが望ましい。なぜ，電源コードをすべて引き出して使用するとよいか，グループで考えてみよう。

図 4　電工ドラム　　図 5　掃除機の電源コード

❶ 絶対温度の単位で，ケルビンと読む。絶対温度とセルシウス温度の目盛間隔は等しく，絶対温度 T [K] とセルシウス温度 t [℃] には，次の関係がある。
$T = t + 273.15$ [K]

❷ K と℃の目盛間隔は等しく，二つの温度差の値を K で表しても℃で表しても同じ値なので，本書では $T_2 - T_1$ [K] $= t_2 - t_1$ [℃] として計算する。

✿電熱器から発生する熱量 H [J] の 80 ％が，水 1 kg を 20 ℃から 80 ℃まで上昇させる熱量 Q [J] として使われるので，$Q = 0.8H$ がなりたちます。

第2章 ●直流回路

3 ジュール熱の利用

目標 ✔ジュール熱がどのように利用されているかを理解しよう。

1 発熱体の利用

ジュール熱によって発熱する材料を，**発熱体**という。金属の発熱体には，ニッケルクロム線(ニクロム線)や鉄クロム線などがある。これらをコイル状にしたり，絶縁物と組み合わせたりして，電熱器や電気炉に用いる。非金属の発熱体には，炭化ケイ素や黒鉛などがあり，金属の発熱体に比べて，より高温な用途で使用されることが多い。 5

このほかに，ジュール熱を応用したものとして，電線や電気器具の損傷を防ぐために用いるヒューズや配線用遮断器❶，金属を溶接するスポット溶接などがある。 10

❶ ブレーカともいう。

▌スポット溶接▐ 接合しようとする鋼板を加圧しながら，短時間に大電流を流し，ジュール熱によって局部を溶接することを**スポット溶接**という。この原理を用いたスポット溶接機(図6)は，自動車の車体生産などで多く使われている。 15

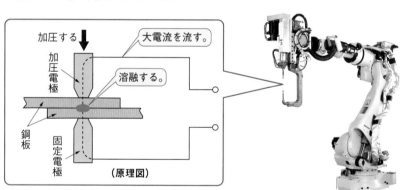

図6 スポット溶接機

▌ヒューズ▐ ヒューズは，回路に過電流が流れたとき，金属でできた可溶体(ヒューズエレメント)がジュール熱によって溶断することで，自動的に回路を遮断して，機器や配線の過熱や損傷を防ぐ安全装置である。一度溶断すると，ヒューズの交換が必要となる。

自動車には，低電圧用のブレード型ヒューズ(図7)などが使われている。また，音響機器や小型家電製品などには，ガラス管ヒューズ(図8)が使われている。

図7 ブレード形
ヒューズ

20

図8 ガラス管ヒューズ

25

Zoom up　PTCサーミスタ

PTCサーミスタ（図9）は，一定以上の電流が
流れると，内部素子の抵抗の値が増大して，電流
を遮断する素子で，ヒューズの代わりに使われる
ことがある。PTCサーミスタは，温度が下がる
と，もとの状態に戻るので，連続して使用できる。

図9　PTCサーミスタ

2 │ 許容電流

電線に電流が流れると，電線中にあるわずかな
抵抗によって，ジュール熱が発生する。そのた
め，電線自体の温度が高くなり，電線の絶縁物を劣化させたり，火災
を引き起こしたりする危険性がある。

そこで電線には，安全に流すことができる最大電流が決められてい
る。この電流を，**許容電流**という。許容電流は，電線の種類や使用環
allowable current
境（周囲温度）などによって異なる。表2に，電線の種類による許容電
流の例を示す。

表2　電線の種類による許容電流の例（周囲温度30℃以下）

形状	直　径	許容電流	形状	断面積	許容電流
単	1.6 mm	27 A	よ	2 mm^2	27 A
	2.0 mm	35 A	り	3.5 mm^2	37 A
線	2.6 mm	48 A	線	5.5 mm^2	49 A

（「内線規程2016年版」より作成）

Zoom up　接触抵抗

電線と電線の接続部や，図10のようなコン
セントの差し込み部など，二つの導体a，bの
接続部には，接触による電気抵抗がある。この
ような抵抗を，**接触抵抗**といい，電流の流れに
contact resistance
くさを示す。接触抵抗が大きくなると，発生す
るジュール熱も大きくなり，火災を引き起こす
可能性がある。また，接触抵抗によって電流が
流れにくくなり，製品自体が動作しなくなるこ
とがある。

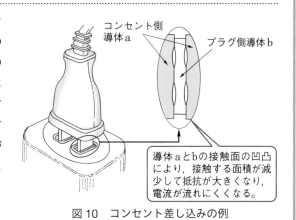

コンセント側
導体a

プラグ側導体b

導体aとbの接触面の凹凸
により，接触する面積が減
少して抵抗が大きくなり，
電流が流れにくくなる。

図10　コンセント差し込みの例

4 熱電気現象

| 目標 | ✍ ゼーベック効果とペルチエ効果の違いを説明できるようになろう。 |

1 ゼーベック効果

図 11(a) のように，2 種類の金属を接続し，接合点に温度差を与えると，回路に起電力が発生し，電流が流れる。この起電力を**熱起電力**といい，流れる電流を**熱電流**という。このように，2 種類の金属を組み合わせたものを，**熱電対**という。この現象は，**ゼーベック**[1]によって発見されたので，**ゼーベック効果**といわれる。
thermoelectromotive force
thermoelectric current
Seebeck effect

熱電対の接合部を切り離して，図 11(b) のように，銅線とコンスタンタン線[2]の中間に金属線 (計器用リード線) を挿入しても，接合点 B-B′ の温度が変わらなければ，閉じた回路の起電力は変わらない。この性質を，**中間金属挿入の法則**という。

[1] **ゼーベック** (T. J. Seebeck：1770〜1831)
ドイツの物理学者。

[2] コンスタンタンは，銅とニッケルの合金である。

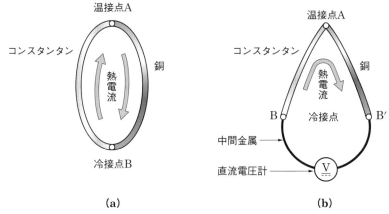

(a)   (b)

図 11 熱電対と起電力

図 12 は，熱電対とミリボルト計を組み合わせた実験例である。熱電対の応用例としては，電気炉などの高温度測定に用いる熱電温度計がある。

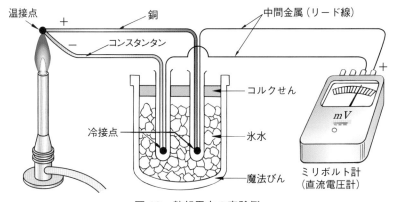

図 12 熱起電力の実験例

2 | ペルチエ効果

図13のように，2種類の金属，たとえば銅とコンスタンタンの金属を接合して電流を流すと，流す電流の向きに応じて，接合部で発熱または吸熱が生じる。この現象は，**ペルチエ**[1]によって発見されたので，**ペルチエ効果**といわれる。

[1] ペルチエ (J.C. Peltier：1785〜1845) フランスの物理学者。

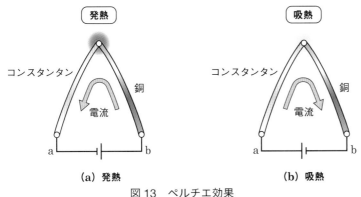

図13 ペルチエ効果

図14に，ペルチエ効果を応用した**ペルチエ素子**の外観例を示す。ペルチエ素子は，部品を小さくでき，動作音がない。さらに，電流で制御できるので使いやすい。そのため，吸熱する働きを利用して，パソコンのCPU[2]冷却ユニットや，ホテルの客室用や自動車用の小型冷蔵庫などに用いられている。しかし，一般の冷蔵庫やエアコンの冷却方式に比べて，電力効率が悪いなどの欠点がある。

[2] central processing unit の略で，コンピュータの頭脳に相当する中央処理装置のことである。

図14 ペルチエ素子の外観例

問7 ゼーベック効果とペルチエ効果の違いを説明せよ。

❶ 次の文章の空欄にあてはまる用語を語群から選んで答えよ。

(1) ある電熱線に電圧 V [V] を加えたとき, I [A] の電流が流れた。このときの電力 P は (　　) [W] である。また, この場合, t 秒間にする仕事を (　　) といい, 発生する熱量 H は (　　) [J] である。

(2) 電線には, 安全に流すことのできる最大電流が決められている。この電流を (　　) という。

(3) 2種類の金属を接続し, その接合点に温度差を与えると, 回路に起電力が発生する。この現象を (　　) という。また, 2種類の金属を接合して電流を流すと, 接合部で発熱あるいは吸熱が生じる。この現象を (　　) という。

> **語群**
> **ア**. ゼーベック効果　**イ**. 許容電流　**ウ**. VI　**エ**. ペルチエ効果　**オ**. Pt　**カ**. 過電流
> **キ**. 電力量

❷ 消費電力 1.5 kW の電熱器を 1 時間使用した場合に発生する熱量 [kJ] は, 次のうちどれか。

　　ア. 1800　　イ. 2700　　ウ. 5400　　エ. 6300

❸ 電線の接続不良により, 接続点の接触抵抗が 0.75 Ω となった。この電線に 10 A の電流が流れると, 接続点から 1 時間に発生する熱量 [kJ] は, 次のうちどれか。

　　ア. 180　　イ. 270　　ウ. 360　　エ. 720

❹ 図 15 のように, 100 V, 500 W の電熱器のニクロム線がある。

(1) 電圧 100 V が加わっているとき, 流れる電流を求めよ。

(2) ニクロム線の抵抗を求めよ。

(3) この電熱器でビーカ内の 20 ℃, 1 kg の水を 90 ℃ まで上昇させるのに何分何秒かかるか。ただし, 電熱器の発熱量の 80 % が有効に水に供給されるものとする。なお, 水の比熱を 4.19 J/(g·k) とする。

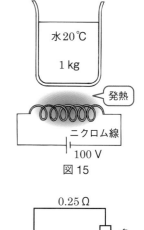

図 15

❺ 図 16 のように, 100 V の電源から 20 Ω の負荷に, 0.25 Ω の抵抗値を持つ電線 2 本で電力を供給している。このとき, 負荷に供給される電力を求めよ。

> ✿回路全体の合成抵抗を求めてから, 負荷に流れる電流を計算する。

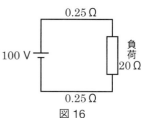

図 16

1 電気分解

目標 　✐電気分解の原理について理解し，説明できるようになろう。

　食塩 (NaCl) を水に溶かすと，ナトリウムイオン (Na⁺) と塩化物イオン (Cl⁻) に分かれる。このように，もともと電気的に中性である物質が，正の電荷を持つ**陽イオン**と，負の電荷を持つ**陰イオン**とに分かれることを，**電離**という。食塩のように，電離しやすい物質を**電解質**_{electrolyte}といい，電解質の水溶液を**電解液** (図 1(a)) という。この電解液に一対の電極を入れて電流を流すことにより，電解質を化学的に分解できる。このような作用を，**電気分解**という。

　図 1(b) は，食塩の電気分解の例である。食塩水の中に 2 枚の白金電極板 A，B を入れ，電圧を加える。すると電極板 A (陽極) には，塩化物イオン (Cl⁻) が移動し，電子を電極板 A に与えて，塩素 (Cl₂) となる。

　電極板 B (陰極) には，ナトリウムイオン (Na⁺) が移動するが，ナトリウムイオンはイオン化傾向がひじょうに大きいため，電子を電極板 B から受け取らずに，水分子 (H₂O) が電子を受け取って水素 (H₂) と水酸化物イオン (OH⁻) が生じる反応が起こる。その結果，電極 B 付近では，水酸化物イオンの濃度が大きくなるので，この付近の溶液を濃縮すると，水酸化ナトリウム (NaOH) が得られる。

　電気分解の利用例としては，**電気めっき**や**電解研磨**，**電解精錬**などがある。

❶　電気的に中性である原子が，電子を受け取ったり，放出したりして，電気を帯びた原子，または，その集まりを，イオンという。

❷　イオンになりやすさの度合いをいう。イオン化傾向の大きい順に並べると，次のようになる。
K, Ca, Na, Mg, Al, Zn, Fe, Ni, Sn, Pb, (H), Cu, Hg, Ag, Pt, Au

❸　電流を使って，物質の表面に薄い層をつくる表面処理のこと。

❹　電気分解によって，金属表面の凹凸を平滑化し，光沢を得る研磨法のこと。

❺　電気分解を利用し，溶液中から金属を取り出す方法のこと。おもに，銅の精錬に用いられる。

第2章●直流回路

NaCl → Na⁺ + Cl⁻

(a) 食塩の水溶液 (電解液)

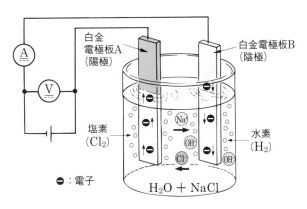

⊖：電子

H₂O + NaCl

白金電極板A (陽極)
白金電極板B (陰極)
塩素 (Cl₂)
水素 (H₂)

(b) イオンによる電荷の移動

図 1　食塩の電気分解の例

2 | 電池の種類

目標 一次電池と二次電池の違いを説明できるようになろう。

化学反応などによるエネルギーを，電気エネルギーに変換して取り出す装置を，**電池**という。電池には，いったん電気を**放電**すると，ふたたび使用することができない**一次電池**と，放電したあとも，外部から電気を**充電**することにより，繰り返して使える**二次電池**の2種類がある。

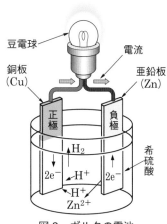

豆電球
電流
銅板
(Cu)
亜鉛板
(Zn)
正極
負極
H_2
$2e^-$ H^+ $2e^-$
H^+
Zn^{2+}
希硫酸

図2 ボルタの電池

1 | 一次電池

図2のように，希硫酸（$H_2SO_4 + H_2O$）の中に電極として銅（Cu）板と亜鉛（Zn）板を入れて，これに豆電球を接続すると点灯する。

これは，イオン化傾向の大きな Zn が電解液中に溶けて Zn^{2+} となり，残った電子 $2e^-$ が導線を伝わり，銅板へ移動するためである。移動した電子は希硫酸中の水素イオン H^+ と反応し，銅板に水素 H_2 が発生する。つまり，銅板が正極，亜鉛板が負極となり，両電極間には約 1.1 V の起電力が発生する。しかし，銅板に生じた水素の気泡の影響で，起電力はかなり低下してしまう。このような電池を，**ボルタの電池**という。

一次電池の例として，図3に**マンガン乾電池**の構造，図4に**リチウム電池**の構造を示す✿。

✿電池を廃棄するときは，電池どうしがショート（短絡）して発火することを防ぐために，電極にテープなどで絶縁処理しましょう。

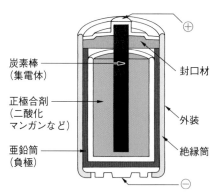

炭素棒
（集電体）
正極合剤
（二酸化
マンガンなど）
亜鉛筒
（負極）
封口材
外装
絶縁筒

図3 マンガン乾電池の構造

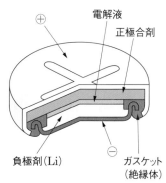

電解液
正極合剤
負極剤(Li)
ガスケット
（絶縁体）

図4 リチウム電池の構造

2 | 二次電池

二次電池として広く利用されているものに，自動車用の **鉛蓄電池**がある。

図5のように，鉛蓄電池は，電解液として比重が 1.2〜1.3 の希硫酸を用い，正極には二酸化鉛（PbO_2），負極には鉛（Pb）を使い，さらに，両極板の接触を防ぐためにセパレータを置いている。鉛蓄電池の

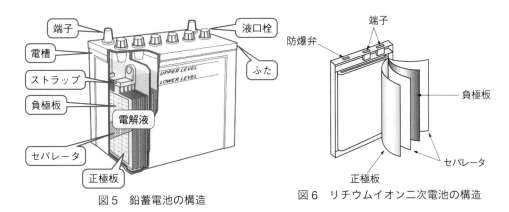

図5　鉛蓄電池の構造　　　　　図6　リチウムイオン二次電池の構造

起電力は2V程度なので，必要な電圧になるまで直列に接続して，一
つの電池として構成されている。

　鉛蓄電池の**容量**は，放電できる電流の大きさと時間との積で表され
る。単位には，[A·h]（アンペア時）を用いる。たとえば10Aの電流を
10時間放電できるとすれば，この蓄電池の容量は，100A·hとなる。

　図6に，リチウムイオン二次電池の構造を示す。この電池は，リチ
ウムを含む酸化物の正極とカーボンの負極の間を，電解液中のリチ
ウムイオンが充電時に負極へ，放電時に正極へ移動することによって充
放電している。ほかの二次電池と比べて小型軽量・高電圧であり，**メ
モリ効果❶**も発生しないので，携帯電話やパソコンなどの電子機器や電
気自動車に利用されている。

　表1に，一次電池と二次電池の種類および，これらに用いられてい
る電解液，発生する起電力，特色・おもな用途を示す。

❶　電池を使い切っていな
い状態で充電（継ぎ足し充
電）したとき，放電中に一
時的に電圧が下がる現象の
こと。継ぎ足しを開始した
電圧付近で電圧が大きく下
がるため，その電圧を記憶
しているようにみえること
から名付けられた。電圧が
下がることにより，電池を
使い切ったように感じるが，
実際の電池容量はほとんど
減少していない。

表1　おもな電池の種類

	種類	電解液	起電力 [V]	特色・おもな用途
一次電池	マンガン乾電池	$ZnCl_2$	1.5	安価，懐中電灯・リモコン
	アルカリマンガン乾電池	KOH	1.5	マンガン乾電池の2倍以上の寿命，低温でも安定している。ストロボ・携帯用音響機器
	酸化銀電池	KOH	1.55	高価，小型・高出力，長時間にわたり安定した電圧 電卓・カメラ・腕時計・体温計
	リチウム電池	有機電解液	3.0	長期間使用可能 カメラ・パソコンなどのメモリバックアップ用電池
二次電池	鉛蓄電池	H_2SO_4	2.0	大型で重い，大電流を取り出せる。 自動車・オートバイ・フォークリフト・非常用電源
	ニッケルカドミウム蓄電池	KOH	1.2	高出力 電気かみそり・非常灯
	ニッケル水素蓄電池	KOH	1.2	ニッケルカドミウム蓄電池の2倍以上の寿命 電動工具・ハイブリッド式自動車
	リチウムイオン二次電池	有機電解液	3.7	高価・高出力・軽量 携帯電話・ノートパソコン・カメラ

3 その他の電池

目標 ❷燃料電池と太陽電池の構造が説明できるようになろう。

1 | 太陽電池

太陽電池は，ボルタ電池のように化学反応を利用するのではなく，半導体を用いて光のエネルギーを直接電気のエネルギーに変換する装置である❶。半導体には，純度の高いシリコンの結晶が多く用いられている。

❶ 光起電力効果という。

❷ おもに，正孔（電子の抜けた孔）を多く持った半導体のこと。

❸ おもに，自由電子を多く持った半導体のこと。

図7に，太陽電池の原理を示す。構造としては，p形半導体❷とn形半導体を接合したpn接合ダイオードと同じである。この接合部に，ある一定以上のエネルギーを持った光が当たると，一対の負の電気（電子）と正の電気（正孔）が生成される。このとき，接合部に生じている電界によって，生成された電子はn形半導体へ，正孔はp形半導体へと移動し，n形半導体は負（−）に，p形半導体は正（+）に帯電して起電力が生じる。得られる起電力は半導体材料や構造によって異なるが，0.5～0.8 V程度である。

→ p. 62

太陽電池と同じ構造のホトダイオードは，光を当てると起電力が生じるので，光センサとして利用されているよ。

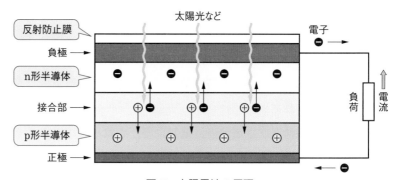

図7 太陽電池の原理

Zoom up メガソーラー

発電電力が1 MW以上の太陽光発電システムのことを，一般に**メガソーラー**という。化石燃料の燃焼による発電では，地球温暖化をもたらす二酸化炭素を排出するが，太陽光発電では，発電時の二酸化炭素の排出はない。また，太陽光発電のエネルギー源である太陽光は，半永久的に使うことができ，再生可能エネルギーの一つである。

図8は，塩田跡地を利用し，2018年10月から運転を開始した大規模（発電電力235 MW）のメガソーラー発電所である。

図8 メガソーラー発電所（岡山県瀬戸内市）

2 | 燃料電池

水を電気分解すると，水素と酸素に分解される。燃料電池は，このような電気分解とは逆に，水素と酸素の化学反応によって直接電気エネルギーを取り出す装置である❶。一般に，水素は天然ガスや石油（ガソリン，灯油，ナフサ）などの燃料から取り出し，酸素は空気中にあるものを利用する。

5 燃料電池は，図9のように，正極である空気極と負極である燃料極が，電解質をはさんだ構造になっている。正極と負極は気体を通す構造で，外部から正極に酸素，負極に水素が供給される。

負極に供給された水素 H_2 は，電極中の触媒（白金 Pt）の働きにより，電子 e^- を切り離して水素イオン H^+ となる。

10 正極に供給された酸素 O_2 は，負極から負荷を経由して移動してきた電子を受け取り O^{2-} となり，さらに水素イオンと結合して，水 H_2O になる。この反応によって生じる起電力は 1 V 以下である。

電解質をはさんだ一組の正極と負極を**セル**といい，セルを直列に接続して大きな起電力を取り出している。
cell

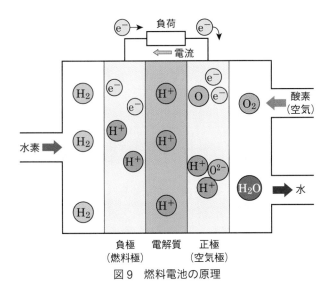

図 9　燃料電池の原理

図 10　燃料電池自動車
fuel cell vehicle

図 10 は，燃料電池を利用した燃料電池自動車である。燃料電池自動車は，運転時に窒素酸化物などの大気汚染物質を排出せず，水しか排出しないため，環境への影響が少ない。一方，水素を供給する設備の整備などが，あまり進んでおらず，課題となっている。

❶　一次電池と二次電池も内部の化学反応によって電気エネルギーを取り出しているが，燃料電池は反応させる物質を外部から供給している点が異なる。

1 節

1 オームの法則 (p. 21)　電流 I [A] は，電圧 V [V] に比例し，抵抗 R [Ω] に反比例する。

$$I = \frac{V}{R} \text{ [A]}$$

2 直列接続の合成抵抗 (p. 22)　$R_0 = R_1 + R_2$ [Ω]

3 並列接続の合成抵抗 (p. 24)　$R_0 = \dfrac{1}{\dfrac{1}{R_1} + \dfrac{1}{R_2}} = \dfrac{R_1 R_2}{R_1 + R_2}$ [Ω]

4 直列抵抗器 (p. 28)　多重範囲電圧計は，直列抵抗器の抵抗 r_m を変化させて，電圧計に加わる電圧の m 倍の電圧を測定できる。この m を直列抵抗器の倍率といい，$m = 1 + \dfrac{r_m}{r_v}$ で表される（r_v：電圧計の内部抵抗）。

5 分流器 (p. 29)　多重範囲電流計は，分流器の抵抗 r_s を変化させて，電流計に流れる電流の m 倍の電流を測定できる。この m を分流器の倍率といい，$m = 1 + \dfrac{r_a}{r_s}$ で表される（r_a：電流計の内部抵抗）。

6 ブリッジ回路 (p. 30)　平衡条件　$R_1 R_4 = R_2 R_3$

7 キルヒホッフの第1法則 (p. 32)　回路中の任意の接続点に流入する電流の和は，流出する電流の和に等しい。

8 キルヒホッフの第2法則 (p. 32)　回路中の任意の閉回路を一定の向きにたどるとき，その閉回路の起電力の和は，抵抗による電圧降下の和に等しい。

2 節

9 電力と電力量 (p. 40~41)　電力 $P = VI$ [W]　　電力量 $W = Pt = VIt$ [J] または [W·s]

10 ジュールの法則 (p. 42)　$H = RI^2 t = VIt$ [J]

11 物質の温度上昇に必要な熱量 (p. 43)　$Q = mc(T_2 - T_1)$ [J]

12 ジュール熱の利用 (p. 44~45)　ジュール熱を利用して，温めたり，金属を溶接したり，回路を保護することができる。

13 許容電流 (p. 45)　電線には，安全に流すことができる最大電流が決められている。

14 ゼーベック効果 (p. 46)　2種類の金属を接続し，接合点に温度差を与えると，回路に起電力が発生し，電流が流れる。

15 ペルチエ効果 (p. 47)　ゼーベック効果の逆の現象で，2種類の金属を接合して電流を流すと，接合部で発熱や吸熱が生じる。

3 節

16 電気分解 (p. 49)　電解質を化学的に分解することを，電気分解という。

17 電池の種類 (p. 50)　電池には，いったん放電すると再生できない一次電池と，放電しても充電によって繰り返し使用できる二次電池がある。

18 その他の電池 (p. 52~53)　太陽電池は，半導体を用いて光エネルギーを電気エネルギーに変換する。燃料電池は，燃料の持っているエネルギーを化学反応によって電気エネルギーとして取り出す。

章末問題

① 図1において，1 MΩ の抵抗に 5 V の電圧を加えたとき，流れる電流 I [μA] を求めよ。

② 図2のように，最大目盛 30 V，内部抵抗 $r_v = 10$ kΩ の電圧計に，90 kΩ の直列抵抗器 r_m を接続したとき，測定できる電圧 V_{max} [V] を求めよ。

③ 図3のように，最大目盛 10 mA，内部抵抗 $r_a = 0.9$ Ω の電流計に，0.1 Ω の分流器 r_s を接続した。このとき，測定できる最大電流 I_{max} [A] を求めよ。

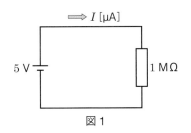

図1

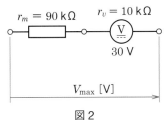

図2

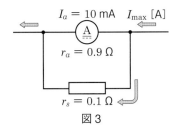

図3

④ 図4の回路において，次の問いに答えよ。

(1) 電流 I_2, I_3 [A] を求めよ。

(2) 電圧 V_1, V_2 [V] を求めよ。

(3) 抵抗 R_1 [Ω] を求めよ。

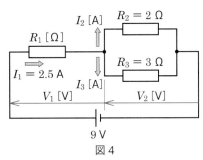

図4

⑤ 図5の回路において，次の問いに答えよ。

(1) 接続点 a について，キルヒホッフの第1法則を用いて式を立てよ。

(2) 閉回路 I および II のそれぞれについて，キルヒホッフの第2法則を用いて式を立てよ。

(3) (1)，(2)で立てた式から，電流 I [A]，起電力 E [V]，抵抗 R [Ω] の値を求めよ。

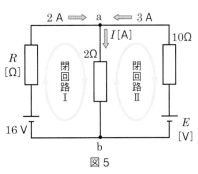

図5

⑥ 図6において，回路の電流 $I = 5$ A のとき，次の値を求めよ。

(1) 抵抗 R [Ω]

(2) 抵抗 R で消費する電力 P_R [W]

(3) 10 Ω の抵抗で消費する電力 P_{10} [W]

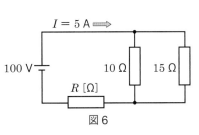

図6

⑦ 2 kW の電熱器で 15 kg の水を 10 分間加熱したとき，上昇する温度 [℃] を求めよ。ただし，電熱器の効率を 75 %，水の比熱を 4.19 J/(g·K) とする。

1節 電荷とクーロンの法則

1 静電気

目標 ◎帯電の原理を学び，静電気の意味を理解しよう。

1 帯電現象　図1のように，プラスチックの下じきで髪の毛をこすって少し離すと，髪の毛が下じきに吸いついてくる。この現象は，図2のように，摩擦によって，物体中の電子が一方の物体（髪の毛）から他方の物体（下じき）へ移動し，物体が正または負の電気を帯びることによって，物体間に吸引力が生じるからである。

このように，物体が正または負の電気を帯びることを，**帯電**といい，
electrification
帯電した物体を，**帯電体**という。帯電体が絶縁されていれば，たくわ
charged body
えられた電気（電荷）がほかの物体へ移ることはない。このように静止している電気を，**静電気**という。
static electricity

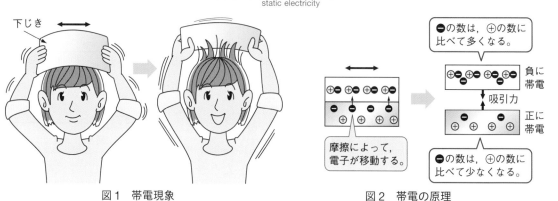

図1　帯電現象

図2　帯電の原理

下じき

●の数は，⊕の数に比べて多くなる。

負に帯電

吸引力

正に帯電

摩擦によって，電子が移動する。

●の数は，⊕の数に比べて少なくなる。

2 | 摩擦序列

いろいろな物体を正に帯電しやすい順番に並べたものを，**摩擦序列**という。その例を，図3に示す。図3において，任意の二つの物体を摩擦すると，左側の物体は正に，右側の物体は負に帯電することを表している。

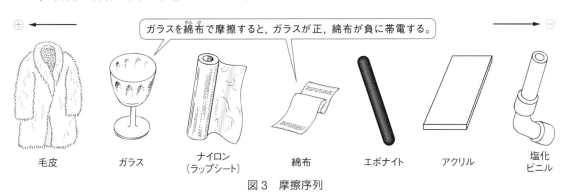

ガラスを綿布で摩擦すると，ガラスが正，綿布が負に帯電する。

毛皮　　ガラス　　ナイロン（ラップシート）　　綿布　　エボナイト　　アクリル　　塩化ビニル

図3　摩擦序列

 静電塗装

自動車の車体の塗装では，図4(a)に示すような静電塗装が用いられる。静電塗装は，図4(b)に示すように，噴霧した塗料を負に，塗装するものを正に帯電させて塗装する方法である。

正と負に帯電させることで吸引力が生まれ，塗料をむだなく付着させることができ，経済的かつ仕上がりがきれいになる。ただし，塗装するもののくぼんだ部分には塗布しにくい。また，塗料が霧状になるため，引火しやすいので安全管理に注意が必要となる。

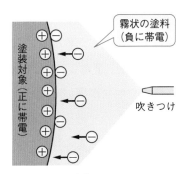

霧状の塗料（負に帯電）

塗装対象（正に帯電）

吹きつけ

(a) 静電塗装のようす　　　**(b) 原理**

図4　静電塗装

2 静電誘導と静電遮へい

静電誘導と静電遮へいの原理を理解し，はく検電器の動きを静電誘導の原理から説明できるようになろう。

1 静電誘導

図5は，**はく検電器**といわれ，物体が帯電しているかどうかを調べる装置である。

図5のように，はく検電器の金属円板に正の帯電体を近づけると，はくの自由電子が金属円板に引き寄せられる。そのため，はくは正に帯電することになり，たがいに反発して開く。一方，はく検電器の金属円板に負の帯電体を近づけると，金属円板の自由電子がはくに移動するため，はくは負に帯電し，たがいに反発して開く。

一般に，導体に帯電体を近づけると，帯電体に近いほうの導体の表面には，帯電体の電気と異なる電気が現れ，遠いほうの表面には，帯電体の電気と同じ電気が現れる。この現象を，**静電誘導**という。
electrostatic induction

帯電体から遠いほうの導体の表面に現れる電気は，帯電体と同じ電気だよ。

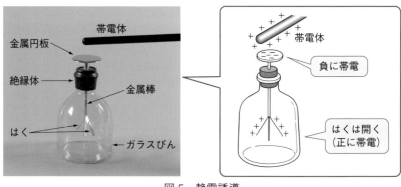

図5 静電誘導

❶ p.69の実験コーナーにおいて，実験方法③までを行うと，はく検電器を正に帯電させることができる。

電子が流れ込む。

(a) 正に帯電したはく検電器

電子が放出される。

(b) 負に帯電したはく検電器

図6 接地によるはく検電器の動き

接地 帯電した物体を，人のからだや地面などと接触させると，電気的に中性（帯電していない状態）にすることができる。これは，人のからだや地面が導体であるため，物体中の電子の通り道をつくることができるためである。このように，帯電した物体を電気的に中性にすることを，**接地**または**アース**という。
ground　　earth

図6のように，正または負に帯電したはく検電器がある。正に帯電したはく検電器の金属円板に触れると，指から電子が流れ込む。そのため，はく検電器は電気的に中性になり，はくが閉じる。

逆に，負に帯電したはく検電器の金属円板に触れると，はく検電器の電子が指に放出される。そのため，はく検電器は電気的に中性になり，はくが閉じる。

2 静電遮へい

図7のように，はく検電器に金網をかぶせると，これに帯電体を近づけても，はくは開かない。このように，導体で囲むことによって，外部の影響をさえぎる働きを，**静電遮へい**という。
electrostatic shielding

図8は，心線を金属の網で被覆（ひふく）したもので，**シールド線**とよばれる。
shielding wire
シールド線は，静電遮へいの原理を利用して，静電気などによる外部からの影響が，心線に及ばないようにしている。

❶ 図7では，エボナイト棒に紙片が引きつけられていることから，帯電していることがわかる。

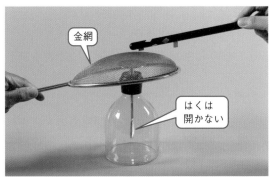

図7 静電遮へい

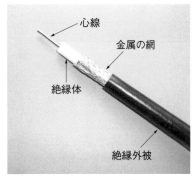

図8 シールド線

問1 図9のように，正に帯電しているはく検電器がある。このはく検電器に，正負どちらかに帯電した帯電体を近づけたら，はくがさらに大きく開いた。近づけた帯電体は，正と負のどちらに帯電しているか答えよ。

図9

Zoom up 静電気火災

　冬などの空気が乾燥している時期に，ドアを開けようとドアノブに手をかけようとしたときに，瞬間的にしびれを感じることがある。これは，人体に帯電した静電気が，金属製のドアノブを通して放電したためである。放電時の電圧は3000 V以上あるが，電流がきわめて小さく，流れる時間も短いため，人体への影響はほとんどない。しかし，放電で生じる小さな火花が，気化したガソリンなどに引火して火災や爆発が発生することがある。

　セルフ式のガソリンスタンドでは，静電気による火災や爆発を防ぐために，図10のような静電気除去シートが設置されている。給油するまえにこのシートに触れることで，人体に帯電した静電気を逃がすようにしている。

図10 静電気除去シート

3 静電気に関するクーロンの法則

吸引力（異種の電荷のとき）

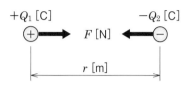

$+Q_1$ [C]　　　　　　$-Q_2$ [C]

F [N]

r [m]

反発力（同種の電荷のとき）

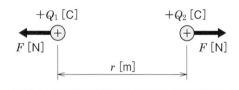

$+Q_1$ [C]　　　　　　$+Q_2$ [C]

F [N]　　　　　　　　F [N]

r [m]

図 11　静電気に関するクーロンの法則

❶　電荷の大きさが，電荷間の距離 r [m] と比べきわめて小さくて無視できるとき，これを**点電荷**という。本書では，今後，点電荷のことを単に電荷とよぶことにする。

❷　**クーロン**（C. A. Coulomb：1736〜1806）

フランスの物理学者。
二つの電荷間や磁極（第4章）間に働く力に関する研究を行った。電気量の単位クーロン [C] は，彼の名によっている。

❸　絶縁体は，電流をほとんど通さないが，電荷を誘い，たくわえるという意味で誘電体ともいう。

1 クーロンの法則

図 11 のように，電荷 Q_1, Q_2 [C] を持つ帯電体を，距離 r [m] 離して置いた。このとき，異種の電荷の間には吸引力，同種の電荷の間には反発力が働く。これらの力を**静電力**といい，単位には，[N]（ニュートン）が用いられる。静電力の向きは，二つの電荷を結ぶ直線上にあり，その大きさ F [N] は，式 (1) で表される。

$$F = k\frac{Q_1 Q_2}{r^2} \ [\text{N}] \tag{1}$$

すなわち，**二つの点電荷❶に働く静電力の大きさは，両電荷の積に比例し，電荷間の距離の 2 乗に反比例する**。これを，**静電気に関するクーロンの法則❷**という。

式 (1) の k は比例定数であり，一般に，$k = \dfrac{1}{4\pi\varepsilon}$ で与えられる。分母の ε は**誘電率**といわれ，二つの電荷が置かれた空間の物質（**誘電体❸**）によって決まる定数である。誘電率の単位には，[F/m]（**ファラド毎メートル**）が用いられる。 ➡ p. 70

2 誘電率と比誘電率

一般に，**真空の誘電率は ε_0 で表され，その値は式 (2) で与えられる。

$$\varepsilon_0 = 8.85 \times 10^{-12} \ [\text{F/m}] \tag{2}$$

空気の誘電率もほぼ同じ値である。したがって，真空中および空気中の k の値は，式 (3) のように求められる。

$$k = \frac{1}{4\pi\varepsilon_0} = \frac{1}{4\pi \times 8.85 \times 10^{-12}} = 9 \times 10^9 \tag{3}$$

また，誘電率 ε と真空の誘電率 ε_0 との比を，その物質の**比誘電率**といい，ε_r で表す。したがって，比誘電率 ε_r は，式 (4) で表される。

比誘電率	$\varepsilon_r = \dfrac{\varepsilon}{\varepsilon_0}$	(4)

式 (4) を変形すると，誘電率 ε は式 (5) のように表される。

誘電率	$\varepsilon = \varepsilon_0 \varepsilon_r = 8.85 \times 10^{-12} \varepsilon_r \ [\text{F/m}]$	(5)

表1に，いろいろな誘電体の比誘電率 ε_r の例を示す。

誘電率 ε の物質中の k の値は，式(3)と式(5)を用いると，比誘電率 ε_r を使って，式(6)のように表される。

$$k = \frac{1}{4\pi\varepsilon} = \frac{1}{4\pi\varepsilon_0} \times \frac{1}{\varepsilon_r} = 9 \times 10^9 \times \frac{1}{\varepsilon_r} \quad (6)$$

5 **問2** 水とパラフィンの誘電率を求めよ。

表1 比誘電率

物質	ε_r
真空	1.0
空気(乾)	1.000 536
砂(乾)	2.5
パラフィン	2.2
天然ゴム	2.4
雲母	7.0
ソーダガラス	7.5
エタノール	24.3
水(20℃)	80.4
チタン酸ストロンチウム	332

(真空以外は「理科年表 2021 年版」による)

3 電荷間に働く静電力の大きさ

距離 r [m] 離れた電荷 Q_1，Q_2 [C] に働く静電力の大きさ F [N] は，電荷が置かれた物質中の k の値である式(3)，式(6)をそれぞれ式(1)に代入することにより，式(7)，式(8)のように表される。

10
電荷間に働く静電力の大きさ

真空中，空気中　　　　　$F = 9 \times 10^9 \times \dfrac{Q_1 Q_2}{r^2}$ [N]　　(7)

誘電率 ε (比誘電率 ε_r) の物質中　　$F = 9 \times 10^9 \times \dfrac{Q_1 Q_2}{\varepsilon_r r^2}$ [N]　　(8)

例題 1 図12のように，4×10^{-6} C と 2×10^{-6} C の電荷を 20 cm 離して置いたとき，両電荷が真空中に置かれた場合と，比誘電率が3の物質中に置かれた場合における両電荷間に働く静電力の大きさを求めよ。

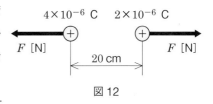

図12

解答 真空中における静電力の大きさ F [N] は，式(7)より，次のようになる。

$$F = 9 \times 10^9 \times \frac{Q_1 Q_2}{r^2} = 9 \times 10^9 \times \frac{4 \times 10^{-6} \times 2 \times 10^{-6}}{(20 \times 10^{-2})^2} = 1.8 \, \text{N}$$

比誘電率3の物質中における静電力の大きさ F [N] は，式(8)より，次のようになる。

20
$$F = 9 \times 10^9 \times \frac{Q_1 Q_2}{\varepsilon_r r^2} = 9 \times 10^9 \times \frac{4 \times 10^{-6} \times 2 \times 10^{-6}}{3 \times (20 \times 10^{-2})^2} = 0.6 \, \text{N}$$

問3 真空中で，3×10^{-6} C と 5×10^{-6} C の電荷を 30 cm 離して置いたとき，両電荷間に働く静電力の大きさを求めよ。また，その力は吸引力か，反発力か。

問4 比誘電率 ε_r が9の物質中で，3×10^{-6} C と 2×10^{-6} C の電荷を 50 cm 離して置いたとき，両電荷間に働く静電力の大きさを求めよ。

4 電界

目標 ❷電荷による電界の大きさと，電界中の電荷に働く力を計算できるようになろう。

1 電荷による電界

帯電体の近くにほかの電荷を置くと，この電荷には静電力が働く。このように，静電力が働く空間を，**電界**という。

❶ 電場ともいう。

electric field

電界は，図13のように，電荷による電界中に $+1\,C$ の電荷を置いたときに働く力の大きさと向きで表される。電界の大きさは E で表され，単位には，[V/m]（**ボルト毎メートル**）が用いられる。

比誘電率 ε_r の物質中に，$+Q\,[C]$ と $+1\,C$ の二つの電荷を $r\,[m]$ 離して置いたとき，その間に働く静電力の大きさ $F\,[N]$ は，式(8)を用いることで，式(9)のように表される。

同種の電荷は反発する。

$+Q\,[C]$

$+1\,C$ $F\,[N]$

$r\,[m]$

$E\,[V/m]$

O

P

電界の大きさ

$$E = \frac{1}{4\pi\varepsilon_0\varepsilon_r} \times \frac{Q}{r^2} = 9 \times 10^9 \times \frac{Q}{\varepsilon_r r^2}\ [V/m]$$

電界の向き

電界中の $+1\,C$ の電荷に働く力の向き

図13 電荷による電界の大きさと向き

$$F = \frac{1}{4\pi\varepsilon_0\varepsilon_r} \times \frac{Q_1 Q_2}{r^2}$$

$$= 9 \times 10^9 \times \frac{Q \times 1}{\varepsilon_r r^2}\ [N] \quad (9)$$

したがって，$+Q\,[C]$ の電荷による点Pの電界の大きさ $E\,[V/m]$ は，式(10)で求めることができる。

一つの電荷による電界の大きさは，電荷の大きさに比例し，電荷からの距離の2乗に反比例しているね。

電荷による電界の大きさ

$$E = \frac{1}{4\pi\varepsilon_0\varepsilon_r} \times \frac{Q}{r^2} = 9 \times 10^9 \times \frac{Q}{\varepsilon_r r^2}\ [V/m] \quad (10)$$

例題 ❷ 真空中で，$2 \times 10^{-6}\,C$ の電荷から $50\,cm$ 離れた点の電界の大きさを求めよ。

解|答 式(10)より，次のようになる。

$$E = 9 \times 10^9 \times \frac{Q}{\varepsilon_r r^2} = 9 \times 10^9 \times \frac{2 \times 10^{-6}}{1 \times (50 \times 10^{-2})^2}$$

$$= 7.2 \times 10^4\,V/m$$

問5 真空中で，$6 \times 10^{-6}\,C$ の電荷から $30\,cm$ 離れた点の電界の大きさを求めよ。

問6 比誘電率 ε_r が6の物質中で，$2\,\mu C$ の電荷から $10\,cm$ 離れた点の電界の大きさを求めよ。

2 | 平等電界

図 14 のように，平行に置いた 2 枚の金属板に電圧を加えると，金属板にはそれぞれ正と負の電荷がたくわえられる。このとき，2 枚の金属板の間には，電界の大きさと向きがどの場所でも同じ電界が生じる。これを**平等電界**という。

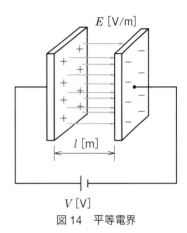

E [V/m]

l [m]

V [V]

図 14 平等電界

2 枚の金属板の距離を l [m]，電位差を V [V] とすると，平等電界の大きさ E [V/m] は，式 (11) で表される。

平等電界の大きさ	$E = \dfrac{V}{l}$ [V/m]	(11)

例題 3 2 枚の金属板を 15 cm 離して，6 V の電圧を加えたとき，金属板の間に生じる平等電界の大きさを求めよ。

解答 式 (11) より，次のようになる。

$$E = \frac{V}{l} = \frac{6}{15 \times 10^{-2}} = 40 \text{ V/m}$$

問7 図 14 において，2 枚の金属板の距離を半分にしたら，平等電界の大きさはどのようになるか答えよ。

3 | 電界中の電荷に働く静電力

図 15 のように，大きさ E [V/m] の電界① 中に Q [C] の電荷を置くと，電荷に静電力が働く。静電力の大きさ F [N] は，式 (12) で表される②。

電界中の電荷に働く静電力の大きさ	$F = QE$ [N]	(12)

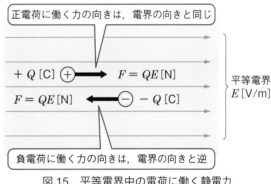

正電荷に働く力の向きは，電界の向きと同じ

$+Q$ [C] ⊕ → $F = QE$ [N]

$F = QE$ [N] ← ⊖ $-Q$ [C]

平等電界 E [V/m]

負電荷に働く力の向きは，電界の向きと逆

図 15 平等電界中の電荷に働く静電力

力の向きは，電荷の正負と電界の向きとの関係で決められる。

例題 4 500 V/m の電界中に，4×10^{-6} C の電荷が置かれている。この電荷に働く力を求めよ。

解答 式 (12) より，次のようになる。

$$F = QE = 4 \times 10^{-6} \times 500 = 2 \times 10^{-3} \text{ N}$$

問8 8 kV/m の電界中に，5×10^{-7} C の電荷が置かれている。この電荷に働く力を求めよ。

① 電荷による電界あるいは平等電界のどちらでもよい。
② 式 (10) の Q は，電界を生じさせる電荷を表し，式 (12) の Q は，ある電界 E 中に置かれた電荷を表す。

5 電気力線

目標　⚙電荷の軌跡と電気力線の関係を学び，電気力線の性質を理解しよう。

1 電気力線の考え方

図16のように，電界中に Q_1，Q_2，Q_3 [C] の三つの電荷があるとする。Q_1 は正の電荷を持っており，自由に動くことができる。一方，Q_2 は正の電荷，Q_3 は負の電荷を持っており，位置が固定されているとする。このとき，Q_1 と Q_2 には反発力，Q_1 と Q_3 には吸引力が働くので，Q_1 には，これらの力を合成した向きに静電力 F が働く。したがって，Q_1 は，この向きに移動することになる。

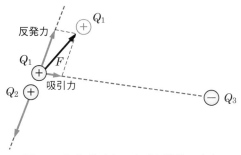

図16　Q_1 に働く力の合成と移動の向き

電荷がわずかに移動した点で，同じように Q_2 と Q_3 から受ける力を合成し，その方向に Q_1 を移動させていくことを繰り返すと，Q_1 が移動する軌跡を，図17(a) のように描くことができる。また，Q_1 を，Q_2 の周囲のいろいろな場所に置き，それぞれ Q_1 の移動の軌跡を描くと，図17(b) のようになる。

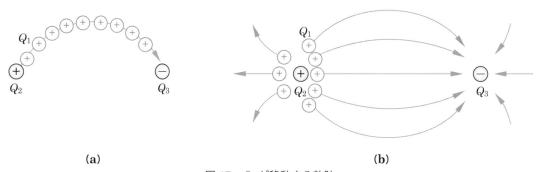

(a)　　　　　　　　　　　　　　　　　(b)

図17　Q_1 が移動する軌跡

これらの軌跡を**電気力線**という。電気力線は，電界の状態などを表すために用いる仮想の線である。電気力線を用いると，電気力線上のある点における接線の向きが，その点における電界の向きを示し，また，電気力線の密度で電界の大きさを視覚的に説明することができる。

問9 図18のように，三つの電荷 Q_1，Q_2，Q_3 があり，Q_2 だけが自由に動くことができるとする。このとき，Q_2 が移動する軌跡を描け。

図18

2 | 電気力線の性質

図19(b)，(c) は，異種の電荷と同種の電荷の間に生じる電気力線のようすを示している。比誘電率 ε_r の物質中における電気力線の性質をまとめると，次のようになる。

① 電気力線は，$+ Q\,[\mathrm{C}]$ の電荷から $\dfrac{Q}{\varepsilon_0 \varepsilon_r}$ 本が出て，$- Q\,[\mathrm{C}]$ の電荷へ $\dfrac{Q}{\varepsilon_0 \varepsilon_r}$ 本がはいる（図19(a)）。

② ある点での電気力線の接線方向は，その点の電界の向きを表す。

③ ある点での電気力線の密度（単位面積あたりの電気力線の本数）は，その点の電界の大きさを表す✿。

④ 電気力線自身は，引っ張ったゴムひものように縮もうとし，同じ向きに通っている電気力線どうしは，たがいに反発し合う。また，途中で分岐したり，ほかの電気力線と交わったりしない。

> ✿比誘電率 ε_r の物質中で，$+ Q\,[\mathrm{C}]$ の電荷が半径 $r\,[\mathrm{m}]$ の球の中心にあるとき，この球の表面積を貫く電気力線の本数は，$\dfrac{Q}{\varepsilon_0 \varepsilon_r}$ 本です（性質①）。この球の表面積は $4\pi r^2\,[\mathrm{m}^2]$ なので，電気力線の密度は，
> $$\frac{Q}{\varepsilon_0 \varepsilon_r} \div 4\pi r^2$$
> $$= \frac{1}{4\pi \varepsilon_0 \varepsilon_r} \times \frac{Q}{r^2}$$
> となり，電界の大きさを表す p.62 式(10) と一致します。

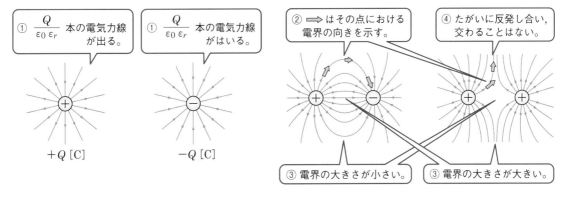

(a) 電気力線の本数　　**(b) 異種の電荷**　　**(c) 同種の電荷**

図19　電気力線の性質

問10 真空中に置いた $+1\,\mathrm{C}$ の電荷から出ている電気力線の本数を求めよ。

6 電束と電束密度

- 電気力線と電束の違いについて理解しよう。
- 電束密度と電界の関係を理解しよう。

$\frac{1}{\varepsilon_0\varepsilon_r}$ [本] の電気力線を1束の電束と数え直します。すると, 誘電率によらずに, Q [C] の電荷からは, Q [本] (Q [C]) の電束が出ているとみなせるよ。

1 電束

物質の中にある $+Q$ [C] の電荷からは, $\frac{Q}{\varepsilon_0\varepsilon_r}$ 本の電気力線が出るので, 誘電率によって電気力線の本数が変わるという不便さがある。そこで, 電気力線 $\frac{1}{\varepsilon_0\varepsilon_r}$ を改めて1本と考え, Q [C] の電荷から Q 本の仮想の線が出るとして, これを**電束**と名づける。電束の単位には, 電荷と同じ [C] (クーロン) が用いられる。
electric flux

2 電束密度

電気力線の密度が電界の大きさを表すことを学んだが, 同じように, 単位面積あたりの電束を ➡ p.65
考えてみよう。この単位面積あたりの電束のことを**電束密度**という。
electric flux density

図20のように, 比誘電率 ε_r の物質中に, $+Q$ [C] の電荷が半径 r [m] の球の中心にあるとする。この球の表面を貫く電束は Q [C] であり, この球の表面積 A [m²] は $4\pi r^2$ [m²] であるので, 電束密度 D は, 式 (13) で表される。

| 電束密度 | $D = \dfrac{Q}{A} = \dfrac{Q}{4\pi r^2}$ [C/m²] | (13) |

電束密度の単位には, [C/m²] (**クーロン毎平方メートル**) が用いられる。

一方, 電気力線の密度つまり電界の大きさは, 式 (10) より,
➡ p.62

$$E = \frac{1}{4\pi\varepsilon_0\varepsilon_r} \times \frac{Q}{r^2} \qquad (14)$$

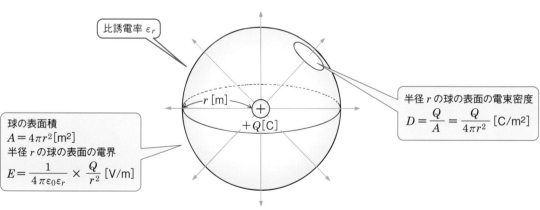

図20 電界の強さと電束密度

のように表されるので，式 (13) と式 (14) より，

$$E = \frac{1}{\varepsilon_0 \varepsilon_r} \times D \tag{15}$$

となる。したがって，電束密度と電界の関係は，式 (15) を変形し，式 (5) の関係を用いると，式 (16) で表される。 → p.60

電束密度と電界の関係
$$D = \varepsilon_0 \varepsilon_r E = 8.85 \times 10^{-12} \varepsilon_r E \ [\text{C/m}^2] \tag{16}$$

例題 ⑤ 真空中で，4×10^{-6} C の電荷から 2 m 離れた点の電界の大きさと電束密度を求めよ。

....

解 答 電界の大きさは，p. 62 式 (10) より，次のようになる。

$$E = 9 \times 10^9 \times \frac{Q}{\varepsilon_r r^2} = 9 \times 10^9 \times \frac{4 \times 10^{-6}}{1 \times 2^2}$$

$$= 9 \text{ kV/m}$$

電束密度は，式 (13) より，次のようになる。❶

$$D = \frac{Q}{4\pi r^2} = \frac{4 \times 10^{-6}}{4 \times 3.14 \times 2^2} = 7.96 \times 10^{-8} \text{ C/m}^2$$

....

問 11 真空中で，8 μC の電荷から 40 cm 離れた点の電界の大きさと電束密度を求めよ。

❶ 式 (16) を用いて計算しても求められる。ただし，四捨五入の関係で，$D = 7.97 \times 10^{-8}$ C/m² となる。

例題 ⑥ 真空中のある点の電界の大きさが 15 kV/m であるとき，その点の電束密度を求めよ。

....

解 答 電束密度は，式 (16) より，次のようになる。

$$D = \varepsilon_0 \varepsilon_r E = 8.85 \times 10^{-12} \times 1 \times 15\,000$$

$$= 1.33 \times 10^{-7} \text{ C/m}^2$$

....

問 12 真空中のある点の電界の大きさが 3 kV/m であるとき，その点の電束密度を求めよ。

問 13 真空中のある点の電束密度が 3.54×10^{-8} C/m² であるとき，その点の電界の大きさを求めよ。

第3章 ● 静電気

❶ 図21のように，真空中で，0.3 mへ
だてて置かれた2個の等量な正電荷
$+Q$ [C] に働く静電力が，0.4 N で
あった。このときの電荷 Q を求めよ。

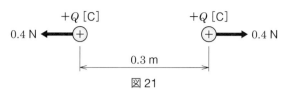

図21

❷ 図22のように，二つの電荷 A，B
を比誘電率3の物質中に置いた。電荷
A，B 間に働く静電力の大きさを求め
よ。また，その力は吸引力か反発力か。

図22

❸ 3 μC と 4 μC の電荷を持つ二つの帯電体を，比誘電率3の物質中に置いたとき，これ
らの間に 0.9 N の静電力が働いた。二つの帯電体間の距離を求めよ。

❹ ある物質中に，4×10^{-6} C と 1×10^{-6} C の二つの電荷を，5 cm へだてて置いた。こ
のとき，両電荷間に働く静電力が 0.6 N であった。この物質の比誘電率を求めよ。

❺ 図23のように，真空中で，0.9 μC の電荷から 90 cm 離れた点の電界の大きさを求め
よ。

❻ 図24のように，真空中で，ある大きさの電荷から 5 m 離れた点の電界の大きさが，
900 V/m であった。電荷の大きさを求めよ。

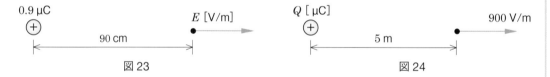

図23 　　　　　　　　　　　　　　　図24

❼ 比誘電率9の物質中で，5 μC の電荷から 50 cm 離れた点の電界の大きさを求めよ。

❽ 2 kV/m の電界中に，0.8 μC の電荷が置かれている。この電荷に働く力の大きさを求
めよ。

❾ 電界中に 5×10^{-6} C の電荷を置いたところ，この電荷に 1.5×10^{-3} N の力が働いた。
電界の大きさを求めよ。

❿ 真空中で，5×10^{-7} C の電荷から 50 cm 離れた点の電界の大きさと電束密度を求めよ。

⓫ 真空中のある点の電界の大きさが 200 V/m であるとき，その点の電束密度を求めよ。

はく検電器の製作と静電誘導の実験

ペットボトルとアルミはくを使ってはく検電器を製作し，静電誘導の実験を行ってみよう。

実験器具 ペットボトル（1.5 L），アルミはく ⓐ（7 cm × 15 cm），アルミはく ⓑ（1 cm × 15 cm：
2 枚），スチレンボード（食品トレーでもよい），セロハンテープ，アクリル製定規，
ティッシュペーパー

製作方法 ① スチレンボードを直径5 cm の円形に切り抜き，図 A のように，スチレンボードを
アルミはく ⓐ でくるみ（重なり合うところは切除する），円板部とする。

② 図 B のように，アルミはく ⓑ を 2 枚重ねて端から 1.5 cm のところをセロハンテープで固定し，上部を両側に広げ，はくとする。

③ 図 C のように，①の円板部の裏に，②の広げた部分をセロハンテープで固定する。

④ ②のはくをできるだけまっすぐになるように整える。図 D のように，はくをペットボトル内に入れて円板部をペットボトルの口に乗せ，セロハンテープで固定する。

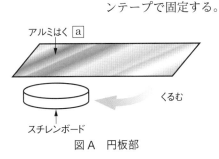

アルミはく ⓐ

くるむ

スチレンボード

図A　円板部

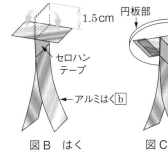

1.5 cm

セロハンテープ

アルミはく ⓑ

図B　はく

円板部

図C

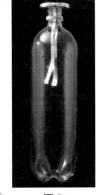

図D

実験方法 ① アクリル製定規をティッシュペーパーでこすり（定規は負に帯電），円板部に近づける。

② アクリル製定規を近づけたまま，指で円板部に触れる。

③ 触れていた指を離してから，アクリル製定規を遠ざける。

④ ふたたびアクリル製定規を近づける。

考　察 ① 実験①では，円板部は正に帯電し，ペットボトル内のはくは負に帯電するので，はくは開く（図 E）。

② 実験②では，はくの負の電荷が指を通じて移動し，はくは閉じる（図 F）。

③ 実験③では，円板部の正の電荷の一部がはくに移動するので，はくは開く（図 G）。

④ 実験④では，はくの正の電荷が，アクリル製定規の負の電荷に引きつけられて円板部に移動するので，はくは閉じる（図 H）。

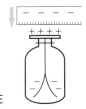

図E

図F

図G

図H

第3章 ●静電気

1 静電容量

目標	◆コンデンサの機能について理解し，コンデンサにたくわえられる電荷について計算できるようになろう。 ◆2枚の金属板の面積と距離の関係から，コンデンサの静電容量を計算できるようになろう。

図1のように，2枚の金属板を平行に向かい合わせて，その間に誘電体を入れたものを，**コンデンサ**という。コンデンサに電圧を加えると，電荷がたくわえられる。これを，**充電**という。たくわえられた電荷 Q [C] は，加える電圧を V [V]，比例定数を C とすると，式 (1) で表すことができる。

> **コンデンサにたくわえられる電荷**
> $$Q = CV \ \text{[C]} \tag{1}$$

また，式 (1) から，C は次のように表すことができる。

$$C = \frac{Q}{V} \ \text{[F]}$$

この C を，コンデンサの**静電容量**という。静電容量の単位には，[F]（**ファラド**）が用いられる。1 F という量は，実用上大きすぎるので，一般に，1 μF ($= 10^{-6}$ F) や 1 pF ($= 10^{-12}$ F) などが使われる。

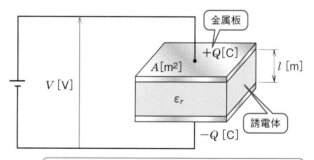

静電容量 C は，A と ε_r の積に比例し l に反比例する。

図1 コンデンサの静電容量

図1で，金属板の面積を A [m²]，金属板の間の距離を l [m] とし，誘電体の比誘電率を ε_r とすると，コンデンサの静電容量 C [F] は，式 (2) で表すことができる。

コンデンサの静電容量

$$C = \varepsilon_0 \varepsilon_r \frac{A}{l} = 8.85 \times 10^{-12} \times \varepsilon_r \frac{A}{l} \text{ [F]} \qquad (2)$$

式 (2) から，静電容量 C は，金属板の面積 A と比誘電率 ε_r の積に比例し，金属板の間の距離 l に反比例することがわかる。

誘電体を変えずに静電容量を大きくするには，2枚の金属板の面積を大きくしたり，間隔を小さくしたりするよ。

例題 1 47 μF のコンデンサに 3 V の電圧を加えたとき，コンデンサにたくわえられる電荷を求めよ。

解答 式 (1) より，次のようになる。

$$Q = CV = 47 \times 10^{-6} \times 3 = 141 \times 10^{-6} \text{ C} = \textbf{141 μC}$$

問 1 10 μF のコンデンサに 20 V の電圧を加えたとき，コンデンサにたくわえられる電荷を求めよ。

問 2 33 pF のコンデンサに 50 V の電圧を加えたとき，コンデンサにたくわえられる電荷を求めよ。

問 3 0.1 μF のコンデンサに 2×10^{-6} C の電荷をたくわえるには，電極間に何 V の電圧を加えればよいか。

問 4 あるコンデンサに 2 V の電圧を加えたところ，12 pC の電荷がたくわえられた。このコンデンサの静電容量を求めよ。

例題 2 図 2 のように，面積 10 cm² の 2 枚の金属板が，空気中で 2 mm へだてて向かい合っている。この金属板間の静電容量を求めよ。

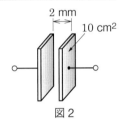

図 2

解答 式 (2) より，次のようになる。

$$C = \varepsilon_0 \varepsilon_r \frac{A}{l} = 8.85 \times 10^{-12} \times 1 \times \frac{10 \times 10^{-4}}{2 \times 10^{-3}}$$

$$= 4.43 \times 10^{-12} \text{ F} = \textbf{4.43 pF}$$

問 5 図 2 のコンデンサの金属板の面積 A を 2 倍にし，金属板の間隔 l を半分にすると，静電容量はもとの何倍になるか。ただし，誘電体は空気とする。

問 6 面積 25 cm² の 2 枚の金属板が，空気中で 0.1 cm へだてて向かい合っている。この金属板間の静電容量を求めよ。

2 コンデンサの種類と静電エネルギー

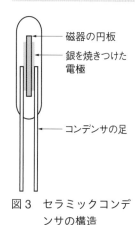

磁器の円板

銀を焼きつけた電極

コンデンサの足

図3　セラミックコンデンサの構造

1 コンデンサの種類

図3は，セラミックコンデンサの構造である。セラミックコンデンサは，比誘電率の大きな酸化チタンなどの磁器を誘電体に用いており，磁器の円板の外側に銀を焼きつけ，電極をつけたものである。

コンデンサには，電極間の誘電体の種類により，いろいろなものがある。代表的なコンデンサの図記号，外観，特徴を表1に示す。

表1のセラミックトリマコンデンサは，ねじを回すと金属板の向かい合う面積が変わり，静電容量が変化する。また，ポリエステル可変コンデンサは，軸を回すと同様に，静電容量が変化する。

セラミックトリマコンデンサは，静電容量が目的の値になったときに固定して使用する。このようなコンデンサを，**半固定コンデンサ**と
pre-set capacitor

表1　代表的なコンデンサ

名称	図記号	外　観	特　徴
固定コンデンサ	コンデンサ	セラミックコンデンサ（磁器コンデンサ）／チップコンデンサ／プラスチックフィルムコンデンサ	比較的静電容量が小さい。
固定コンデンサ	有極性コンデンサ（電解コンデンサ） ＋	アルミニウム電解コンデンサ　長い⊕　短い⊖／電気二重層コンデンサ⊖／導電性高分子アルミ固体電解コンデンサ⊖　⊕	一般に，プラスとマイナスの極性がある。
半固定コンデンサ		セラミックトリマコンデンサ　ねじ	ねじを回して静電容量を変えたあと，固定して使用する。
可変コンデンサ		ポリエステル可変コンデンサ　軸／三端子のものは2個のコンデンサからなる。	軸を回して静電容量を変化させて使用する。

もいう。静電容量を変化させて使用するコンデンサを，**可変コンデンサ** variable capacitor という。一方，静電容量が一定のコンデンサを，**固定コンデンサ** fixed capacitor という。

2 | コンデンサにたくわえられるエネルギー

図4に示す回路において，スイッチを1に接続し，コンデンサに $Q = CV$ [C] の電荷をたくわえた。次に，スイッチを2に接続すると，コンデンサにたくわえられた電荷が放出され，ランプが点灯する。これは，充電されたコンデンサにエネルギーがたくわえられていたためと考えられる。このエネルギーを，**静電エネルギー**という。

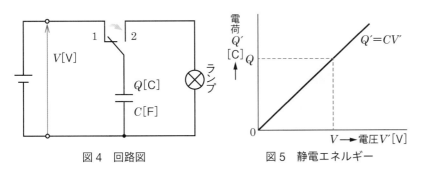

図4 回路図　　　　図5 静電エネルギー

図5のように，コンデンサに加える電圧を増加すると，たくわえられる電荷も増加する。コンデンサの電圧を V [V]，電荷を Q [C] とすると，コンデンサにたくわえられる静電エネルギー W [J] は，図のクリーム色部分の面積で表され，式(3)のようになる。

| コンデンサにたくわえられる静電エネルギー | $W = \dfrac{1}{2} QV = \dfrac{1}{2} CV^2$ [J] | (3) |

例題 3　コンデンサの電圧 $V = 100\,\text{V}$，電荷 $Q = 2\,\text{C}$ のとき，コンデンサにたくわえられる静電エネルギーを求めよ。

....

解答　式(3)より，静電エネルギーは，次のようになる。

$$W = \frac{1}{2} QV = \frac{1}{2} \times 2 \times 100 = \textbf{100 J}$$

....

問7　静電容量 $100\,\mu\text{F}$ のコンデンサに電圧 $100\,\text{V}$ を加えたとき，コンデンサにたくわえられる静電エネルギーを求めよ。

問8　コンデンサに $100\,\text{V}$ の電圧を加えたとき，$1\,\text{J}$ の静電エネルギーがたくわえられた。このコンデンサの静電容量を求めよ。

3 コンデンサの並列接続

目標　💡並列に接続された2個のコンデンサの合成静電容量の意味を理解し，合成静電容量を計算できるようになろう。

　図6(a)のように，静電容量がそれぞれ C_1，C_2 [F] の2個のコンデンサを，並列に接続した場合の**合成静電容量** C_0 [F] を求める。合成静電容量とは，図6(b)のように，端子 a–b 間を1個のコンデンサとして考えたときの静電容量である。

combined capacitance

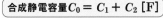

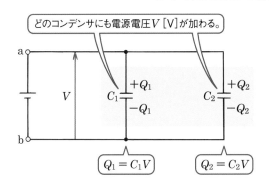

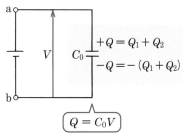

（a）2個のコンデンサの並列接続　　　　　　　　　**（b）等価回路**

図6　コンデンサの並列接続

　図6(a)の端子 a–b 間に電圧 V [V] を加えると，各コンデンサにたくわえられる電荷は，式(4)で表される。

$$\left.\begin{array}{l} Q_1 = C_1 V \ [\text{C}] \\ Q_2 = C_2 V \ [\text{C}] \end{array}\right\} \tag{4}$$

　また，端子 a，b からみた全電荷 Q [C] は，Q_1，Q_2 [C] の和であるから，式(5)がなりたつ。

$$Q = Q_1 + Q_2 = (C_1 + C_2) V \ [\text{C}] \tag{5}$$

　したがって，合成静電容量 C_0 [F] は，式(6)で表すことができる。

| 並列接続の 合成静電容量 | $C_0 = \dfrac{Q}{V} = C_1 + C_2 \ [\text{F}]$ ❶ | (6) |

　すなわち，コンデンサの並列接続回路の合成静電容量は，それぞれの静電容量の和に等しい。

❶　一般に，静電容量がそれぞれ C_1, C_2, C_3, $\cdots$, C_n [F] の n 個のコンデンサを並列接続した場合の合成静電容量 C_0 [F] は，次の式で表される。

$C_0 = C_1 + C_2 + C_3 + \cdots + C_n$ [F]

例題 4 図7の回路における合成静電容量とたくわえられる全電荷を求めよ。

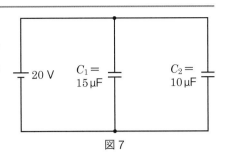

図7

解 答 合成静電容量は，式(6)より，次のようになる。

$$C_0 = C_1 + C_2 = 15 \times 10^{-6} + 10 \times 10^{-6} = 25 \times 10^{-6} \, \text{F}$$
$$= 25 \, \mu\text{F}$$

全電荷は，式(5)，(6)より，次のようになる。

$$Q = (C_1 + C_2) V = C_0 V = 25 \times 10^{-6} \times 20$$
$$= 500 \times 10^{-6} \, \text{C} = 500 \, \mu\text{C}$$

問9 図8の回路における合成静電容量と各コンデンサにたくわえられる電荷を求めよ。

問10 3 μF，5 μF の2個のコンデンサを並列に接続し，100 V の電圧を加えたとき，合成静電容量とたくわえられる全電荷を求めよ。

問11 図9の回路にある電圧を加えたところ，全電荷が 250 μC たくわえられた。加えた電圧を求めよ。

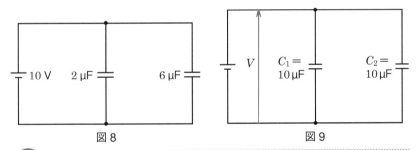

図8　　　　図9

Let's Try 2個のコンデンサを並列接続した回路において，各コンデンサにたくわえられる電荷を，全体の電荷と各コンデンサの静電容量の大きさを使って表すと，どのような式になるかグループで話し合って求めてみよう。また，その式の意味も考えてみよう

第 **3** 章 ● 静電気

4 コンデンサの直列接続

図10(a) のように，静電容量がそれぞれ C_1, C_2 [F] の2個のコンデンサを，直列に接続した場合の合成静電容量 C_0 [F] を求める。

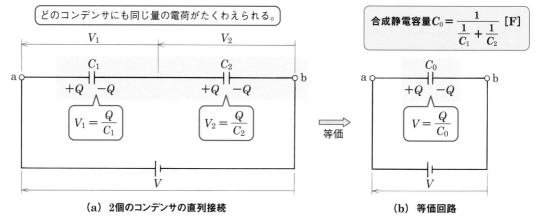

(a) 2個のコンデンサの直列接続　　**(b) 等価回路**

図10　コンデンサの直列接続

図10(a) の端子 a-b 間に電圧 V [V] を加えると，端子に直接つながった電極板には，それぞれ $+Q$ [C] と $-Q$ [C] の電荷が生じる。中間の電極板には，静電誘導によって，それぞれ $+Q$ [C] と $-Q$ [C] の電荷が現れる。このとき，各コンデンサに加わる電圧を V_1, V_2 [V] とすると，式(7) がなりたつ。

$$\left.\begin{array}{l} V_1 = \dfrac{Q}{C_1} \ [\text{V}] \\[2ex] V_2 = \dfrac{Q}{C_2} \ [\text{V}] \end{array}\right\} \tag{7}$$

各電圧の和は電源電圧に等しいから，式(8) がなりたつ。

$$V = V_1 + V_2 = \frac{Q}{C_1} + \frac{Q}{C_2} = Q\left(\frac{1}{C_1} + \frac{1}{C_2}\right) \ [\text{V}] \tag{8}$$

したがって，図10(b) のように考えた合成静電容量 C_0 [F] は，式(9) で表すことができる。

直列接続の合成静電容量

$$C_0 = \frac{Q}{V} = \cfrac{1}{\dfrac{1}{C_1} + \dfrac{1}{C_2}} = \frac{C_1 C_2}{C_1 + C_2} \ [\text{F}]^{❶} \tag{9}$$

❶ 一般に，静電容量がそれぞれ C_1, C_2, C_3, …, C_n [F] の n 個のコンデンサを直列接続した場合の合成静電容量 C_0 [F] は，次の式で表される。

$$C_0 = \cfrac{1}{\dfrac{1}{C_1} + \dfrac{1}{C_2} + \dfrac{1}{C_3} + \cdots + \dfrac{1}{C_n}} \ [\text{F}]$$

例題⑤　図 11 の回路において，次の問いに答えよ。

(1)　合成静電容量 C_0 [μF] を求めよ。

(2)　たくわえられる全電荷 Q [μC] を求めよ。

(3)　各コンデンサの両端の電圧 V_1, V_2 [V] を求めよ。

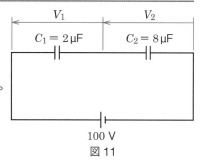

図 11

解｜答　(1)　合成静電容量 C_0 [μF] は，式 (9) から，

$$C_0 = \frac{C_1 C_2}{C_1 + C_2} = \frac{2 \times 8}{2 + 8} = \frac{16}{10} = \mathbf{1.6\ \mu F}$$

(2)　たくわえられる全電荷 Q [μC] は，p.70 式 (1) から，

$$Q = C_0 V = 1.6 \times 10^{-6} \times 100 = 160 \times 10^{-6}\ \mathrm{C} = \mathbf{160\ \mu C}$$

(3)　各コンデンサの両端の電圧は，式 (7) から，

$$V_1 = \frac{Q}{C_1} = \frac{160}{2} = \mathbf{80\ V} \qquad V_2 = \frac{Q}{C_2} = \frac{160}{8} = \mathbf{20\ V}$$

問 12　図 12 の回路において，合成静電容量 C_0 [μF] とたくわえられる全電荷 Q [μC] を求めよ。また，各コンデンサの両端の電圧 V_1, V_2 [V] を求めよ。

問 13　図 13 の回路において，ある電圧を加えたところ，たくわえられた全電荷が 240 μC であった。加えた電圧 V [V] はいくらか。また，各コンデンサの両端の電圧 V_1, V_2 [V] を求めよ。

> コンデンサの合成静電容量を表す式 (6) と式 (9) の形は，抵抗の合成抵抗を表す式と，直列・並列の関係が逆になっています。式を導く考え方を正しく理解し，まちがえないようにしよう。

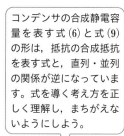

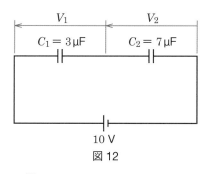

図 12

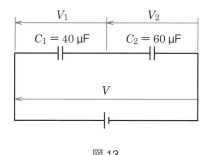

図 13

Let's Try　3 個のコンデンサすべてを直列接続したときの合成静電容量の式を，グループで討論しながら求めてみよう。

Let's Try　2 個のコンデンサを直列接続した回路において，各コンデンサに加わる電圧を，全体の電圧と各コンデンサの静電容量の大きさを使って表すと，どのような式になるかグループで話し合って求めてみよう。また，その式の意味も考えてみよう。

5 コンデンサの直並列接続

直並列に接続されたコンデンサの合成静電容量を，直列接続されたコンデンサの合成静電容量と並列接続されたコンデンサの合成静電容量を使って，計算できるようになろう。

図 14(a) のように接続されたコンデンサの合成静電容量は，第 2 章で学んだ，抵抗の直並列接続の場合と同様に，並列部分を先に計算し， 一つのコンデンサで表してから (図 14(b))，計算するとよい。

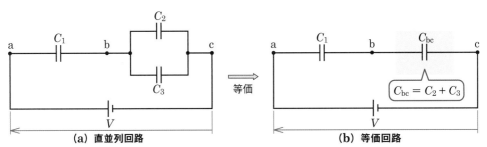

(a) 直並列回路　　　　　　　　　　(b) 等価回路

図 14　コンデンサの直並列接続

例題 6

図 15 の回路において，次の問いに答えよ。

(1) 回路の合成静電容量 C_0 [μF] を求めよ。

(2) a-b 間と b-c 間の電圧 V_{ab}, V_{bc} [V] を求めよ。

(3) C_2 にたくわえられる電荷 Q_2 [μC] を求めよ。

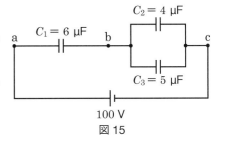

図 15

解答 (1) b-c 間の合成静電容量 C_{bc} は，p.74 式 (6) から，

$$C_{bc} = C_2 + C_3 = 4 + 5 = 9 \text{ μF}$$

したがって， $C_0 = \dfrac{C_1 C_{bc}}{C_1 + C_{bc}} = \dfrac{6 \times 9}{6 + 9} = \dfrac{54}{15} = 3.6 \text{ μF}$

(2) C_1 にたくわえられる電荷量 Q_1 は，

$$Q_1 = C_0 \times V = 3.6 \times 10^{-6} \times 100 = 360 \text{ μC}$$

したがって， $V_{ab} = \dfrac{Q_1}{C_1} = \dfrac{360 \times 10^{-6}}{6 \times 10^{-6}} = 60 \text{ V}$

$$V_{bc} = 100 - V_{ab} = 100 - 60 = 40 \text{ V}$$

(3) $Q_2 = C_2 \times V_{bc} = 4 \times 10^{-6} \times 40 = 160 \text{ μC}$

問14　図 14(a) において，$C_1 = 10$ μF，$C_2 = C_3 = 5$ μF で電圧 V が 100 V のとき，合成静電容量 C_0 [μF]，各コンデンサの両端の電圧 V_1, V_2, V_3 [V]，各コンデンサにたくわえられる静電エネルギー W_1, W_2, W_3 [J] を求めよ。

❶ 図 16 の回路において，次の問いに答えよ。

(1) 合成静電容量 C_0 [μF] を求めよ。

(2) a–b 間と b–c 間の電圧 V_{ab}，V_{bc} [V] を求めよ。

(3) C_2 にたくわえられる電荷 Q_2 [μC] を求めよ。

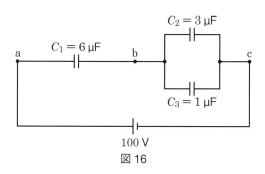

図 16

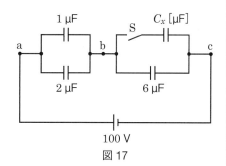

図 17

❷ 図 17 の回路において，次の問いに答えよ。

(1) スイッチ S が開いているとき，

① a–c 間の合成静電容量 C_0 [μF] を求めよ。

② b–c 間にたくわえられる電荷 Q [μC] を求めよ。

(2) スイッチ S を閉じたとき，a–b 間にたくわえられた電荷が 225 μC であった。

① a–b 間の電圧 V_{ab} は，b–c 間の電圧 V_{bc} の何倍となるか。

② 静電容量 C_x [μF] を求めよ。

❸ 図 18 の回路において，次の問いに答えよ。

(1) C_1 にたくわえられる電荷 Q_1 [μC] を求めよ。

(2) C_2 の両端の電圧 V_2 [V] を求めよ。

(3) 回路の合成静電容量 C_0 [μF] を求めよ。

(4) C_3 にたくわえられる電荷 Q_3 [μC] を求めよ。

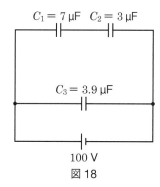

図 18

❹ 図 19 の回路において，次の問いに答えよ。

(1) スイッチ S を 1 に接続したとき，C_1 にたくわえられる電荷 Q_1 [μC] を求めよ。

(2) 次にスイッチ S を 2 に接続したとき，C_2 の両端の電圧 V_2 [V] を求めよ。

(3) (2)の場合，C_2 にたくわえられる電荷 Q_2 [μC] を求めよ。

(4) (2)の場合，C_2 にたくわえられる静電エネルギー W_2 [J] を求めよ。

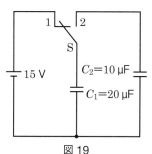

図 19

1 節

1 静電誘導 (p.58)　導体に帯電体を近づけると，帯電体に近いほうの導体の表面には，帯電体の電気と異なる電気が現れ，遠いほうの表面には，帯電体と同じ電気が現れる現象を，静電誘導という。

2 誘電率 (p.60)

$$\varepsilon = \varepsilon_0 \varepsilon_r = 8.85 \times 10^{-12} \varepsilon_r \ [\text{F/m}]$$

3 電荷間に働く静電力の大きさ (p.61)

$$F = 9 \times 10^9 \times \frac{Q_1 Q_2}{\varepsilon_r r^2} \ [\text{N}]$$

4 電荷による電界の大きさ (p.62)

$$E = 9 \times 10^9 \times \frac{Q}{\varepsilon_r r^2} \ [\text{V/m}]$$

5 平等電界の大きさ (p.63)

$$E = \frac{V}{l} \ [\text{V/m}]$$

6 電界中の電荷に働く静電力の大きさ (p.63)

$$F = QE \ [\text{N}]$$

7 電束密度 (p.66)

$$D = \frac{Q}{A} = \frac{Q}{4\pi r^2} \ [\text{C/m}^2]$$

8 電束密度と電界の関係 (p.67)

$$D = 8.85 \times 10^{-12} \varepsilon_r E \ [\text{C/m}^2]$$

2 節

9 コンデンサにたくわえられる電荷 (p.70)

$$Q = CV \ [\text{C}]$$

10 コンデンサの静電容量 (p.71)

$$C = 8.85 \times 10^{-12} \times \varepsilon_r \frac{A}{l} \ [\text{F}]$$

11 コンデンサにたくわえられる静電エネルギー (p.73)

$$W = \frac{1}{2} QV = \frac{1}{2} CV^2 \ [\text{J}]$$

12 2個のコンデンサの並列接続 (p.74)

$$C_0 = C_1 + C_2 \ [\text{F}]$$

13 2個のコンデンサの直列接続 (p.76)

$$C_0 = \frac{1}{\dfrac{1}{C_1} + \dfrac{1}{C_2}} = \frac{C_1 C_2}{C_1 + C_2} \ [\text{F}]$$

どのコンデンサにも同じ量の電荷がたくわえられる。

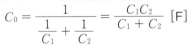

どのコンデンサにも電源電圧 V [V] が加わる。

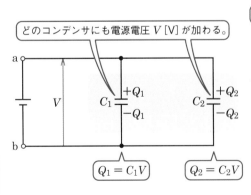

$Q_1 = C_1 V$　$Q_2 = C_2 V$

$V_1 = \dfrac{Q}{C_1}$　$V_2 = \dfrac{Q}{C_2}$

① 図1のように，二つの電荷 A，B が，比誘電率 3 の物質中に置かれている。電荷 A，B 間に働く静電力を求めよ。

4×10^{-6} C　　　　9×10^{-6} C

図1

② 面積が A [m^2] の 2 枚の金属板が，空気中で 1 cm の間隔で向かい合っている。このときの静電容量が 1×10^{-12} F であるとすると，この金属板の面積はいくらか。

③ 空気中に置かれた平行板コンデンサの両金属板の面積を 2 倍にし，金属板の間隔を半分にした。さらに，金属板間に比誘電率 2 の誘電体をはさむと，静電容量はもとの何倍になるか。

④ 図2の回路において，次の問いに答えよ。

(1) C_4 にたくわえられる電荷 Q_4 [μC] を求めよ。

(2) 回路の合成静電容量 C_0 [μF] を求めよ。

(3) C_1 にたくわえられる電荷 Q_1 [μC] を求めよ。

(4) C_1 の両端の電圧 V_1 [V] を求めよ。

(5) C_2 の両端の電圧 V_2 [V] を求めよ。

(6) C_3 にたくわえられる電荷 Q_3 [μC] を求めよ。

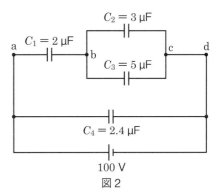

図2

⑤ 図3の回路において，次の問いに答えよ。

(1) スイッチ S が開いているとき，この回路にたくわえられている全電荷は 3.2×10^{-4} C である。

① 合成静電容量 C_0 [μF] を求めよ。

② C_1 の両端の電圧 V_1 [V] を求めよ。

(2) C_4 の値を調整し，スイッチ S を開閉しても各コンデンサにたくわえられる電荷が変わらないようにしたい。このときの C_4 [μF] を求めよ。

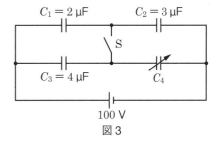

図3

⑥ 図4の回路において，次の問いに答えよ。

(1) スイッチ S を①側に接続したとき，C_1 にたくわえられる電荷 Q_1 [μC] を求めよ。

(2) 次に，スイッチ S を②側に接続したとき，静電容量 C_x の両端の電圧が 30 V になった。C_1 にたくわえられる電荷 Q_1 [μC] を求めよ。

(3) 静電容量 C_x [μF] を求めよ。

(4) C_x にたくわえられる静電エネルギー W_x [J] を求めよ。

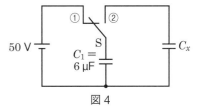

図4

第3章 ● 静電気

第4章 電流と磁気

1節 磁石とクーロンの法則

1 磁気(じき)

1 2 3 4 5

目標　●磁石と磁気の関係を知り，磁気誘導について理解を深めよう。

❶　ウェーバ(W. E. Weber：1804〜1891)

ドイツの物理学者。
磁性や磁気などについて研究した。磁極の強さの単位ウェーバ [Wb] は，彼の名によっている。

1 磁石と磁気

図1のように，磁石をゼムクリップに近づけると，ゼムクリップは磁石に引きつけられる。このような性質を**磁性**(じせい)といい，磁性のもとになるものを**磁気**という。
magnetism

　磁石の両端は磁気が最も強く，たくさんのゼムクリップが引き寄せられる。この部分を**磁 極**(じ きょく)という。磁極の強さの単位には [Wb]
magnetic pole
(**ウェーバ**❶) が用いられる。
weber

　図2のように，棒磁石の中央に糸を結び，空中にしばらくつるしておくと，棒磁石はおおよそ南北の向きに止まる。このとき，北を指すほうの磁極を**N 極**または**正（＋）極**，南を指すほうの磁極を**S 極**また
North pole   South pole
は**負（－）極**という。両磁極を結ぶ直線を**磁軸**(じじく)という。

図1　磁石に引きつけられるゼムクリップ

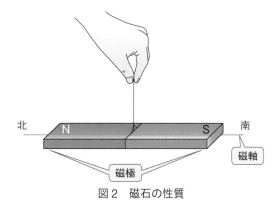

図2　磁石の性質

2 | 磁気誘導と磁性体

くぎを何本か用意して，ひとかたまりに集めても，くぎどうしが磁気によって引きつけ合うことはない。しかし，図3のように，磁石に密着しているくぎには別のくぎが引きつけられる。これは，磁石に密着しているくぎが磁気を帯び，磁石となって別のくぎを引きつけているためである。このように，磁気を帯びて磁石になることを**磁化**という。
magnetization

また，図3のように，磁化されたくぎには，磁石のS極に近いほうにN極，遠いほうにS極が現れる。これを**磁気誘導**という。
magnetic induction

このように，磁化される物質を**磁性体**といい，磁化のしかたによって，**強磁性体**，**常磁性体**，**反磁性体**に分けることができる。
magnetic material

❶ 比透磁率の値 (p. 85 表 1) によって異なっている。

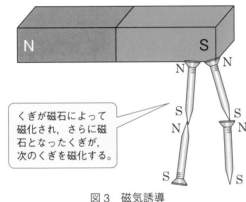

くぎが磁石によって磁化され，さらに磁石となったくぎが，次のくぎを磁化する。

図3　磁気誘導

くぎなどの鉄は，**強磁性体**である。強磁性体は強く磁化され，磁石を遠ざけても磁化されたままであり，磁石としての性質を残している。
ferromagnetic material

通常，磁性体とよばれるのは，強磁性体のみである。強磁性体は，パソコンの記憶装置であるハードディスク (図4) などに用いられ，磁化の向きの変化の有無によって，信号を記憶している。

一方，アルミニウムなどの**常磁性体**と銅などの**反磁性体**は弱く磁化
paramagnetic material　　　diamagnetic material
され，磁石を遠ざけると磁石としての性質をほとんど残さない。また，常磁性体は磁界と同じ向きに磁化され，反磁性体は磁界
→ p. 86
と逆向きに磁化される。

図4　ハードディスク

問1 図5のように，磁石のN極に引きつけられたくぎのAとBの部分の磁極は，それぞれN極とS極のどちらか。

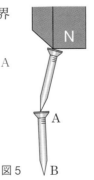

図5

2 磁気に関するクーロンの法則

目標 　🖉磁気に関するクーロンの法則を理解し，二つの点磁極間に働く力を計算できるようになろう。

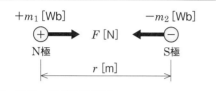
吸引力（異種の磁極のとき）

$+m_1$ [Wb] 　　　　　 $-m_2$ [Wb]
⊕　　　 F [N] 　　　⊖
N極　　　　　　　　　　S極
r [m]

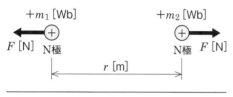
反発力（同種の磁極のとき）

$+m_1$ [Wb] 　　　　　 $+m_2$ [Wb]
F [N] ⊕ 　　　　　 ⊕ F [N]
N極　　　　　　　　　　N極
r [m]

図6　点磁極間に働く力

❶ 磁極の大きさが，磁極間の距離 r と比べきわめて小さくて無視できるとき，これを**点磁極**という。本書では，今後，点磁極のことを単に磁極とよぶことにする。

❷ 2019 年の SI 改訂を受けて，電流の単位 [A] の定義が変わったことにより，真空の透磁率が測定値として与えられるようになったが，式 (2) の値とほぼ一致するので，本書では，真空の透磁率を式 (2) とみなすことにする。

1 クーロンの法則

図6のように，磁極の強さ m_1，m_2 [Wb] の磁極を，距離 r [m] 離して置いた。このとき，異種の磁極の間には吸引力，同種の磁極の間には反発力が働く。これらの力を**磁力**といい，単位には，[N] (**ニュートン**) が用いられる。磁力の向きは，二つの磁極を結ぶ直線上にあり，その大きさ F [N] は，式 (1) で表される。

$$F = k\frac{m_1 m_2}{r^2} \text{ [N]} \qquad (1)$$

すなわち，**二つの点磁極間に働く力の大きさは，両磁極の強さの積に比例し，磁極間の距離の2乗に反比例する**。これを，**磁気に関するクーロンの法則**という。

式 (1) の k は比例定数であり，一般に，$k = \dfrac{1}{4\pi\mu}$ で与えられる。分母の μ は，**透磁率** permeability といわれ，二つの磁極が置かれた空間の物質 (磁性体) によって決まる定数である。透磁率の単位には，[H/m] (**ヘンリー毎メートル**) が用いられる。　→ p. 114

2 透磁率と比透磁率

一般に，**真空の透磁率**は μ_0 で表され，その値は式 (2) で与えられる。

$$\mu_0 = 4\pi \times 10^{-7} \text{ [H/m]} \qquad (2)$$

空気の透磁率もほぼ同じ値である。したがって，真空中および空気中の k の値は，式 (3) のように求められる。

$$k = \frac{1}{4\pi\mu_0} = \frac{1}{4\pi \times 4\pi \times 10^{-7}} = 6.33 \times 10^4 \qquad (3)$$

また，透磁率 μ と真空の透磁率 μ_0 との比を，その物質の**比透磁率** relative permeability といい，μ_r で表す。したがって，比透磁率 μ_r は，式 (4) で表される。

比透磁率	$\mu_r = \dfrac{\mu}{\mu_0}$	(4)

式 (4) を変形すると，透磁率 μ は式 (5) のように表される。

透磁率	$\mu = \mu_0\mu_r = 4\pi \times 10^{-7}\mu_r$ [H/m]	(5)

表1に，いろいろな物質の比透磁率 μ_r の例を示す。

表1で，$0 < \mu_r < 1$ の物質が反磁性体であり，$\mu_r > 1$ の物質が常磁性体，$\mu_r \gg 1$ の物質が強磁性体である。

透磁率 μ の物質中の k の値は，式 (3) と式 (5) を用いると，比透磁率 μ_r を使って，式 (6) のように表される。

$$k = \frac{1}{4\pi\mu} = \frac{1}{4\pi\mu_0} \times \frac{1}{\mu_r} = 6.33 \times 10^4 \times \frac{1}{\mu_r} \qquad (6)$$

問2 軟鉄の透磁率を求めよ。

表1 比透磁率

	物質	μ_r
反磁性体	水素	0.999 999 997 8
	水	0.999 991
	銅	0.999 990 2
	金	0.999 965
常磁性体	酸素	1.000 001 935
	アルミニウム	1.000 021
	チタン	1.000 18
	マンガン	1.000 83
強磁性体	軟鉄	200
	パーマロイ❶ permalloy	3 500

（鈴木増雄，荒船次郎，和達三樹 編修「物理学大事典」による）

❶ 鉄とニッケルの合金である。

3 磁極間に働く磁力の大きさ

距離 r [m] 離れた磁極 m_1, m_2 に働く磁力の大きさ F [N] は，磁極が置かれた物質中の k の値である式 (3)，式 (6) をそれぞれ式 (1) に代入することにより，式 (7)，式 (8) のように表される。

磁力の大きさ

真空中，空気中　　$F = 6.33 \times 10^4 \times \dfrac{m_1 m_2}{r^2}$ [N] 　　(7)

比透磁率 μ_r の物質中　$F = 6.33 \times 10^4 \times \dfrac{m_1 m_2}{\mu_r r^2}$ [N] 　　(8)

例題❶ 図7のように，空気中で，6×10^{-5} Wb と 5×10^{-5} Wb の強さの磁極を 10 cm 離して置いたとき，両磁極間に働く磁力の大きさを求めよ。

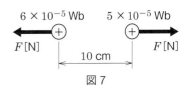

図7

解答 式 (7) より，両磁極間に働く磁力の大きさ F [N] は，次のようになる。

$$F = 6.33 \times 10^4 \times \frac{m_1 m_2}{r^2} = 6.33 \times 10^4 \times \frac{6 \times 10^{-5} \times 5 \times 10^{-5}}{(10 \times 10^{-2})^2}$$

$$= 1.90 \times 10^{-2}\ \text{N}$$

問3 空気中で，4×10^{-5} Wb と 8×10^{-5} Wb の強さの磁極を 5 cm 離して置いたとき，両磁極間に働く磁力の大きさを求めよ。

問4 図8のように，比透磁率 μ_r が 10 の物質中で，6×10^{-5} Wb と 5×10^{-5} Wb の強さの磁極を 3 cm 離して置いたとき，両磁極間に働く磁力の大きさを求めよ。

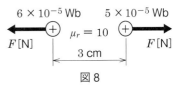

図8

3 磁界

目標 ✦ 磁極による磁界の大きさと，磁界中の磁極に働く力を計算できるようになろう。

1 磁極による磁界

❶ 磁場ともいう。

磁極の近くにほかの磁極を置くと，この磁極には磁力が働く。このように，磁力が働く空間を，**磁界**❶という。
magnetic field

磁界は，図9のように，磁極による磁界中に＋1Wbの磁極を置いたときに働く力の大きさと向きで表される。磁界の大きさはHで表され，単位には，[A/m]（**アンペア毎メートル**）が用いられる。

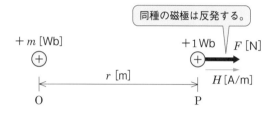

同種の磁極は反発する。

$+ m$ [Wb]
$+1$Wb F [N]
r [m]
H [A/m]
O P

磁界の大きさ
$$H = 6.33 \times 10^4 \times \frac{m}{\mu_r r^2} \text{ [A/m]}$$
磁界の向き
　磁界中の＋1Wbの磁極に働く力の向き

図9　磁極による磁界の大きさと向き

比透磁率μ_rの物質中に，＋m [Wb] と＋1 Wb の二つの磁極をr [m] 離して置いたとき，その間に働く磁力の大きさF [N] は，式(8) を用いることで，式(9) のように表される。

$$F = \frac{1}{4\pi\mu_0\mu_r} \times \frac{m_1 m_2}{r^2}$$

$$= 6.33 \times 10^4 \times \frac{m \times 1}{\mu_r r^2} \text{ [N]} \qquad (9)$$

したがって，＋m [Wb] の磁極による点 P の磁界の大きさH [A/m] は，式(10) で求めることができる。

一つの磁極による磁界の大きさは，磁極の大きさに比例し，磁極からの距離の2乗に反比例しているね。

磁極による磁界の大きさ
$$H = \frac{1}{4\pi\mu_0\mu_r} \times \frac{m}{r^2} = 6.33 \times 10^4 \times \frac{m}{\mu_r r^2} \text{ [A/m]} \qquad (10)$$

例題 2 真空中で，4.2×10^{-5} Wb の磁極から8.5 cm 離れた点の磁界の大きさを求めよ。

❷ 真空の比透磁率は，p. 84 式(4) より，1 である。空気の透磁率は真空の透磁率とほぼ同じなので，空気の比透磁率も 1 である。

解答 式(10) より，次のようになる。❷

$$H = 6.33 \times 10^4 \times \frac{m}{\mu_r r^2} = 6.33 \times 10^4 \times \frac{4.2 \times 10^{-5}}{(8.5 \times 10^{-2})^2}$$

$$= 3.68 \times 10^2 \text{ A/m}$$

問5 真空中で，$m = 1$ μWb $(= 1 \times 10^{-6}$ Wb$)$ の磁極から 10 cm 離れた点の磁界の大きさを求めよ。

問6 真空中で、4×10^{-5} Wb の磁極から 2 m 離れた点の磁界の大きさを求めよ。

問7 比透磁率 μ_r が 100 の物質中に 5×10^{-6} Wb の磁極を置いた。この磁極から 10 cm 離れた点の磁界の大きさを求めよ。

2 | 平等磁界および磁界中の磁極に働く磁力

図 10 のように、磁界の大きさと向きがどの場所でも同じ磁界を、**平等磁界**という。

大きさ H [A/m] の磁界中に m [Wb] の磁極を置くと、磁極に磁力が働く。磁力の大きさ F [N] は、式 (11) で表される。

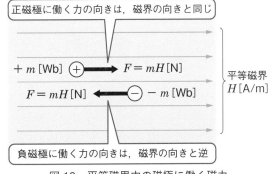

> 正磁極に働く力の向きは、磁界の向きと同じ
>
> $+m$ [Wb] ⊕ $\longrightarrow$ $F = mH$ [N]
>
> $F = mH$ [N] $\longleftarrow$ ⊖ $-m$ [Wb]
>
> 平等磁界 H [A/m]
>
> 負磁極に働く力の向きは、磁界の向きと逆

図 10 平等磁界中の磁極に働く磁力

> **磁極に働く磁力の大きさ**　$F = mH$ [N]　(11)

力の向きは、磁極が $+m$ [Wb] のときは磁界の向きと同じであり、$-m$ [Wb] のときは逆向きとなる。

❶ 磁極による磁界あるいは平等磁界のどちらでもよい。

❷ 式 (10) の m は磁界を生じさせる磁極を表し、式 (11) の m は、ある磁界 H 中に置かれた磁極を表す。

例題 ❸　96 A/m の磁界中に、5×10^{-5} Wb の磁極が置かれている。この磁極に働く磁力を求めよ。

|解|答|　式 (11) より、次のようになる。

$$F = mH = 5 \times 10^{-5} \times 96 = 4.8 \times 10^{-3} \text{ N}$$

問8 図 11 のように、二つの磁石の間に糸でつるした磁石を置くと、つるした磁石はどちらの方向に回るか。また、しばらくすると、どのような状態になるか。

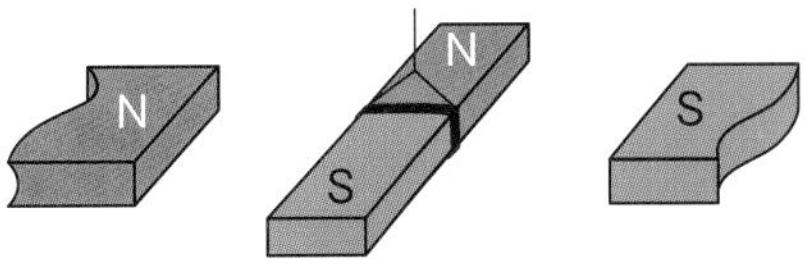

問9 200 A/m の磁界中に、8×10^{-5} Wb の磁極が置かれている。この磁極に働く磁力を求めよ。

図 11

問10 100 A/m の磁界中に磁極を置いたところ、この磁極に 5 mN の磁力が働いた。磁極の強さを求めよ。

4 磁力線
_{じ りょく せん}

目標　✏️磁力線の性質を理解し，説明できるようになろう。

1 磁力線の性質

図 12(a) のように，磁石の上に鉄粉をまいたガラス板をのせ，軽くたたく。すると，鉄粉の配列が，両磁極にわたって連続した線状になる。このように，鉄粉によってできた曲線を仮想すると，磁界の状態が視覚的にわかるので便利である。この曲線を**磁力線**という。
line of magnetic force

図 12(b) は，磁力線が N 極から出て，S 極へはいるようすを示す。

磁界のようすを目で見ることはできないが，磁石のまわりに鉄粉をまくと，N極とS極の間に磁界が生じていることがわかる。

磁力線は N 極から出て S 極へはいる。

← 磁力線

方位磁石

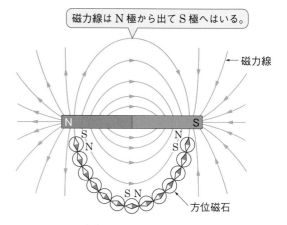

(a) 鉄粉による磁力線　　　　**(b) 磁力線のようす**

図 12　磁力線

なお，磁力線の性質をまとめると，次のようになる (図 13)。

① 磁力線は，$+ m$ [Wb] の磁極 (N 極) から $\dfrac{m}{\mu_0 \mu_r}$ 本が出て，$- m$ [Wb] の磁極 (S 極) へ $\dfrac{m}{\mu_0 \mu_r}$ 本がはいる。

② ある点での磁力線の接線方向は，その点の磁界の向きを表す。

③ 磁界の大きさが小さい。　　② ⇒ は，その点における磁界の向きを示す。

④ たがいに反発し合い，交わることはない。

① N 極から出て，S 極へはいる。　③ 磁界の大きさが大きい。　③ 磁界の大きさが小さい。

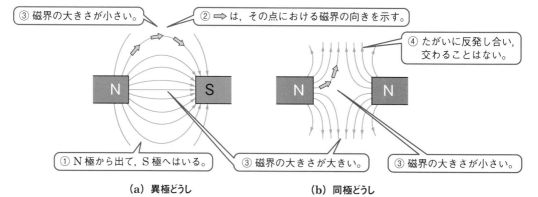

(a) 異極どうし　　　　**(b) 同極どうし**

図 13　磁力線の性質

③　ある点での磁力線の密度（単位面積あたりの磁力線の本数）は，
　　その点の磁界の大きさを表す。

④　磁力線自身は，引っ張ったゴムひものように縮もうとし，同じ
　　向きに通っている磁力線どうしは，たがいに反発し合う。また，
　　途中で分岐したり，ほかの磁力線と交わったりしない。

問11　比透磁率 μ_r の物質中で，$+ m$ [Wb] の磁極が半径 r [m] の球の中心に
あるとき，この球の表面における磁力線の密度を求めよ。

2 | 磁気遮へい（しゃ）

ある場所において，外部磁界
から影響を受けないようにす
ることを，**磁気遮へい**という。磁気遮へいには，鉄な
magnetic shield ❶
どの強磁性体を用い，**磁束**を通しやすい性質を利用し
（じ　そく）
ている。

図14のように，磁界中に鉄の環状物体を置くと，外
部磁界による磁束の大部分は鉄の中を通り，中空部分
には，外部の磁界の影響がほとんど及ばない。電気計
器などでは，外部磁界による影響を防ぐために，この
磁気遮へいの原理が用いられている。

❶ p.90 で学ぶ

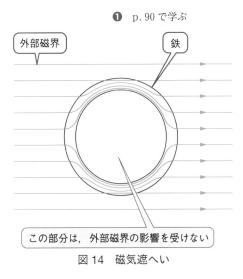

外部磁界　　　　　　　鉄

この部分は，外部磁界の影響を受けない

図14　磁気遮へい

Zoom up　地磁気

　磁石が南北を指
すことは，地球全
体を磁石と考えれ
ば，図15のように，
北極の近くに S
極が，南極の近く
に N 極があるこ
とになる。このよ
うに，地球に存在
する磁気を**地磁気**
という。

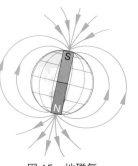

図15　地磁気

　地球内部には，固体の内核と流体の外核があ
り，地磁気は外核の流動によってつくられるの
で，図16のように磁極は絶えず移動している。

　そのため，磁極は，地球の自転軸と地表との交
点である北極と南極とは一致していない。

　また，過去には磁極が反転したこともあり，
千葉県に 77 万年前の磁極の反転の証拠が残っ
ている地層が発見され，チバニアンという年代
として認定された。

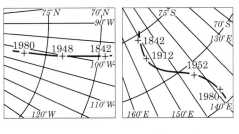

(a) 北磁極　　　　　**(b) 南磁極**

図16　磁極の移動

5 磁束と磁束密度

目標
✦ 磁力線と磁束の違いについて理解しよう。
✦ 磁束密度と磁界との関係を理解しよう。

1 磁束

物質の中にある $+m$ [Wb] の磁極からは，$\dfrac{m}{\mu_0\mu_r}$ 本の磁力線が出るので，透磁率によって磁力線の本数が変わるという不便さがある。そこで，磁力線 $\dfrac{1}{\mu_0\mu_r}$ を改めて 1 本と考え，m [Wb] の磁極から m 本の仮想の線が出るとして，これを**磁束**と名づける。磁束の量記号には $\overset{ファイ}{\phi}$ を用い❶，単位には，磁極の強さと同じ [Wb]（ウェーバ）が用いられる。
magnetic flux

❶ $\phi = m$ となる。

2 磁束密度

磁力線の密度が磁界の大きさを表すことを学んだが，同じように，単位面積あたりの磁束を考えてみよう。この単位面積あたりの磁束のことを，**磁束密度**という。
→ p.89
magnetic flux density

図 17 のように，比透磁率 μ_r の物質中に，$+m$ [Wb] の磁極が半径 r [m] の球の中心にあるとする。この球の表面を貫く磁束は ϕ [Wb] であり，この球の表面積 A [m²] は $4\pi r^2$ [m²] であるので，磁束密度 B は，式(12)で表される。

❷ **テスラ**（Nikola Tesla : 1857〜1943）

アメリカの電気工学者。交流発電機や誘導電動機を開発した。磁束密度の単位テスラ [T] は，彼の名によっている。

| 磁束密度 | $B = \dfrac{\phi}{A} = \dfrac{m}{A} = \dfrac{m}{4\pi r^2}$ [T] | (12) |

磁束密度の単位には，[T]（**テスラ**❷）が用いられる。
tesla

一方，磁力線の密度つまり磁界の大きさは，式(10)より，
→ p.86

$$H = \dfrac{1}{4\pi\mu_0\mu_r} \times \dfrac{m}{r^2} \tag{13}$$

のように表されるので，式(12)と式(13)より，

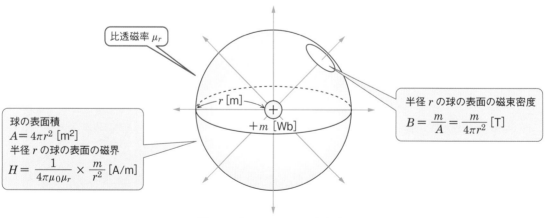

比透磁率 μ_r

球の表面積
$A = 4\pi r^2$ [m²]
半径 r の球の表面の磁界
$H = \dfrac{1}{4\pi\mu_0\mu_r} \times \dfrac{m}{r^2}$ [A/m]

r [m]

$+m$ [Wb]

半径 r の球の表面の磁束密度
$B = \dfrac{m}{A} = \dfrac{m}{4\pi r^2}$ [T]

図 17　磁界の強さと磁束密度

$$H = \frac{1}{\mu_0 \mu_r} \times B \qquad (14)$$

となる。したがって，磁束密度と磁界の関係は，式 (14) を変形し，式 (5) の関係を用いると，式 (15) で表される。→ p. 84

磁束密度と磁界の関係

$$B = \mu_0 \mu_r H = 4\pi \times 10^{-7} \mu_r H \ [\text{T}] \qquad (15)$$

例題 ④ 真空中で，2×10^{-5} Wb の磁極から 20 cm 離れた点の磁界の大きさと磁束密度を求めよ。

· ·

|解|答| 磁界の大きさは，式 (10) より，次のようになる。

$$H = 6.33 \times 10^4 \times \frac{m}{\mu_r r^2}$$

$$= 6.33 \times 10^4 \times \frac{2 \times 10^{-5}}{1 \times (20 \times 10^{-2})^2} = 31.7 \text{ A/m}$$

磁束密度は，式 (12) より，次のようになる。❶

$$B = \frac{m}{4\pi r^2}$$

$$= \frac{2 \times 10^{-5}}{4 \times 3.14 \times (20 \times 10^{-2})^2} = 3.98 \times 10^{-5} \text{ T}$$

❶ 式 (15) を用いて計算しても求められる。

· ·

問 12 真空中で，5 μWb の磁極から 2 m 離れた点の磁界の大きさと磁束密度を求めよ。

問 13 比透磁率が 100 の物質中のある場所の磁界の大きさが 50 A/m のとき，その場所の磁束密度を求めよ。

問 14 図 18 のように，20 cm² の断面積に対し，垂直に 8 μWb の磁束が通り抜けた。このときの磁束密度を求めよ。

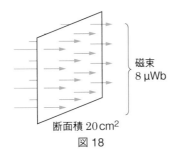

磁束
8 μWb

断面積 20 cm²
図 18

❶ 空気中で, 3×10^{-5} Wb と 5×10^{-5} Wb の強さの磁極を 30 cm 離して置いたとき, 両磁極間に働く力の大きさを求めよ。

❷ 比透磁率 5 の物質中で, 2×10^{-5} Wb と 4×10^{-5} Wb の強さの磁極を 40 cm 離して置いたとき, 両磁極間に働く力の大きさを求めよ。

❸ 比透磁率が 6.33 の物質中で, 二つの磁極を図 19 のように置くと, 両磁極間に 2 μN の反発力が働いた。両磁極間の距離 r を求めよ。

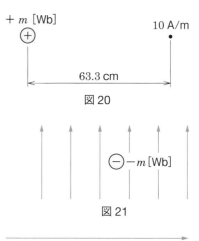

図 19

❹ 比透磁率 10 の物質中で, 5×10^{-5} Wb の磁極から 10 cm 離れた点の磁界の大きさを求めよ。

❺ 図 20 のように, 空気中で, ある磁極から 63.3 cm 離れた点の磁界の大きさが 10 A/m であった。この磁極の強さを求めよ。

図 20

❻ 図 21 に示す平等磁界中に, $-m$ [Wb] の磁極を置いたとき, 磁極に働く力の向きを図示せよ。

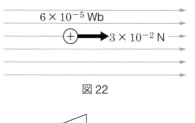

図 21

❼ 120 A/m の磁界中に, 12 μWb の磁極が置かれている。この磁極に働く力の大きさを求めよ。

❽ 図 22 のように, ある磁界中に, 6×10^{-5} Wb の磁極を置いたとき, 3×10^{-2} N の力を受けた。この磁界の大きさを求めよ。

図 22

❾ 40 A/m の磁界中に磁極を置いたところ, この磁極に 2 mN の力が働いた。磁極の強さを求めよ。

❿ 図 23 のように, 3 cm² の断面積に対し, 垂直に 3.6×10^{-4} Wb の磁束が通り抜けた。このときの磁束密度を求めよ。

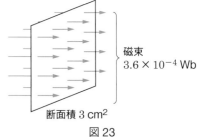

⓫ 真空中で, 8 μWb の磁極から 50 cm 離れた点の磁界の大きさと磁束密度を求めよ。

⓬ 比透磁率 1200 の物質中の磁界の大きさが 60 A/m であるとき, この物質中の磁束密度を求めよ。

図 23

2 節 電流による磁界

1 アンペアの右ねじの法則

目標　❷アンペアの右ねじの法則を使って，電流による磁界の向きを求めることができるようになろう。

5　図1(a) のように，厚紙の上に鉄粉を置き，その中央に導線を垂直に通し，上から下へ電流を流して厚紙を軽くたたくと，鉄粉は導線を中心に同心円形に並ぶ。

これは，電流によって磁界が生じることを示しており，磁界によって鉄粉が磁化されて磁石になり，磁力線に沿って並んでいると考えら

10　れる。また，鉄粉は，導線に近いところほど多く集まっているので，中心に近いほど磁界が強いといえる。
　→ p. 94 例題 1

このとき，小さな磁針を置くと，磁界の向きは，図1(b) のような向きになっていることがわかる。つまり，**電流の向きを右ねじの進む向きにとると，ねじを回す向きが磁界の向きになっている**。この関係を，

15　**アンペアの右ねじの法則**という。
Ampere's right-handed screw rule

❶　**ア ン ペ ー ル**(A. M. Ampere：1775〜1836)

フランスの物理学者。

「アンペアの右ねじの法則」とよばれる法則を発見した。電流の単位アンペア [A] は，彼の名によっている。

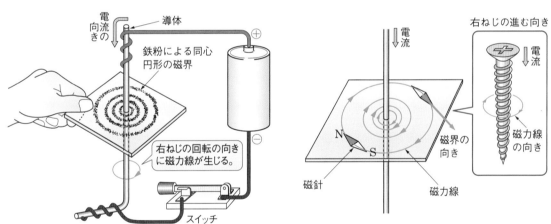

(a) 導体に電流を流したときの磁界　　**(b) 電流と磁力線の関係**

図1　電流による磁界

アンペアの右ねじの法則は，右手を使うと，図2のように，軽くにぎった右手の親指の先を電流の向きに合わせたときに，ほかの指の曲がる向きが磁界の向きを表しているといえる。

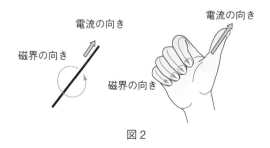

図2

2 アンペアの周回路の法則と電磁石

| 目標 | ● アンペアの周回路の法則を理解し，電流による磁界の大きさを計算できるようになろう。
● 電磁石の原理を理解し，電流の向きと磁束の向きの関係を説明できるようになろう。 |

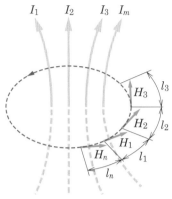

図3　アンペアの周回路の法則

❶ 閉曲線の向きと磁界の接線成分の向きが反対の部分は負符号をつけて和をとる。

1 アンペアの周回路の法則

図3のように，電流によって生じる磁界中を一定方向に一周する閉曲線を考える。このとき，**閉曲線の微小部分の長さ l_1, l_2, l_3, …, l_n と，それぞれにおいて閉曲線に沿った磁界の接線成分の大きさ** ❶ **H_1, H_2, H_3, …, H_n の積の和は，閉曲線中に含まれる電流の和に等しい。**

これを**アンペアの周回路の法則**といい，式(1)で表される。ただし，閉曲線の向きは，右ねじが電流の正の向きに進むときの回転方向とする。

> **アンペアの周回路の法則**
> $$H_1l_1 + H_2l_2 + H_3l_3 + \cdots + H_nl_n = I_1 + I_2 + I_3 + \cdots + I_m \quad (1)$$

例題 ❶　図4に示すように，直線状の長い導体に電流 I [A] を流したとき，導体から r [m] 離れた点 P の磁界の大きさ H [A/m] を求めよ。

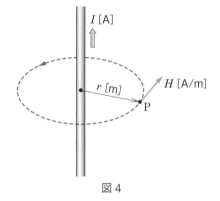

図4

解｜答　図5に示すように，半径 r [m] の円周上の点の磁界の大きさは，どこでも同じで，H [A/m] である。また，円周を n 等分したときの微小長さを l_1, l_2, l_3, …, l_n とすれば，アンペアの周回路の法則から，

$$Hl_1 + Hl_2 + Hl_3 + \cdots + Hl_n = I$$

がなりたつ。ここで，$l_1 + l_2 + l_3 + \cdots + l_n = 2\pi r$ であるから，$H \times 2\pi r = I$ となる。したがって，磁界の大きさ H は，次のように求められる。

$$H = \frac{I}{2\pi r} \text{ [A/m]}$$

電流が，紙面の裏から表の向きに流れていることを表す記号（p.101 参照）。

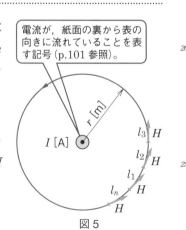

図5

問1　図4において，直線状の長い導体に5Aの電流を流した。導体から3cm
離れた点Pの磁界の大きさを求めよ。

問2　図4において，直線状の長い導体から20cm離れた点Pの磁界の大きさ
が10A/mであった。導体に流れている電流I[A]を求めよ。

5　**2｜電磁石**　図6(a)のように，導線を円筒状に巻いたもの
を**コイル**という。コイルの中に鉄心を入れて電流
coil
を流すと，アンペアの右ねじの法則による向きに磁界が生じ，鉄心は
磁化される。そのため，鉄心を入れたコイル全体が，棒磁石と同じよ
うな磁石となる。このような磁石を，**電磁石**という。
electromagnet

10　この場合，図6(b)のように，右手を軽くにぎって親指を水平に開き，
コイルに流れる電流の向きに残りの指を合わせると，親指の指す向き
が，コイル内を通る磁束の向きになる。

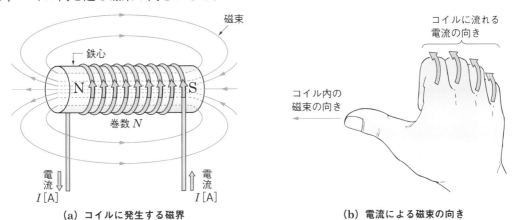

(a) コイルに発生する磁界　　　　**(b) 電流による磁束の向き**

図6　コイルに発生する磁界

Zoom up ｜ 電磁継電器 (電磁リレー)
でんじけいでんき
electromagnetic relay

　電磁石を利用したものとして，機械的に電気回路を
15　開閉することができる電磁継電器がある。電磁継電器
には，目的に応じて電力用から制御用までいろいろな
種類がある。

　図7は，その原理図である。スイッチを入れて電磁
石のコイルに電流を流すと，可動鉄片が引きつけられ，
20　可動接点が固定接点Pに接触し，ランプが点灯する。

　このように，コイルに電磁石が働く程度の小さな電
流を流すことによって，外部回路に大きな電流を流す
ことができる。

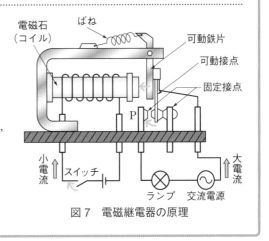

図7　電磁継電器の原理

3 磁気回路

目標 ❷コイルの起磁力と巻数，電流の関係および磁気抵抗の意味を理解し，これらの量を計算できるようになろう。

1 磁気回路と起磁力

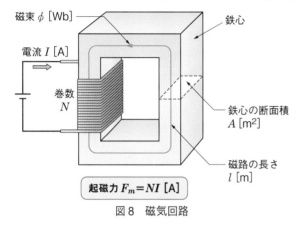

磁束 ϕ [Wb]
電流 I [A]
巻数 N
鉄心
鉄心の断面積 A [m²]
磁路の長さ l [m]

起磁力 $F_m = NI$ [A]

図 8 磁気回路

図 8 のように，鉄心にコイルを巻き，これに電流 I [A] を流すと，鉄心内に磁束 ϕ [Wb] が生じる。この鉄心のように，磁束が通る道を，**磁気回路**または**磁路**という。
magnetic circuit

この磁束をつくる原動力を**起磁力**といい，単位は [A]（アンペア）である。コイルの起磁力 F_m は，巻数 N と電流 I の積に比例し，式 (2) で表される。

コイルの起磁力
$$F_m = NI \ \text{[A]} \qquad (2)$$

例題 2 巻数 300 のコイルに，0.5 A の電流を流したときの起磁力を求めよ。また，巻数 1 のコイルで，これと同じ起磁力を得るには，何アンペアの電流が必要か。

解答 式 (2) より，起磁力 F_m [A] は，次の式で表される。
$$F_m = NI = 300 \times 0.5 = 150 \ \text{A}$$

また，巻数 1 のコイルで，これと同じ起磁力を得るための電流 I [A] は，次のようになる。
$$I = \frac{F_m}{N} = \frac{150}{1} = 150 \ \text{A}$$

問 3 コイルに 0.2 A の電流を流して，80 A の起磁力を得たい。コイルの巻数を求めよ。

2 磁気抵抗

図 8 の磁気回路において，起磁力 $F_m = NI$ [A] によって，磁束 ϕ [Wb] が生じたとき，起磁力と磁束の比を磁気回路の**磁気抵抗**といい，磁束の通りにくさを表す。
magnetic reluctance

磁気抵抗の量記号には R_m を用い，単位には，[H⁻¹]（**毎ヘンリー**）が用いられる。

したがって，磁気抵抗 R_m [H⁻¹] は，式 (3) で表される。

磁気回路の磁気抵抗	$R_m = \dfrac{NI}{\phi}$ [H⁻¹]	(3)

問4 図8の磁気回路において，巻数200のコイルに30 mAの電流を流したとき，鉄心内に磁束 5×10^{-4} Wb が生じた。この磁気回路の磁気抵抗を求めよ。

◀ 物質の種類や形状の違いによる磁気抵抗 ▶ 磁気抵抗は，物質の種類や形状によって異なる。一般に，磁気抵抗は，磁路の長さに比例し，その断面積に反比例する。

透磁率 μ [H/m] の物質でできた磁気回路において，磁路の長さ l [m]，その断面積 A [m²] の磁気抵抗 R_m [H⁻¹] は，式(4)で表される。

物質の種類や形状の違いによる磁気抵抗	$R_m = \dfrac{l}{\mu A}$ [H⁻¹]	(4)

例題 3 図9のように，透磁率が 2.5×10^{-4} H/m の環状鉄心において，磁路の長さ $l = 15$ cm，断面積 $A = 3$ cm² であるとき，この鉄心の磁気抵抗 R_m [H⁻¹] を求めよ。

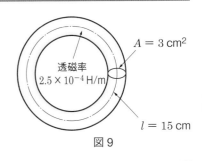

透磁率 2.5×10^{-4} H/m

$A = 3$ cm²

$l = 15$ cm

図9

[解][答] 式(4)より，磁気抵抗 R_m は，次のようになる。

$$R_m = \frac{l}{\mu A} = \frac{15 \times 10^{-2}}{2.5 \times 10^{-4} \times 3 \times 10^{-4}} = 2 \times 10^{6}\ \text{H}^{-1}$$

問5 透磁率が 2.5×10^{-4} H/m の環状鉄心において，磁路の長さ $l = 90$ cm，断面積 $A = 40$ cm²であるとき，この鉄心の磁気抵抗 R_m [H⁻¹] を求めよ。

磁気回路と電気回路は，表1のように対応させることができる。

表1の対応から，式(3)は，電気回路のオームの法則に相当するものとみなすことができるよ。

表1　磁気回路と電気回路との対応

磁気回路		電気回路	
起 磁 力	$F_m = NI$ [A]	起 電 力	E [V]
磁 束	ϕ [Wb]	電 流	I [A]
磁気抵抗	$R_m = \dfrac{NI}{\phi} = \dfrac{l}{\mu A}$ [H⁻¹]	電気抵抗	$R = \dfrac{V}{I} = \dfrac{l}{\sigma A}$ [Ω]
透 磁 率	μ [H/m]	導 電 率	σ [S/m]

4 鉄の磁化曲線とヒステリシス特性

目標
- 鉄の磁化曲線が表す意味を理解し，説明できるようになろう。
- ヒステリシス特性の意味を理解し，特性曲線の形から鉄心の特徴を説明できるようになろう。

1 | 鉄の磁化曲線

図 10(a) のように，環状鉄心にコイルを巻き，これに電流を流して磁界の大きさ H 〔A/m〕を増加させていくと，鉄心中の磁束もしだいに増加する。横軸に磁界の大きさ H〔A/m〕をとり，縦軸に磁束密度 B〔T〕をとると，図 10(b) のような曲線が描かれる。この曲線を，**BH 曲線**（**磁化曲線**）という。BH 曲線は，同じ鉄でも材料によって異なる。
magnetization curve

❶ ケイ素鋼板は，鉄に少量のケイ素を加えた合金である。炭素はごく微量含まれる。

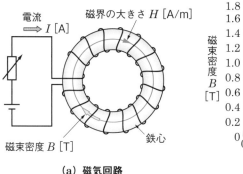

(a) 磁気回路　　**(b) BH曲線**

図 10　鉄の磁化曲線

最初のうちは，磁束密度 B〔T〕は，磁界の大きさ H〔A/m〕に比例して増加する。しかし，磁界がある程度の大きさになると，磁束密度は増加しなくなる。この現象を，**磁気飽和**という。このような場合は，磁界の大きさと磁束密度の関係は比例しないので，透磁率 $\mu \left(= \dfrac{B}{H} \right)$ は，一定値にはならない。

例題 4　図 10(a) において，環状鉄心が鋳鋼であり，磁路の長さ l が 40 cm のとき，磁束密度は 1.4 T であった。このときの起磁力 F_m を，図 10(b) の BH 曲線を利用して求めよ。

解　答　磁路内の磁界の大きさ H は，式 (1)，(2) より $H = \dfrac{NI}{l} = \dfrac{F_m}{l}$ 〔A/m〕である。したがって，起磁力 F_m は，$F_m = Hl$〔A〕となる。ここで，図 10(b) より，鋳鋼における磁束密度 1.4 T に対する磁界の大きさは，3×10^3 A/m であるので，求める起磁力 F_m は，次のようになる。

$$F_m = Hl = 3 \times 10^3 \times 40 \times 10^{-2} = \mathbf{1\,200\ A}$$

問6 図10(a)において，環状鉄心が鋳鉄であり，磁路の長さが40 cmのとき，磁束密度は0.5 Tであった。このときの起磁力を求めよ。ただし，図10(b)のBH曲線を用いるものとする。

問7 図10(a)において，磁界の大きさHが4×10^3 A/mのとき，ケイ素鋼板の透磁率μを求めよ。

2 | ヒステリシス特性

図11のように，磁界の大きさHを点Oから$+H_m$まで増加させると，磁束密度Bは，点Oから点aまで変化して，BH曲線が得られる。

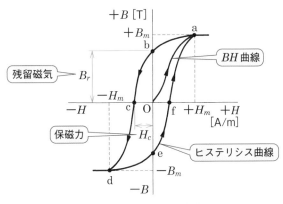

図11 ヒステリシス特性

次に，磁界の大きさHを，$+H_m$からしだいに減少させていくと，もとのa-Oに戻らないで，曲線a-bのように変化する。そして，磁界の大きさを0にしても，磁束密度Bは0にならずに，B_rの値だけ残る。この値を，**残留磁気**という。

逆方向に磁界の大きさを増加させていくと，点cで磁束密度は0になる。このときの磁界の大きさH_cを**保磁力**という。さらに磁界の大きさHを$-H_m$まで変化させたのち，ふたたび正の向きに$+H_m$まで増加させると，磁束密度Bはc→d→e→f→aと変化する。

このように，磁場が変化する向きに応じて磁束の値は異なり，直前の状態に応じて変化する。この現象を**ヒステリシス**といい，この関係を表す図11の閉曲線を**ヒステリシス曲線**（ヒステリシスループ）という。

Let's Try 図12の①と②のヒステリシス曲線について，電磁石と永久磁石の鉄心として適しているのはそれぞれどちらの特性を示すものか考えてみよう。そのさい，永久磁石とはどのようなものなのか，また，電磁石との違いは何かなどをグループごとに調べたり，話し合ったりして，答えの理由も考えてみよう。

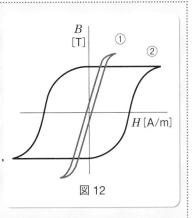

図12

❶ 図13の直線状の長い導線に15Aの電流を流したとき，この導線から5cm離れた点Pの磁界の大きさを求めよ。

❷ 図14のような巻数300のコイルに，ある電流Iを流したところ，起磁力が180Aになった。この電流Iの値を求めよ。

❸ 図15のような磁気回路において，150Aの起磁力で，3×10^{-4}Wbの磁束が生じた。この回路の磁気抵抗を求めよ。

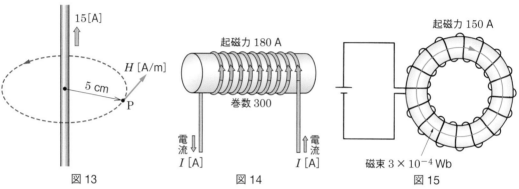

図13　図14　図15

❹ 図16の環状鉄心の断面積Aが8cm²であり，磁路の長さlが1.2m，磁気抵抗R_mが1×10^6H⁻¹であるとき，その透磁率μを求めよ。

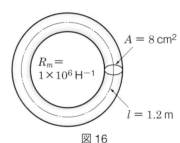

図16

❺ 図17のような比透磁率が1200の環状鉄心において，磁路の長さ$l = 1$m，断面積$A = 30$cm²であるとき，この鉄心の磁気抵抗を求めよ。

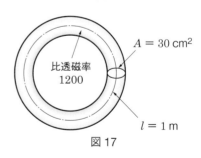

図17

❻ 磁気飽和とはどのような現象であるか，説明せよ。

❼ アルニコ磁石，フェライト磁石，ネオジム磁石について，残留磁気，保磁力の値を調べ，磁力の強さとの関係を説明せよ。

1 電磁力とは

目標	電磁力が生じる原理を理解し，磁力との違いを説明できるようになろう。

図1(a) のような磁界中に導体を置き，これに電流を流すと，導体に
5　は上向きの力が働く。これを磁束の合成の観点から考えてみる。

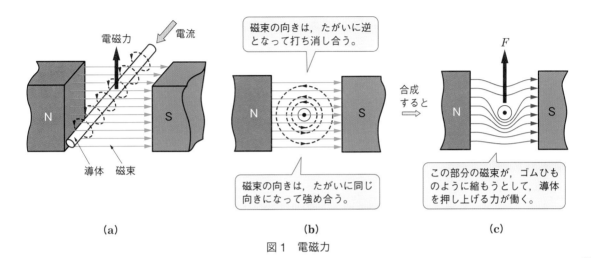

図1　電磁力

(a)　　　　　　　　　　(b)　　　　　　　　　　(c)

図1(b) は，図1(a) を正面から見た図であ
る。図1(a) のような立体的な図を，図1(b)，
(c) のような平面的な図で表す場合，図2 の
ように，紙面に垂直な方向の矢印を，ドット
やクロスとよばれる記号で向きを表す。[●1]

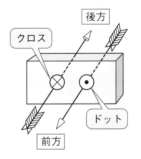

図1(b) において，導体上部では，磁極から
の磁束と，電流による磁束とがたがいに逆向
きになって打ち消し合い，磁束は減少する。
導体下部では，向きが同じになって，磁束が
15　加わり合って増加する。

⊗ 前方から後方に向かって
　垂直につらぬく向き
⊙ 後方から前方に向かって
　垂直につらぬく向き
図2　向きを表す記号

● 電流のほかにも，力や
磁界などの向きを表すさい
に用いられる。

このとき，導体は，図1(c) のように，磁束が増加した部分から減少
した部分へと押し上げられる。これは，電流と磁界の相互作用によっ
て力が働くことを意味しており，この力を，**電磁力**という。電磁力は，
<small>electromagnetic force</small>
磁力と同じく F で表され，単位もニュートン [N] が用いられる。
➡ p. 84

20　**問1**　磁力と電磁力の違いを説明せよ。

2 電磁力の大きさと向き

磁界中の導体に働く電磁力の大きさを計算できるようになろう。
フレミングの左手の法則を用いて，電磁力の向きを求められるようになろう。

❶ 導体は，最初揺れるが，電磁力と重力がつり合うところで止まる。

❷ フレミング(J.A. Fleming：1849〜1945)

イギリスの電気工学者。

1 磁界と垂直な導体に働く電磁力

図 3 のように，磁束密度 B [T] の磁界中に，導体を磁界の向きと垂直に置き，I [A] の電流を流した。このとき，磁界中の導体の長さ l [m] に働く電磁力の大きさ F [N] は，式 (1) で表される。

| 磁力と垂直な導体に働く電磁力 | $F = BIl$ [N] | (1) |

また，図 4 のように，電流・磁界の向きを，それぞれたがいに垂直方向に開いた左手の中指・人差し指に対応させると，電磁力の向きは，親指の向きになる。この関係を，**フレミングの左手の法則**という。
Fleming's left-hand rule

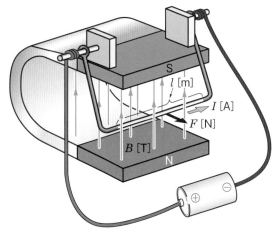

図 3 電流の向きと電磁力の向き

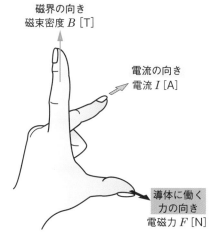

図 4 フレミングの左手の法則

例題 ❶ 磁束密度 2 T の磁界中に，導体を磁界の向きと垂直に置き，10 A の電流を流した。磁界中の導体の長さが 50 cm とすると，導体に働く力 F [N] はいくらか。

解|答 式 (1) より，次のようになる。

$$F = BIl = 2 \times 10 \times 50 \times 10^{-2} = 10\ \text{N}$$

問2 磁束密度 0.2 T の磁界中に，導体を磁界の向きと垂直に置き，電流を流すと，導体に 0.3 N の電磁力が働いた。磁界中の導体の長さが 5 cm のとき，導体に流れている電流 I [A] を求めよ。

問3 図5の①〜③の導体に働く力の向きを矢印で表せ。

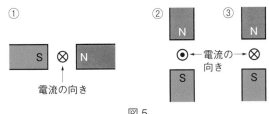

フレミングの左手の法則を使うと，電磁力の向きがわかるよ。

図5

2 | 磁界に対して傾いた導体に働く電磁力

図6のように，導体を磁界の向きに対して角度 θ だけ傾けて置き，電流 I [A] を流した。このとき，導体には，磁界中の導体の長さのうち，磁界と直交する成分に対して電磁力が働く。

磁界中の導体の長さを l [m] とすると，磁界と垂直に交わる成分 l' は，$l' = l\sin\theta$ [m] となるので✿，導体に働く電磁力の大きさ F [N] は，式(2)で表される。

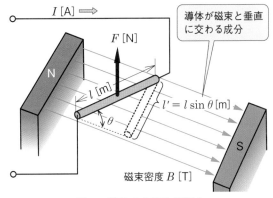

導体が磁束と垂直に交わる成分

$l' = l\sin\theta$ [m]

磁束密度 B [T]

図6　導体の角度と電磁力

> **磁界の向きに対して傾いた導体に働く電磁力**
> $$F = BIl' = BIl\sin\theta \ [\text{N}] \qquad (2)$$

例題 2

磁束密度 0.4 T の磁界中に，導体を磁界の向きに対して30°傾けて置き，5 A の電流を流した。磁界中の導体の長さが50 cm のとき，この導体に働く電磁力を求めよ。また，この導体を6本まとめた場合の電磁力を求めよ。

解 答

導体に働く電磁力 F [N] は，式(2)より，次のようになる。
$$F = BIl\sin\theta = 0.4 \times 5 \times 50 \times 10^{-2} \times \sin 30°❶$$
$$= 0.5\,\text{N}$$

また，導体を6本まとめた場合の電磁力 F' [N] は，次のようになる。
$$F' = 6F = 6 \times 0.5 = 3\,\text{N}$$

✿下図のような直角三角形において，辺 b と辺 c のなす角を θ とすると，
$\sin\theta = \dfrac{a}{c}$, $\cos\theta = \dfrac{b}{c}$,
$\tan\theta = \dfrac{a}{b}$ のように表します。

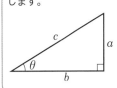

❶ 三角関数については，見返し6参照。

問4 磁束密度 2.5 T の磁界中に，長さ 40 cm の導体を磁界の向きに対して次に示した角度に置き，この導体に 2 A の電流を流した。導体に働く電磁力 F [N] を求めよ。

(1) 90°　(2) 60°　(3) 45°　(4) 30°　(5) 0°

3 磁界中のコイルに働く力（トルク）

🔖 磁界中に置いたコイルに電流を流したときに，トルクによって回転する原理を理解し，トルクの大きさを計算できるようになろう。

図7(a)のように，長さ l [m]，幅 d [m]の方形コイルを，磁束密度 B [T]の磁界中に置き，電流 I [A]を流した場合を考える。図7(b)は，図7(a)を正面からみた図である。

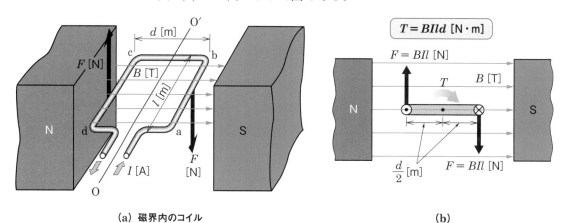

(a) 磁界内のコイル　　　　　　　　　　　**(b)**

図7　方形コイルに働く力

コイル辺 a–b と c–d は，磁界の向きに対して垂直であるから，電磁力が働く。しかし，コイル辺 a–d と b–c は，図7(a)の状態では磁界の向きに対して平行であるから，電磁力は働かない🔖。コイル a–b と c–d には，それぞれ $F = BIl$ [N]の力が，たがいに逆向きに働くことになる。

🔖 p.103 式(2)において，$\theta = 0°$ なので，$\sin\theta = 0$ から $F = 0$ となります。

したがって，コイルは，OO′ 軸を中心として回転する。そのときに生じる回転力を，**トルク**といい，単位には，[N·m]（**ニュートンメートル**）が用いられる。図7(b)におけるトルク T は，式(3)のように表される。

$$T = BIl \times \frac{d}{2} + BIl \times \frac{d}{2} = BIld \ \text{[N·m]} \tag{3}$$

一方，図8(a)のように，コイルが $\theta = 30°$ だけ回転したところでは，コイルを回転させようとして有効に働く電磁力は，$BIl\cos 30° = \frac{\sqrt{3}}{2}BIl$ [N]となる。また，図8(b)のように，$\theta = 60°$ では，$BIl\cos 60° = \frac{1}{2}BIl$ [N]となり，図8(c)のように，$\theta = 90°$ では，回転させようとして有効に働く電磁力は 0 N となる。❶

❶ コイルは回転の勢いで $\theta = 90°$ を超えるが，このときトルクは反対向きに生じ，コイルは逆時計回りに回転する。

このように，コイルに同じ方向に電流を流し続けると，$\theta = 90°$ を中心に揺れ動いたのち，$\theta = 90°$ の位置に止まる。

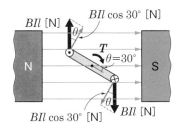

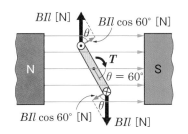

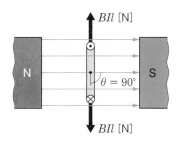

$$T = BIl\cos 30° \times d$$
$$= \frac{\sqrt{3}}{2} BIld \text{ [N·m]}$$

$$T = BIl\cos 60° \times d$$
$$= \frac{1}{2} BIld \text{ [N·m]}$$

$$T = BIl\cos 90° \times d$$
$$= 0 \text{ N·m}$$

(a) $\theta = 30°$ のとき　　　　**(b) $\theta = 60°$ のとき**　　　　**(c) $\theta = 90°$ のとき**

図8　コイルの回転にともなうトルクの変化

このことから，トルク T [N·m] は，式(4)のように表される。

$$T = BIl\cos\theta \times d = BIld\cos\theta \text{ [N·m]} \qquad (4)$$

また，コイルの巻数が N のとき，トルクは N 倍になる。

したがって，コイルが回転して，磁界に対して θ の角度になったと

5　きのトルク T [N·m] は，式(5)で表される。

方形コイルに生じるトルク

$$T = NBIld\cos\theta \text{ [N·m]} \qquad (5)$$

このように，方形コイルが回転する原理は，電動機や永久磁石可動

コイル形計器などに用いられている。

❶ モータ(motor)ともいう。

⮕ p.120　⮕ p.190

10　**例題❸**　図9のように，磁束密度が 0.8 T の磁界中に，長さ
5 cm，幅 2 cm，巻数 400 の方形コイルを置き，このコ
イルに 500 mA の電流を流した。コイルと磁界のなす
角が $60°$ のときのトルクを求めよ。

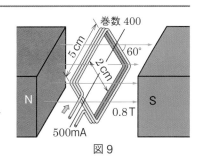

図9

解答　式(5)より，次のようになる。

15
$$T = NBIld\cos\theta$$
$$= 400 \times 0.8 \times 500 \times 10^{-3} \times 5 \times 10^{-2} \times 2 \times 10^{-2} \times \cos 60°$$
$$= 8 \times 10^{-2} \text{ N·m}$$

問5　磁束密度が 0.5 T の磁界中に，長さ 8 cm，幅 5 cm，巻数 500 の方形コイ
ルを置き，このコイルに 2 A の電流を流した。コイルと磁界のなす角が次に示す

20　値のときのトルク T [N·m] を求めよ。

　(1) $0°$　　(2) $30°$　　(3) $45°$　　(4) $60°$　　(5) $90°$

4 | 平行な直線状導体間に働く力

1 | 電流の向きと力の向きの関係

導体に電流を流すと，右ねじの法則に従って，導体のまわりに磁束ができる。

ここで，図 10 のように，電流を流した平行な二つの導体 A-B 間の合成磁束を考えてみる。

電流 I_a，I_b の向きが同じときは，合成磁束は図 10(a) のようになる。導体間の力 F は磁束が密から疎のほうに向かって働くので，導体 A-B 間には吸引力が働く。また，電流 I_a，I_b が逆向きのときは，合成磁束は図 10(b) のようになり，導体 A-B 間には反発力が働く。

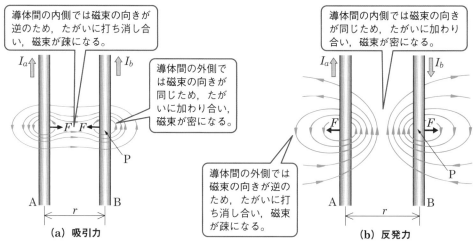

導体間の内側では磁束の向きが逆のため，たがいに打ち消し合い，磁束が疎になる。

導体間の外側では磁束の向きが同じため，たがいに加わり合い，磁束が密になる。

導体間の内側では磁束の向きが同じため，たがいに加わり合い，磁束が密になる。

導体間の外側では磁束の向きが逆のため，たがいに打ち消し合い，磁束が疎になる。

(a) 吸引力　　(b) 反発力

図 10　平行導体間に働く電磁力

2 | 力の大きさ

図 10 のように，平行導体 A-B 間の距離を r [m] とし，各導体に流れる電流を I_a，I_b [A] とする。図 10(a)，(b) どちらにおいても，導体 A の電流 I_a によって，導体 B の点 P に生じる磁界の大きさ H_a [A/m] は，アンペアの周回路の法則より，式 (6) のように表される。
➡ p. 94

$$H_a = \frac{I_a}{2\pi r} \ [\text{A/m}] \tag{6}$$

ここで，導体 A の電流 I_a によって，導体 B の点 P に生じる磁束密度 B_a [T] は，透磁率を μ_0 とすると，式 (7) のように表される。

$$B_a = \underset{\substack{\rightarrow \text{ p. 91}}}{\mu_0 H_a} = 4\pi \times 10^{-7} \times \frac{I_a}{2\pi r}$$

$$= \frac{2I_a}{r} \times 10^{-7} \ [\text{T}] \tag{7}$$

したがって，長さ l [m] の導体 B の 1 m あたりに働く電磁力の大きさ f [N/m] は，式 (1) を用いることで，式 (8) のように表される。
_{→ p. 102}

2 本の平行導体に働く電磁力の大きさ

$$f = \frac{F}{l} = B_a I_b = \frac{2I_a I_b}{r} \times 10^{-7} \ [\text{N/m}] \tag{8}$$

同様に，導体 B の電流 I_b がつくる磁界によって，導体 A の 1 m あたりに働く電磁力も，式 (8) と同じ大きさになる。

例題 ❹　図 11 のように，間隔が 20 cm になるように置いた 2 本の平行導体 A と B がある。導体 A と B のどちらにも 5 A の電流を流した。次の値を求めよ。

(1)　電流 I_a によって導体 B の点 P に生じる磁界の大きさ H_a

(2)　電流 I_a によって導体 B の点 P に生じる磁束密度 B_a

(3)　導体 1 m あたりに働く電磁力の大きさ f

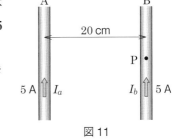

図 11

解 答　(1)　式 (6) より，次のようになる。

$$H_a = \frac{I_a}{2\pi r} = \frac{5}{2 \times 3.14 \times 20 \times 10^{-2}} = 3.98 \ \text{A/m}$$

(2)　式 (7) より，次のようになる。

$$B_a = \frac{2I_a}{r} \times 10^{-7} = \frac{2 \times 5}{20 \times 10^{-2}} \times 10^{-7} = 5 \times 10^{-6} \ \text{T}$$

(3)　式 (8) より，次のようになる。

$$f = \frac{2I_a I_b}{r} \times 10^{-7} = \frac{2 \times 5 \times 5}{20 \times 10^{-2}} \times 10^{-7} = 2.5 \times 10^{-5} \ \text{N/m}$$

問 6　図 12 のように，間隔が 25 cm になるように置いた 2 本の平行導体のどちらにも 20 A の電流を流した。導体 1 m あたりに働く電磁力の大きさを求めよ。

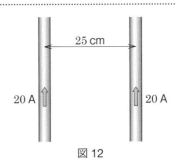

図 12

❶ 磁束密度 $0.8\,\mathrm{T}$ の磁界中に，長さ $50\,\mathrm{cm}$ の導体を磁界の向きに対して次に示した角度に置き，この導体に $2\,\mathrm{A}$ の電流を流した。導体に働く電磁力の大きさ F を求めよ。

　(1)　$90°$　　(2)　$60°$　　(3)　$45°$　　(4)　$30°$　　(5)　$0°$

❷ 図13のように，磁束密度 $0.4\,\mathrm{T}$ の磁界中に，導体を磁束に対して垂直に置き，この導体に電流を流したとき，$0.16\,\mathrm{N}$ の電磁力が生じた。導体に流れている電流および電磁力の向きを求めよ。ただし，導体の磁界中の長さを $40\,\mathrm{cm}$ とする。

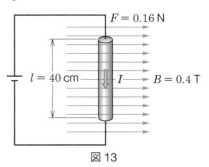

図13

❸ 磁束密度が $2\,\mathrm{T}$ の磁界中に，長さ $10\,\mathrm{cm}$，幅 $6\,\mathrm{cm}$，巻数 500 の長方形コイルを置き，このコイルに $0.2\,\mathrm{A}$ の電流を流した。コイルと磁界のなす角が次に示す値のときのトルク T を求めよ。

　(1)　$0°$　　(2)　$30°$　　(3)　$45°$　　(4)　$60°$　　(5)　$90°$

❹ 直線導体に $2\,\mathrm{A}$ の電流を流したとき，この導体から直角に $10\,\mathrm{cm}$ 離れた点の磁界の大きさ H と磁束密度 B（空気中）を求めよ。

❺ 図14のように，間隔が $8\,\mathrm{cm}$ になるように置いた2本の平行導体がある（空気中）。この導体のどちらにも $4\,\mathrm{A}$ の電流を流した。次の値を求めよ。

　(1)　電流 I_a によって導体Bの点Pに生じる磁界の大きさ H_a

　(2)　電流 I_a によって導体Bの点Pに生じる磁束密度 B_a

　(3)　導体Bの $1\,\mathrm{m}$ あたりに働く力の大きさ f

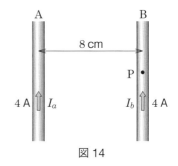

図14

❻ 図15のように，間隔が $10\,\mathrm{cm}$ になるように置いた2本の平行導体がある。この2本の導体に同じ大きさの電流を流したところ，導体 $1\,\mathrm{m}$ ごとに $8 \times 10^{-4}\,\mathrm{N/m}$ の力が働いた。電流 I を求めよ。

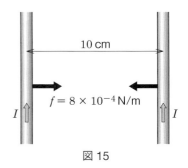

図15

1 電磁誘導とは

目標　電磁誘導とはどのような現象かを理解し，説明できるようになろう。

　図1(a) において，磁石の出し入れをしたり，図1(b) で，導体を上
下に動かしたりすると，検流計の指針が振れる。

　これは，コイル中の磁束が変化したり，導体が磁束を横切ったりす
ると，コイルや導体に起電力が誘導されるからである。

　この現象を**電磁誘導**といい，誘導される起電力を**誘導起電力**，流れ
electromagnetic induction　　　　　　　　　　　　　　　induced electromotive force
る電流を**誘導電流**という。
induced current

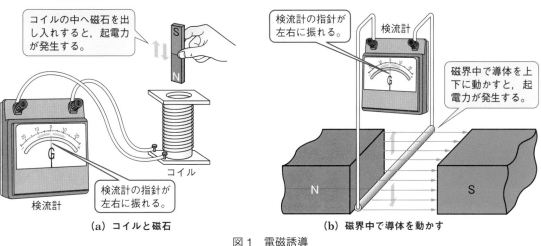

コイルの中へ磁石を出
し入れすると，起電力
が発生する。

検流計の指針が
左右に振れる。

コイル

検流計

(a) コイルと磁石

検流計の指針が
左右に振れる。

検流計

磁界中で導体を上
下に動かすと，起
電力が発生する。

N　　　　　S

(b) 磁界中で導体を動かす

図1　電磁誘導

Let's Try　コイル，検流計，棒磁石を用意し，次のように実験してみよう。

① 図2(a) のように，コイルに検流計を接続し，棒磁石の N 極をコイルに近づけたときの検流
計の振れる向きを記録する。

② 同様に，図2(b), (c), (d) の場合も記録する。

以上の実験により，次の点を考察してみよう。

① 棒磁石の極と出し入れの向き，検流計の振れる向きの関係はどうなるか。

② 棒磁石を出し入れする速さを変えたり，動きを止めたりすると，検流計の振れはどうなるか。

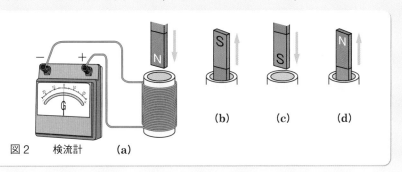

図2　　検流計　　(a)　　　　　(b)　　(c)　　(d)

2 誘導起電力

✓ ファラデーの法則とレンツの法則の意味を理解し，説明できるようになろう。
✓ ファラデーの法則とレンツの法則から誘導起電力を理解し，計算できるようになろう。

❶ ファラデー（M. Faraday：1791～1867）

イギリスの化学・物理学者。電気分解に関するファラデーの法則や電磁誘導現象などを発見した。

❷ レンツ（H. F. E. Lenz：1804～1865）

ロシアの物理学者。

1 ファラデーの法則とレンツの法則

電磁誘導においては，誘導される誘導起電力の大きさと向きに関して，**❶ファ**ラデーの法則と**❷レンツ**の法則がなりたつ。

Faraday's law
Lenz's law

> **電磁誘導に関するファラデーの法則**
>
> 　電磁誘導によって，コイルや導体に生じる起電力の大きさは，コイルや導体と交わる磁束が，単位時間に変化する割合に比例する。

誘導起電力 e の向きは，図3のように，磁石による磁束 ϕ が増加する場合と，減少する場合とでは，逆向きになる。

> **レンツの法則**
>
> 　誘導起電力 e の向きは，その誘導電流 I のつくる磁束 ϕ' が，もとの磁束 ϕ の増減をさまたげるような向きに生じる。

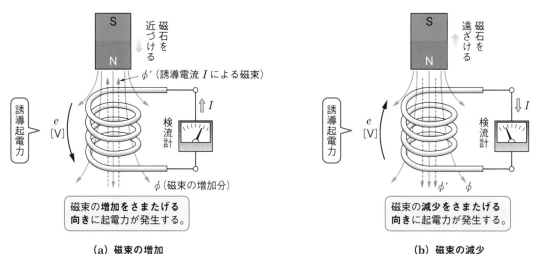

(a) 磁束の増加　　　　　　　　　　　　(b) 磁束の減少

図3　レンツの法則

2 誘導起電力の大きさ

ファラデーの法則とレンツの法則を用いると，巻数 N のコイルと交わる磁束を，きわめて短い時間 Δt [s] の間に，$\Delta\phi$ [Wb]（磁束の変化分）だけ変化させたとき，コイルに生じる誘導起電力 e [V] は，式 (1) で表される。

❸ Δ はデルタと読み，微少な変化分を表す。
　Δt は時間 t の変化分を表し，$\Delta\phi$ は磁束 ϕ の変化分を表す。

> **誘導起電力**　　　　　$e = -N\dfrac{\Delta\phi}{\Delta t}$ [V]　　　　　(1)

式 (1) の － の符号は，誘導起電力が，磁束の変化をさまたげる向き
に生じることを表している。e [V] は，逆起電力ともいわれる。

例題 **1**　巻数 50 のコイルを貫く磁束が，0.3 秒間に 0.08 Wb の割合
で変化するとき，コイルに生じる誘導起電力の大きさを求めよ。

解 答　式 (1) より，誘導起電力 e [V] は，次のようになる。

$$|e| = N\frac{\Delta\phi}{\Delta t} = 50 \times \frac{0.08}{0.3} = 13.3 \text{ V}$$

❶　$|e|$ は，e の大きさ
（絶対値）を表す記号であ
る。
　この例題は，誘導起電力
の大きさを求める問題であ
るから，向きは考えなくて
よい。

問 1　巻数 5 のコイルを貫く磁束が，毎秒 2 Wb の割合で変化するとき，コイ
ルに生じる誘導起電力の大きさを求めよ。

問 2　コイルを貫く磁束が，0.5 秒間に 0.06 Wb の割合で変化するとき，コイ
ルに 6 V の誘導起電力が発生した。コイルの巻き数を求めよ。

問 3　図 4(a)〜(d) において，それぞれ図のように磁極が移動するとき，コイ
ルに発生する誘導電流がつくる磁束から，鉄心の両端に現れる磁極を N，S で記
入し，検流計に流れる電流の向きを矢印で表せ。

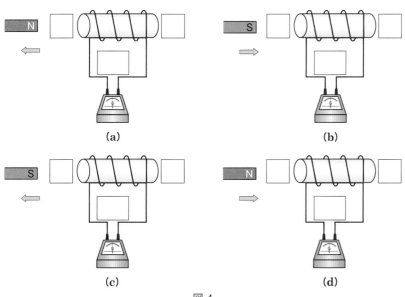

図 4

3 誘導起電力の例

目標
- フレミングの右手の法則を用いて誘導起電力の向きを求められるようになろう。
- 直線状の導体に発生する誘導起電力の大きさを計算できるようになろう。

1 直線状の導体に発生する誘導起電力

図5のように，磁束密度 B [T] の磁界中で，長さ l [m] の導体を，磁界と垂直に一定の速さ v [m/s] で動かしたとき，誘導される起電力 e [V] を求めてみる。

導体は1秒間に，磁界中を面積 lv [m²] だけ横切る。したがって，導体が $\varDelta t$ [s] 間に横切る磁束 $\varDelta\phi$ [Wb] は，$\varDelta\phi = Blv\varDelta t$ となる。このとき，誘導起電力 e [V] は，式 (1) より $N = 1$ として，式 (2) のように求められる。
→ p. 110

$$e = -\frac{\varDelta\phi}{\varDelta t} = -\frac{Blv\varDelta t}{\varDelta t} = -Blv \quad [V] \tag{2}$$

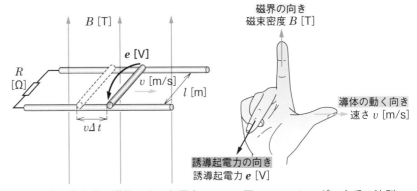

図5　磁界中を動く導体による起電力　　図6　フレミングの右手の法則

図6のように，磁界の向きと導体の動く向きを，たがいに垂直方向に開いた右手の人差し指と親指に対応させると，誘導起電力の向きは中指の向きになる。この関係を，**フレミングの右手の法則**という。
Fleming's right-hand rule

また，図7のように，直線導体を磁界に対して θ の向きに v [m/s] の速さで動かしたとき，1秒間に磁界を垂直に横切る面積は，$lv' =$

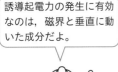

誘導起電力の発生に有効なのは，磁界と垂直に動いた成分だよ。

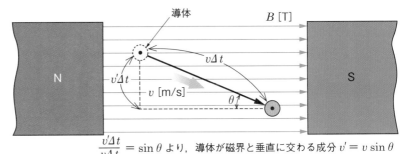

$\dfrac{v'\varDelta t}{v\varDelta t} = \sin\theta$ より，導体が磁界と垂直に交わる成分 $v' = v\sin\theta$

図7　導体を磁界に対して θ の角度で動かしたときの起電力

$lv\sin\theta$ であるので，誘導起電力 e [V] は式 (3) で表される。

$$\text{誘導起電力} \qquad e = -\frac{Blv'\Delta t}{\Delta t} = -Blv\sin\theta \ [\text{V}] \qquad (3)$$

このような誘導起電力が生じる原理は，直流および交流の発電機に
広く利用されている。
➡ p. 121　　➡ p. 128

例題 2　　磁界中に長さ 20 cm の導体を磁界と垂直に置き，50 m/s の速さで磁界に対して 30° の方向に動かした。このとき生じる誘導起電力の大きさを求めよ。ただし，磁束密度は 0.5 T とする。

解｜答　　式 (3) より，誘導起電力 e [V] は，次のようになる。
$$|e| = Blv\sin\theta = 0.5 \times 20 \times 10^{-2} \times 50 \times \sin 30° = 2.5 \ \text{V}$$

問 4　磁束密度 0.5 T の磁界中に，長さ 20 cm の導体が磁界と垂直に置かれている。導体が磁界と次に示す角度の方向に，20 m/s の速さで動いた。導体に誘導される起電力の大きさを求めよ。

(1) 90°　　(2) 60°　　(3) 45°　　(4) 30°　　(5) 0°

2 ｜ 渦電流 （うずでんりゅう）
eddy current

図 8 のように，金属板に磁束を加えて，この磁束を変化させると，変化をさまたげる向きに誘導起電力が生じて，渦状の電流が流れる。この電流を，**渦電流**という。

図 9 のように，磁石を固定して金属円板を回転させると，磁極の近くで二つの渦電流が生じる。このため，磁石による磁界との間に電磁力が働く。この電磁力は，金属円板の回転する向きと逆向きに生じるので，金属円板の回転を止めるブレーキの働きをする。❶

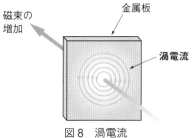

磁束の増加

金属板

渦電流

図 8　渦電流

❶ 電力量計などの制動装置に利用されている (p. 201)。

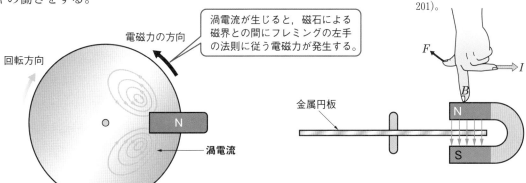

回転方向

電磁力の方向

渦電流が生じると，磁石による磁界との間にフレミングの左手の法則に従う電磁力が発生する。

N

渦電流

金属円板

N

S

F　I　B

図 9　金属円板を回転させる

4 自己誘導

目標 🔘 自己誘導の原理を理解し，自己誘導起電力を計算できるようになろう。

1 自己誘導と自己誘導起電力

図 10 のように，環状鉄心に巻いたコイルに電流を流すと，コイル内を貫く磁束が発生する。このとき，電流を変化させると，コイル内の磁束も変化する✿。磁束が変化すると，コイルには，電磁誘導によって磁束の変化をさまたげる向きに起電力が発生する。この現象を**自己誘導**といい，生じる起電力を**自己誘導起電力**という。

self induction

したがって，図 10 のように，巻数 N のコイルに流れる電流が，Δt [s] の間に ΔI [A] 変化し，磁束が $\Delta \phi$ [Wb] だけ変化したとすれば，自己誘導によって生じる起電力 e [V] は，式 (4) で表される。

> ✿ p. 97 式 (3) より，電流 I が変化したとき，磁気抵抗 R_m が一定になるように，磁束 ϕ が変化することがわかります。また，電流の変化 ΔI と磁束の変化 $\Delta \phi$ は比例します。

$$自己誘導起電力 \quad e = - N\frac{\Delta \phi}{\Delta t} = - L\frac{\Delta I}{\Delta t} \text{ [V]} \quad (4)$$

比例定数 L は，**自己インダクタンス**とよばれる量で，単位には，[H] (**ヘンリー**) が用いられる。

self inductance

❶ ヘンリー (J. Henry：1797〜1878)

アメリカの物理学者。
インダクタンスの単位ヘンリー [H] は，彼の名によっている。

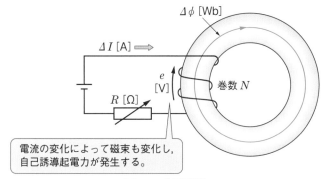

$\Delta \phi$ [Wb]

ΔI [A] ⟹

e [V]

R [Ω]

巻数 N

電流の変化によって磁束も変化し，自己誘導起電力が発生する。

図 10 自己誘導

例題 ❸ 自己インダクタンス 0.4 H のコイルに流れる電流が，0.01 秒間に 5 A から 2 A に減少した。このとき，コイルの自己誘導起電力はいくらになるか。また，起電力の向きは，どのようになるか。

....

解 答 コイルの電流の変化は，$\Delta I = 2 - 5 = - 3$ A となり，電流の変化の割合は，次のようになる。

$$\frac{\Delta I}{\Delta t} = \frac{-3}{0.01} = - 300 \text{ A/s}$$

自己誘導起電力 e は，式 (4) より，次のようになる。

$$e = -L\frac{\Delta I}{\Delta t} = -0.4 \times (-300) = 120\,\text{V}$$

また，自己誘導起電力は，**加えた電圧の向きと同じ向きに生**じる。

....

問5 自己インダクタンス $0.25\,\text{H}$ のコイルに流れる電流が，0.01 秒間に $3\,\text{A}$ の割合で増加するとき，コイルに発生する自己誘導起電力を求めよ。

問6 自己インダクタンス $0.4\,\text{H}$ のコイルに流れる電流が，0.1 秒間に $0.2\,\text{A}$ から $0.5\,\text{A}$ に増加した。このとき，コイルの自己誘導起電力を求めよ。また，起電力の向きは，どのようになるか。

問7 コイルに流れる電流が毎秒 $0.6\,\text{A}$ の割合で変化したときに生じる自己誘導起電力が $3\,\text{V}$ であるとき，コイルの自己インダクタンスを求めよ。

2 自己インダクタンス

自己インダクタンスは，コイルの自己誘導作用の大きさを示すものである。

$1\,\text{H}$ は，電流の変化が毎秒 $1\,\text{A}$ であるときに，$1\,\text{V}$ の誘導起電力を生じるようなコイルの自己インダクタンスである。

また，透磁率 μ が一定であり，電流と磁束が比例する場合は，式 (4) より，$N\phi = LI$ となるから，$L\,[\text{H}]$ は，式 (5) で表される。

自己インダクタンス	$L = \dfrac{N\phi}{I}$ [H]	(5)

自己インダクタンス L は，コイルに固有の値であり，形状・巻数および磁路の物質の透磁率 μ などで決まる。

例題 4 巻数 50 のコイルに $5\,\text{A}$ の電流を流したとき，$5 \times 10^{-3}\,\text{Wb}$ の磁束が発生した。電流と磁束は比例するとして，このときのコイルの自己インダクタンスを求めよ。

....

解答 式 (5) より，自己インダクタンス L は，次のようになる。

$$L = \frac{N\phi}{I} = \frac{50 \times 5 \times 10^{-3}}{5} = 5 \times 10^{-2}\,\text{H}$$

....

問8 巻数 100 のコイルに $2\,\text{A}$ の電流を流したとき，$4 \times 10^{-3}\,\text{Wb}$ の磁束が発生した。電流と磁束は比例するとして，このときのコイルの自己インダクタンスを求めよ。

5 相互誘導

1 相互誘導と相互誘導起電力

図 11 において，一次コイル P に流れる電流を変化させると，一次コイル P から二次コイル S を貫く磁束も変化する。そのとき，一次コイル P 自身に自己誘導起電力が発生するが，同時に二次コイル S にも誘導起電力が発生する。このような現象を**相互誘導**といい，生じる起電力を**相互誘導起電力**という。

相互誘導は，自動車エンジンの点火装置に用いられる誘導コイルや，交流電圧の大きさを変える変圧器などに利用されている。
→ p. 135

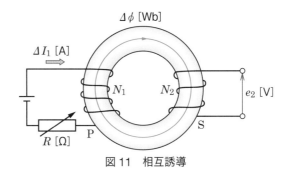

図 11　相互誘導

図 11 において，一次コイル P の電流が Δt [s] の間に ΔI_1 [A] 変化し，二次コイル S と交わる磁束が $\Delta\phi$ [Wb] だけ変化したとする。このとき，二次コイル S に誘導される相互誘導起電力 e_2 [V] は，式 (6) で表される。

相互誘導起電力	$e_2 = -N_2\dfrac{\Delta\phi}{\Delta t} = -M\dfrac{\Delta I_1}{\Delta t}$ [V]	(6)

比例定数 M は，**相互インダクタンス**とよばれる量で，単位には，自己インダクタンスと同じ [H] が用いられる。

2 相互インダクタンス

相互インダクタンス M は，一次コイルに流れる電流を変化させたとき，二次コイルにどの程度の誘導起電力が発生するかを示す値である。

また，透磁率 μ が一定であり，電流と磁束が比例する場合は，式 (6) より，$N_2\phi = MI_1$ となり，相互インダクタンス M [H] は，式 (7) で表される。

相互インダクタンス	$M = \dfrac{N_2\phi}{I_1}$ [H]	(7)

この式から，一次コイルに 1 A の電流が流れているとき，二次コイルに交差する磁束数 $N_2\phi$ が 1 Wb であるときの相互インダクタンス M は，1 H になる。

例題 ⑤ 図 12 において，一次コイル P に，0.2 秒間に 0.5 A 変化する電流を流したとき，一次コイル P には 2 V の自己誘導起電力，二次コイル S には 3 V の相互誘導起電力が生じた。一次コイル P の自己インダクタンス L と相互インダクタンス M を求めよ。

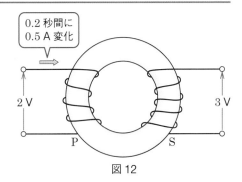

0.2 秒間に 0.5 A 変化

2 V　3 V

P　S

図 12

解|答 一次コイルの自己インダクタンス L は，式 (4) より，次のようになる。この場合，起電力の向きは考えなくてよいから，負の符号を省略する。

$$e = L\frac{\Delta I}{\Delta t} \qquad 2 = L \times \frac{0.5}{0.2} \qquad L = \frac{2 \times 0.2}{0.5} = \mathbf{0.8}\,\mathbf{H}$$

相互インダクタンス M は，式 (6) より，次のようになる。

$$e_2 = M\frac{\Delta I_1}{\Delta t} \qquad 3 = M \times \frac{0.5}{0.2} \qquad M = \frac{3 \times 0.2}{0.5} = \mathbf{1.2}\,\mathbf{H}$$

問 9 図 13 において，一次コイル P に 0.5 A の電流を流したとき，8×10^{-4} Wb の磁束が生じた。一次コイル P の自己インダクタンスと相互インダクタンスを求めよ。

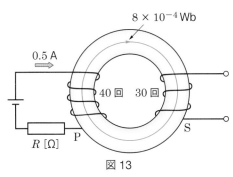

8×10^{-4} Wb

0.5 A

40 回　30 回

R [Ω]　P　S

図 13

問 10 図 11 において，一次コイル P に 3 A の電流を流したとき，6×10^{-3} Wb の磁束が生じた。電流と磁束は比例するとして，一次コイル P の自己インダクタンス L と相互インダクタンス M を求めよ。ただし，巻数 N_1 は 80，N_2 は 60 とする。

6 電磁エネルギー

目標 ◆ コイルにたくわえられる電磁エネルギーを計算できるようになろう。

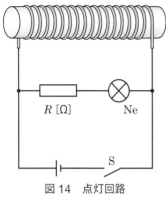

図14 点灯回路

図14のように，鉄心に巻いたコイルに，電池とスイッチおよび抵抗とネオンランプを並列に接続する。

スイッチSを閉じると，コイルに流れる電流はすぐに一定となり，コイルには磁束が発生する。ネオンランプは，高い電圧を加えなければ点灯しない性質があり，スイッチSを閉じた状態では点灯しないものとする。

次に，スイッチSを開くと，ネオンランプは瞬間的に点灯する。これはコイルの両端に，大きな電圧が発生したことを意味する❶。このとき，ネオンランプが光るエネルギーや抵抗で生じるジュール熱などは，コイルにたくわえられていたエネルギーが放出され，変化したために発生したと考えられる。このエネルギーを**電磁エネルギー**という。

コイルにたくわえられる電磁エネルギー W [J] は，コイルの自己インダクタンスを L [H]，流れる電流を I [A] とすると，式 (8) で表される。

❶ スイッチSを開くと，コイルの磁束がなくなるため，それを打ち消す向きに誘導起電力が発生する。短時間に電流が0になるので，p.114 式 (4) から，大きな電圧が発生することがわかる。

電磁エネルギー	$W = \dfrac{1}{2}LI^2$ [J]	(8)

例題 6 インダクタンスが 3 H のコイルに 4 A の電流が流れているとき，コイルにたくわえられる電磁エネルギーを求めよ。

解答 式 (8) より，電磁エネルギーは，次のようになる。

$$W = \frac{1}{2}LI^2 = \frac{1}{2} \times 3 \times 4^2 = 24 \text{ J}$$

問11 インダクタンスが 4 H のコイルに 0.5 A の電流が流れているとき，コイルにたくわえられる電磁エネルギーを求めよ。

❶ 巻数 100 のコイルを貫く磁束が 2 秒間に 5 mWb の割合で減少した。コイルに生じる誘導起電力の大きさを求めよ。

❷ 磁束密度 2 T の磁界中に，長さ 20 cm の導体が磁界と直角に置かれている。導体が磁界と次に示す角度の方向に，10 m/s の速さで動いた。導体に誘導される起電力を求めよ。

(1) 90° (2) 60° (3) 45° (4) 30° (5) 0°

❸ 自己インダクタンス 0.5 H のコイルに流れる電流が，0.5 秒間に 0.2 A の割合で減少するとき，コイルに発生する自己誘導起電力を求めよ。

❹ 巻数 150 回のコイルに 0.5 A の電流を流すと，8×10^{-4} Wb の磁束が生じた。このコイルの自己インダクタンスを求めよ。

❺ 自己インダクタンスが 500 mH のコイルに電流を流したとき，コイルにたくわえられた電磁エネルギーは 4 J であった。コイルに流した電流を求めよ。

❻ 図 15 において，一次コイル P に 2 A の電流を流したとき，2×10^{-3} Wb の磁束が生じた。一次コイル P の自己インダクタンスと相互インダクタンスを求めよ。

❼ 図 16 において，一次コイル P に流れる電流を 0.2 秒間に 2 A の割合で変化させたとき，一次コイル P に 3 V の自己誘導起電力，二次コイル S に 4 V の相互誘導起電力が生じた。一次コイル P の自己インダクタンスと相互インダクタンスを求めよ。

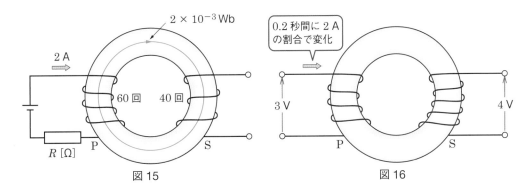

図 15   図 16

❽ 巻数 350 の一次コイル P と，巻数 2500 の二次コイル S を接近させ，一次コイル P に 1 A の電流を流したところ，二次コイル S を 4×10^{-4} Wb の磁束が貫いた。両コイル間の相互インダクタンスを求めよ。

1 直流電動機

目標 ◢ 直流電動機の構造と原理を理解し，説明できるようになろう。

図 1(a) のように，磁界中に置かれたコイルに電流を流すと，フレミングの左手の法則により，磁界に垂直な辺に，たがいに逆向きの電磁力が働き，トルクが生じてコイルが回転する。また，図 1(b)，(c) のように，ブラシ B_1，B_2 と整流子片 C_1，C_2 の形をくふうすることによって，コイルが回転しても S 極側・N 極側のコイル辺には，それぞれ S 極・N 極に対して，つねに同じ向きに電流を流すことができる。そのため，S 極側・N 極側のコイル辺に働く電磁力もつねに同じ向きになり，コイルは同じ向きに回転し続ける。これを**直流電動機**という。
direct-current motor

❶ 直流モータともいう。

➡ p. 104

直流電動機は，電気のエネルギーを回転（運動）のエネルギーに変えるものである。

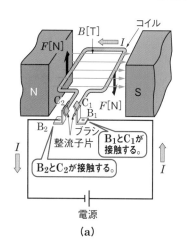
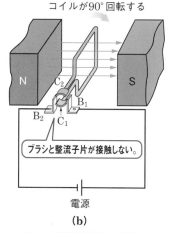
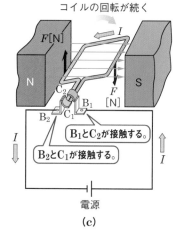

図1 直流電動機の原理

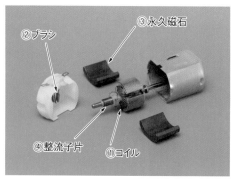

図2 直流電動機の構造例

図 2 は直流電動機の構造例である。直流電動機は，おもに次の 4 種類の部分から構成されている。

① 回転するコイル

② 電極であるブラシ（図 1 では，B_1，B_2 に相当）

③ 磁界を発生させる永久磁石

④ 電流の流れを一方向にするための整流子片
（図 1 では，C_1，C_2 に相当）

2 直流発電機

目標　💡 直流発電機の構造と原理を理解し，説明できるようになろう。

　図 3(a) のように，磁界内のコイルに抵抗 R を接続して，コイルを手で回すなどして回転させると，電磁誘導によって，コイル辺 a-b と

5　c-d にフレミングの右手の法則による向きに誘導起電力 e が発生する。そのため，抵抗 R に電流 I が流れる。

　図 3(b) のように，コイルが 90° 回転したときはブラシ B_1，B_2 と整流子片 C_1，C_2 が接触しないため，抵抗 R に電流が流れない。

　図 3(c) において，コイル辺 a-b および c-d に生じる起電力 e の向

10　きは，逆になる。しかし，ブラシ B_1，B_2 と整流子片 C_1，C_2 は，半回転ごとに交互に接触するので，抵抗 R に流れる電流 I は，図 3(a) と同じ向きになる。❶ 1 本のコイルでは，起電力の大きさは，図 3(d) のような波形になるが，コイルの数を多くすると，図 3(e) のような変化の少ない起電力を得ることができる。このように，コイルの回転によって，

15　回路に電流を流すことができる。これを**直流発電機**という。
direct-current generator

　直流発電機は，回転 (運動) のエネルギーを電気のエネルギーに変えるものである。

❶　ブラシと整流子片の接続をくふうしない場合は，交流起電力が発生する。p. 128 参照。

直流電動機はコイルに電流を流して回転運動を得ていることに対して，直流発電機は，コイルを回転させて電流を得ているよ。

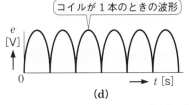

(a)　(b)　(c)

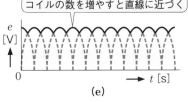

(d)　(e)

図 3　直流発電機の原理

　図 1 と図 3 からわかるように，直流電動機と直流発電機の構造は同じであるので，直流電動機を直流発電機として使用することができる。❷

❷　p. 123 参照。同様に，直流発電機を直流電動機として使用することもできる。

❶ 次の文章が，直流電動機と直流発電機の説明になるように，（　　　）内に「電気」または「回転」を入れよ。

直流電動機は，（① 　　　）のエネルギーを（② 　　　）のエネルギーに変換し，直流発電機は，（③ 　　　）のエネルギーを（④ 　　　）のエネルギーに変換するものである。

❷ 図4(a)，(b)に示した構造を持つ直流電動機は，図中に示した①と②のどちらの向きに回転するか，それぞれ答えよ。

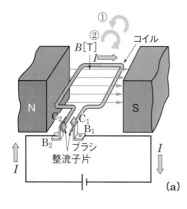

(a)　　　　(b)

図4

Zoom up いろいろな電動機（モータ）

直流電動機は，p.120で学んだように，コイル，電極のブラシ，磁界を発生させる磁石，電流を一方向にする整流子片から構成されている。速度やトルクの制御，小型化が容易なため，工作機械や自動車の部品および携帯電話の振動装置（図5）など，さまざまなものに使用されている。

図5　携帯電話などの振動装置の電動機

しかし，直流電動機には，ブラシと整流子片の接触による摩耗や騒音，電気的なノイズが発生する。そこで，制御技術の向上により，ブラシと整流子片の機能を電子的なスイッチに置き換えたブラシレス電動機（図6）が開発された。

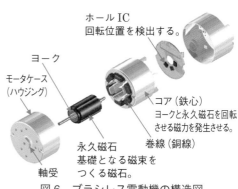

ホールIC
回転位置を検出する。

ヨーク

モータケース
（ハウジング）

コア（鉄心）
ヨークと永久磁石を回転させる磁力を発生させる。

巻線（銅線）

永久磁石
基礎となる磁束をつくる磁石。

軸受

図6　ブラシレス電動機の構造図

ブラシレス電動機は，パソコンのハードディスク（図7）や洗濯機などに広く用いられている。

図7　ハードディスクの電動機

直流電動機による豆電球の点灯実験

　二つの直流電動機をつなげ，一方の直流電動機に電流を流して回転させ，その力でもう一方の直流電動機を回して発電できるか実験してみよう。

実験器具　直流電動機（2個），直流電源装置，直流電圧計（2台：DC 10 V レンジ），スイッチ，豆電球，ゴムチューブ

実験方法
① 実験器具を図 A のように接続する。
② 直流電源装置の電源を入れ，スイッチを閉じ，直流電動機 A に 0 V から 3.0 V まで 0.5 V ずつ増やしながら電圧を加える。それぞれの入力電圧 V_1 に対し，直流電動機 B の出力電圧 V_2 を測定し，豆電球の明るさを確認する。

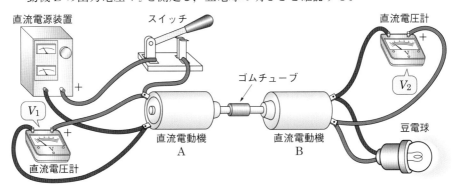

図 A　実体配線図

実験結果　測定した結果は，表 A のようになった。

考察
① 測定結果から，入力電圧に対する出力電圧のグラフを描くと，図 B のようになる。
② 入力電圧を増加させていくと，出力電圧が増加し，豆電球がより明るく点灯する。これは，入力電圧を増加させると，直流電動機 A に流れる電流が増加し，p. 105 式 (5) から，トルクが増加して回転が速くなる。直流電動機 B に入力される回転運動が速くなると，p. 110 式 (1) から，コイルと交わる磁束の変化が大きくなり，誘導起電力が増加するためである。
③ この実験から，直流電動機は直流発電機としても使用できることがわかる。

表 A　入力電圧と出力電圧

入力電圧 V_1 [V]	出力電圧 V_2 [V]	豆電球
0	0	消灯
0.5	0	消灯
1.0	0.54	暗い
1.5	1.00	
2.0	1.39	↓
2.5	1.73	
3.0	1.96	明るい

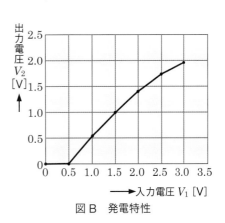

図 B　発電特性

この章のまとめ

1節

1 磁化 (p.83)　くぎに磁石を近づけると，くぎは磁石に引きつけられ，磁気を帯びて磁石になる。これを磁化という。

2 磁気誘導 (p.83)　磁石によって磁化されたくぎは，磁石と接している側には，磁石の極と異なる磁極が現れ，遠い側には，磁石の磁極と同じ磁極が現れる。これを磁気誘導という。

3 透磁率 (p.84)

$$\mu = \mu_0 \mu_r = 4\pi \times 10^{-7} \mu_r \ [\text{H/m}]$$

4 磁極間に働く磁力の大きさ (p.85)

$$F = 6.33 \times 10^4 \times \frac{m_1 m_2}{\mu_r r^2} \ [\text{N}]$$

5 磁極による磁界の大きさ (p.86)

$$H = 6.33 \times 10^4 \times \frac{m}{\mu_r r^2} \ [\text{A/m}]$$

6 磁界中の磁極に働く磁力の大きさ (p.87)

$$F = mH \ [\text{N}]$$

7 磁束密度 (p.90)

$$B = \frac{\phi}{A} = \frac{m}{A} = \frac{m}{4\pi r^2} \ [\text{T}]$$

8 磁束密度と磁界の関係 (p.91)

$$B = 4\pi \times 10^{-7} \mu_r H \ [\text{T}]$$

2節

9 アンペアの右ねじの法則 (p.93)　電流の向きを右ねじの進む向きにとると，ねじを回す向きが磁界の向きになる。

10 アンペアの周回路の法則 (p.94)　電流によって生じる磁界中を一定方向に一周する閉曲線において，閉曲線の微小部分の長さ l_1, l_2, l_3, …, l_n と，それぞれにおいて閉曲線に沿った磁界の接線成分の大きさ H_1, H_2, H_3, …, H_n の積の和は，閉曲線中に含まれる電流の和に等しい。

$$H_1 l_1 + H_2 l_2 + H_3 l_3 + \cdots\cdots + H_n l_n = I_1 + I_2 + I_3 + \cdots\cdots + I_m$$

11 直線状の導体から r [m] 離れた点の磁界の大きさ (p.94)

$$H = \frac{I}{2\pi r} \ [\text{A/m}]$$

12 起磁力 (p.96)　磁気回路において，磁束をつくる原動力を起磁力という。

$$F_m = NI \ [\text{A}]$$

13 磁気抵抗 (p.96)　磁気回路において，磁束の通りにくさを表すものを磁気抵抗という。

$$R_m = \frac{NI}{\phi} \ [\text{H}^{-1}]$$

14 ヒステリシス曲線 (p.99)　強磁性体に磁界を加えて磁化させたとき，磁界と強磁性体内の磁束密度の関係をグラフに表したときに描く閉曲線を，ヒステリシス曲線という。

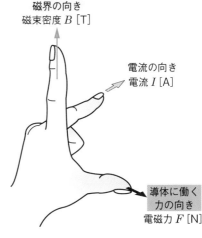

3節

15 フレミングの左手の法則 (p.102)

磁界中の導体に流れる電流には，電磁力が働く。

これらの向きの関係を右図に示す。

16 磁界の向きに対して傾いた導体に働く電磁力 (p.103)

$$F = BIl\sin\theta \ [\text{N}]$$

17 方形コイルに生じるトルク (p.105)

$$T = NBIld\cos\theta \ [\text{N·m}]$$

18 2本の平行導体に働く電磁力 (p.107)

$$f = \frac{2I_aI_b}{r} \times 10^{-7} \ [\text{N/m}]$$

磁界の向き
磁束密度 B [T]

電流の向き
電流 I [A]

導体に働く
力の向き
電磁力 F [N]

4節

19 電磁誘導 (p.109)　コイル内に磁石を出し入れしたり，電流が流れる導体が磁束を横切ったりすると，コイルや導体に起電力が誘導される。これを電磁誘導という。

20 誘導起電力（コイルと磁石） (p.110)

$$e = -N\frac{\Delta\phi}{\Delta t} \ [\text{V}]$$

磁界の向き
磁束密度 B [T]

21 フレミングの右手の法則 (p.112)

磁界中で導体が動くと，誘導起電力が生じる。

これらの向きの関係を右図に示す。

22 誘導起電力（磁界中の導体） (p.113)

$$e = -Blv\sin\theta \ [\text{V}]$$

23 自己誘導起電力と自己インダクタンス

(p.114〜115)

$$e = -N\frac{\Delta\phi}{\Delta t} = -L\frac{\Delta I}{\Delta t} \ [\text{V}] \qquad L = \frac{N\phi}{I} \ [\text{H}]$$

導体の動く向き
速さ v [m/s]

誘導起電力の向き
誘導起電力 e [V]

24 相互誘導起電力と相互インダクタンス (p.116〜117)

$$e_2 = -M\frac{\Delta I_1}{\Delta t} \ [\text{V}] \qquad M = \frac{N_2\phi}{I_1} \ [\text{H}]$$

25 コイルにたくわえられる電磁エネルギー (p.118)

$$W = \frac{1}{2}LI^2 \ [\text{J}]$$

5節

26 直流電動機 (p.120)　磁界中のコイルに電流を流すと，コイル辺に1対の電磁力が働き，これがトルクとなってコイルが回転する。これを直流電動機という。

27 直流発電機 (p.121)　磁界中のコイルを回転させると，コイル辺に誘導起電力が生じ，コイルに接続されている回路に電流が流れる。これを直流発電機という。

① 図1のように，空気中で，強さ 6×10^{-5} Wb，4×10^{-5} Wb の二つの磁極を，3 cm 離して置いた。両磁極間に働く磁力の大きさを求めよ。

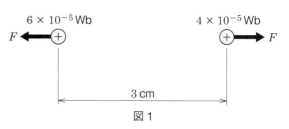

図1

② 図2のように，空気中で，8×10^{-5} Wb の磁極から 20 cm 離れた点 P の磁界の大きさと向きを求めよ。

図2

③ 空気中に 3×10^{-6} Wb の点磁極がある。そこから 50 cm 離れた点の磁界の大きさ H と磁束密度 B を求めよ。

④ 図3の磁気回路において，次の値を求めよ。ただし，鉄心の比透磁率 μ_r を 1200 とする。

(1) 起磁力 F_m

(2) 透磁率 μ

(3) 鉄心中の磁気抵抗 R_m

(4) 鉄心中を通る磁束 ϕ

(5) 鉄心中の磁界の大きさ H

(6) 鉄心中の磁束密度 B

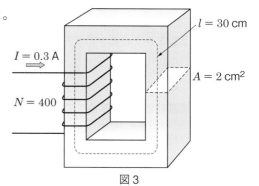

図3

⑤ 磁束密度が 0.8 T の磁界中に，長さ 10 cm，幅 5 cm，巻数 500 の方形コイルを置き，このコイルに 0.5 A の電流を流した。コイルと磁界のなす角が次に示す値のときのトルク T を求めよ。

(1) 0° (2) 30° (3) 45° (4) 60° (5) 90°

⑥ 直線状の導体に 3.14 A の電流を流したとき，この導体から直角に 5 cm 離れた点の磁界の大きさ H と磁束密度 B を求めよ。

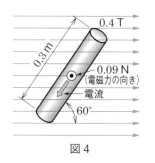

⑦ 図4のように，磁束密度 0.4 T の磁界中に，導体を磁界の向きに対して 60° 傾けて置くと，導体に 0.09 N の力が生じた。磁界中の導体の長さが 0.3 m のとき，この導体に流れる電流を求めよ。

図4

⑧ 図5のように，空気中で平行な2本の導体に，同じ大きさの電流を流したところ，導体1mあたりに8×10^{-6} N/m の力が生じた。この電流の大きさを求めよ。ただし，導体の間隔は40cmとする。

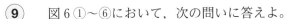

⑨ 図6①～⑥において，次の問いに答えよ。

(1) 図①において，磁界の向きをN，Sで表せ。

(2) 図②において，力の向きを矢印で表せ。

(3) 図③において，電流の向きを⊙，⊗で表せ。

(4) 図④，⑤において，磁石を矢印の向きに動かしたとき，検流計に流れる電流の向きを図示せよ。

(5) 図⑥において，スイッチSを切ったとき，検流計に流れる電流の向きを図示せよ。

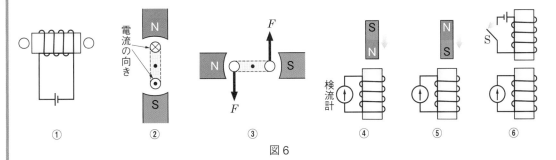

図6

⑩ 巻数100のコイルを貫く磁束が，図7のように変化したとき，a-b，b-c，c-dの各期間に誘導される起電力を求めよ。

⑪ 図8のように，磁束密度0.2Tの磁界中に，導体を磁界の向きと垂直に置き，導体の両端に10Ωの抵抗を接続した。この導体を，磁界と垂直な向きに20 m/sの速さで動かしたとき，誘導起電力および抵抗に流れる電流を求めよ。ただし，磁界中の導体の長さを80cmとする。

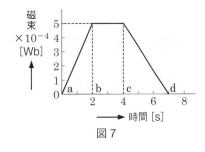

図7

⑫ 環状鉄心に導線を100回巻いてつくったコイルの自己インダクタンスが1mHのとき，次の問いに答えよ。

(1) このコイルに直流電流を10A流したとき，コイル内の磁束 ϕ_1 [Wb] と，コイルにたくわえられる電磁エネルギー W_1 [J] を求めよ。

(2) 次に，コイルに流れる電流を30Aとしたとき，コイル内の磁束 ϕ_2 [Wb] と，コイルにたくわえられる電磁エネルギー W_2 [J] を求めよ。

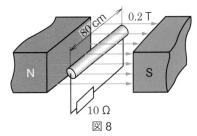

図8

第5章 交流回路

1節 正弦波交流

1 2 3 4 5 6

1 正弦波交流の発生と瞬時値

| 目標 | ❷正弦波交流をつくりだす原理を理解し，瞬時値を計算できるようになろう。 |

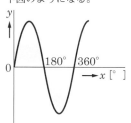

❶ サイン波ともいう。正弦波 $y = \sin x$ のグラフは，下図のようになる。

第1章で学んだように，交流は，大きさと向きが時間の経過とともに変化する電気の流れであり，その大きさが**正弦波**❶ のように変化するものを，**正弦波交流**という。
sine wave

図1に，正弦波交流電圧をつくり出す発電機の原理図を示す。図のように，磁極の間にコイルを置き，1秒間に角度 ω 回る速度で回転させると，図2のような正弦波交流電圧が発生する。この電圧を，**正弦波交流起電力**（以下，**交流起電力**）という。図2に示した交流起電力 e [V] は，コイルの端子間の電圧であり，最も大きな値を E_m [V] とすると，式 (1) で表される。

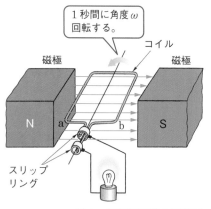

図1 交流発電機の原理図

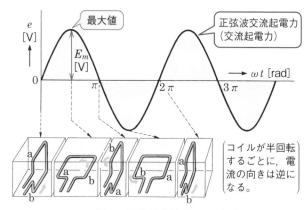

図2 正弦波交流電圧の波形

交流起電力	$e = E_m \sin \omega t$ [V]	(1)

式 (1) において，t は時間，ω は**角周波数**を表し，e はそれぞれの時<ruby>確<rt>かく</rt></ruby> → p. 132
間における電圧を表す。最大の値 E_m [V] を，**最大値**という。また，
angular frequency ❶
maximum value
式 (1) に t の値を代入して求めた値を，**瞬時値**という。
instantaneous value

5　角周波数 ω は，単位時間に回転する角度であり，単位には，[rad/s]
❷
が用いられる。

❶ 振幅ともいう。

❷ [rad]（ラジアン）は，角度を表す単位の一つであり，[°]（度）との関係は，p. 130 で学ぶ。

式 (1) の ωt は，時間 t における磁束に垂直な面からのコイルの角度を [rad] で表したものである。

例題 ❶　電圧の最大値 E_m が 100 V で角周波数が 100π rad/s の交流起電力 e [V] を求めよ。

⋯⋯⋯⋯⋯⋯⋯⋯⋯⋯⋯⋯⋯⋯⋯⋯⋯⋯⋯⋯⋯⋯⋯⋯⋯⋯⋯⋯⋯⋯⋯

|解|答|　式 (1) より，次のようになる。

10
$$e = E_m \sin \omega t$$
$$= 100 \sin (100\pi t) \text{ [V]}$$

⋯⋯⋯⋯⋯⋯⋯⋯⋯⋯⋯⋯⋯⋯⋯⋯⋯⋯⋯⋯⋯⋯⋯⋯⋯⋯⋯⋯⋯⋯⋯

問1　電圧の最大値 E_m が 220 V で角周波数が 120π rad/s の交流起電力 e [V] を求めよ。

例題 ❷　図 3 に示す $e = 50 \sin (100\pi t)$ [V] の交流起電力において，
15　時間 t が 8ms のときの瞬時値 e [V] を求めよ。

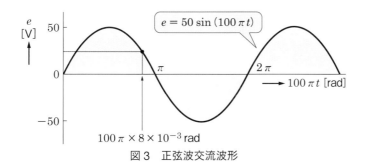

図 3　正弦波交流波形

⋯⋯⋯⋯⋯⋯⋯⋯⋯⋯⋯⋯⋯⋯⋯⋯⋯⋯⋯⋯⋯⋯⋯⋯⋯⋯⋯⋯⋯⋯⋯

|解|答|　式 (1) より，次のようになる。
$$e = 50 \times \sin (100\pi \times 8 \times 10^{-3}) = \mathbf{29.4 \text{ V}}$$

⋯⋯⋯⋯⋯⋯⋯⋯⋯⋯⋯⋯⋯⋯⋯⋯⋯⋯⋯⋯⋯⋯⋯⋯⋯⋯⋯⋯⋯⋯⋯

問2　$e = 100 \sin (120\pi t)$ [V] の交流起電力において，時間 t が 10 ms のときの瞬時値 e [V] を求めよ。

2 正弦波交流を表す要素

目標 ⊘角度を表す二つの方法を理解し, 角度を弧度法で表せるようになろう。
⊘周期と周波数の関係を理解し, たがいに変換できるようになろう。

1 | 角度の表し方　交流回路の電流や電圧は, 式 (1) に示すように, 三角関数を含む式で表され, 角度を
→ p. 129

含んでいる。角度の表し方には, [°] (**度**) で表す方法のほかに, [rad]

(**ラジアン**) で表す方法がある。
radian

　ラジアンで表す方法は, 図 4(a) のように, 半径 r の円周上の弧の長さ l が, 中心 O に対してなす角度を β とするとき, β を式 (2) のように表す。

$$\beta = \frac{l}{r} \ [\text{rad}] \tag{2}$$

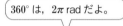

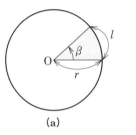 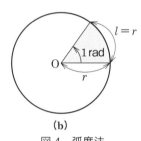 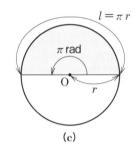

|(a)|(b)|(c)|

図 4　弧度法

　このような角度の表し方を, **弧度法**(こ ど ほう)という。弧度法では, 半径 r と同じ弧の長さに対する角度は 1 rad であり (図 4 (b)), 半円の角度は π rad である (図 4 (c))。また, 1 回転の角度は 2π rad である。

　角度 α [°] を角度 β [rad] で表すには, 式 (3)❶ によって変換する。

❶ 180° は, π rad である
から,
　　$180 : \pi = \alpha : \beta$
したがって,
　　$\beta = \alpha \dfrac{\pi}{180}$

| **ラジアンと度の関係** | $\beta = \alpha \dfrac{\pi}{180}$ [rad] | (3) |

　表 1 は, 度とラジアンの関係を示す。なお, 1 rad は, 約 57.3° である。

表 1　度とラジアンの関係

度	0	30	45	60	90	180	270	360
rad	0	$\dfrac{\pi}{6}$	$\dfrac{\pi}{4}$	$\dfrac{\pi}{3}$	$\dfrac{\pi}{2}$	π	$\dfrac{3}{2}\pi$	2π

| 例題 **3** | 角度 30° は何ラジアンか。また，**1.047 rad** は何度か。 |

解答　求める β [rad] は，式 (3) から，

$$\beta = \alpha \times \frac{\pi}{180} = 30 \times \frac{3.14}{180} = \mathbf{0.523\ rad}$$

求める α [°] は，

$$\alpha = \beta \times \frac{180}{\pi} = 1.047 \times \frac{180}{3.14} = \mathbf{60°}$$

問3　角度 120° は何ラジアンか。また，0.5 rad は何度か。

2 ｜ 周期と周波数

交流の電流や電圧は，一定時間ごとに同じ波形を繰り返している。繰り返しに要する時間を，**周期**（しゅうき）という。周期の量記号は T，単位は [s]（秒）が用いられる。1 周期の間の波形の変化を，1 **サイクル** cycle という。

また，1 秒間におけるサイクル数を，**周波数**❶という。周波数の量記 frequency 号は f，単位は [Hz]（**ヘルツ**）❷が用いられる。

周期 T [s] と周波数 f [Hz] の間には，式 (4) の関係がある。

❶ 日本では，静岡県の富士川や新潟県糸魚川市（いといがわし）内を境にして，東側は 50 Hz，西側は 60 Hz の交流が使われている。
❷ **ヘルツ**（H. R. Hertz： 1857～1894）

ドイツの物理学者。
　実験によって電磁波（電波）を発見した。周波数の単位ヘルツ [Hz] は，彼の名によっている。

| 周期と周波数 | $\left.\begin{array}{c} T = \dfrac{1}{f}\ \text{[s]} \\[2ex] f = \dfrac{1}{T}\ \text{[Hz]} \end{array}\right\}$ | (4) |

図 5 に，周期と周波数の関係を示す。

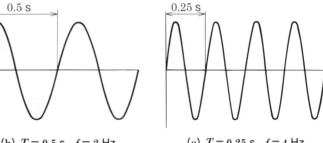

(a) $T = 1\ \text{s},\ f = 1\ \text{Hz}$ 　　(b) $T = 0.5\ \text{s},\ f = 2\ \text{Hz}$ 　　(c) $T = 0.25\ \text{s},\ f = 4\ \text{Hz}$
図 5　周期と周波数の関係

問4　周波数が 50 Hz および 60 Hz の交流起電力 e_1, e_2 [V] それぞれの周期 T_1, T_2 [s] を求めよ。

問5　周期が 40 ms および 20 μs の交流 i_1, i_2 [A] それぞれの周波数 f_1, f_2 [Hz] を求めよ。

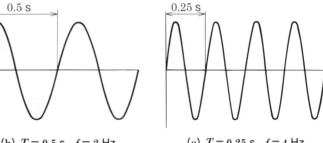

3 正弦波交流を表す角周波数と位相

目標　● コイルの回転速度から角周波数を計算できるようになろう。
　　　● 瞬時値の式から位相を求めることができ，二つの式から位相差を求めることができるようになろう。

❶ コイルが1回転すると 2π rad 進み，1秒間に f 回転しているコイルは角度 ω [rad] 進むことから，
$$f : \omega = 1 : 2\pi$$
がなりたつ。

1 角周波数と周波数

周波数 f [Hz] を使うと，角周波数 ω [rad/s] は，式 (5) で表すことができる。**❶**

角周波数	$\omega = 2\pi f$ [rad/s]	(5)

角周波数は**角速度**ともいう。

例題 ❹ p. 128 図1の発電機のコイルが，1秒間に 50 回および 60 回の割合で回転している。このときの角周波数 ω_1, ω_2 [rad/s] を求めよ。

───────────

解 答　$\omega_1 = 2\pi f = 2 \times 3.14 \times 50 = $ **314 rad/s**

　　　$\omega_2 = 2\pi f = 2 \times 3.14 \times 60 = $ **377 rad/s**

───────────

問6 周波数 100 Hz の交流の角周波数 ω を求めよ。

2 位相と位相差

図6のように，同じ形状のコイル A, B, C を磁界中に置き，角速度 ω [rad/s] で回転させる。このとき，それぞれのコイルには，図7のような最大値 E_m [V] の三つの交流起電力 e_a, e_b, e_c [V] が発生する。各起電力は，それぞれ式 (6) で表される。

$$\begin{aligned} e_a &= E_m \sin(\omega t + \alpha) \ [\text{V}] \\ e_b &= E_m \sin \omega t \ [\text{V}] \\ e_c &= E_m \sin(\omega t - \beta) \ [\text{V}] \end{aligned} \right\} \qquad (6)$$

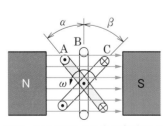

図6　三つのコイルを回転させる

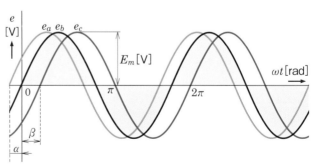

図7　三つのコイルに生じる起電力

式 (6) の $\omega t + \alpha$, ωt, $\omega t - \beta$ を，各交流起電力の**位相**または**位相角**という。また，$t = 0$ のときの位相 α, 0, $-\beta$ を，**初位相**または**初位相角**という。二つの交流起電力の初位相の差を，**位相差**という。

初位相が 0 の交流起電力 e_b を基準に，二つの交流起電力 e_a と e_c の位相関係を考えてみる。図 7 では，e_a は e_b より α [rad] 早く起電力が最大となることから，e_a は e_b より「位相が α [rad] 進んでいる」❶という。

同様に，e_c は e_b より β [rad] 遅れて起電力が最大となることから，e_c は e_b より，「位相が β [rad] 遅れている」❷という。

また，二つの交流起電力の間に位相のずれがないときは，**同相**であるという。

❶ 式で表すと，e_a の初位相から e_b の初位相を引いて，$\alpha - 0 = \alpha$ [rad] となる。

❷ 式で表すと，e_c の初位相から e_b の初位相を引いて，$-\beta - 0 = -\beta$ [rad] となる。

例題 5 図 7 において，$\alpha = \dfrac{\pi}{5}$ rad, $\beta = \dfrac{\pi}{4}$ rad のとき，e_c に対する e_a の位相差を求めよ。

解答 e_c に対する e_a の位相差は，e_a の初位相から e_c の初位相を引けばよい。

$$\frac{\pi}{5} - \left(-\frac{\pi}{4}\right) = \frac{9}{20}\pi \text{ rad}$$

したがって，e_a は e_c より，位相が $\dfrac{9}{20}\pi$ rad 進んでいる。

問7 次の式で表される電圧と電流について，以下の問いに答えよ。

$$e = 141 \sin\left(314\,t + \frac{\pi}{6}\right) \text{ [V]}$$

$$i = 10 \sin 314\,t \text{ [A]}$$

(1) 電圧および電流の最大値はいくらか。

(2) 電圧と電流の初位相および電流に対する電圧の位相差を求めよ。

(3) $t = 5$ ms における電圧と電流の瞬時値を求めよ。

Let's Try 図 8 に示すように，30 V の電源を用いて負荷に 5 V を供給したい。どのようにすればよいか，電源が直流の場合，交流の場合それぞれについて考えてみよう。

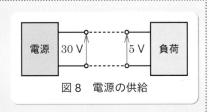

図 8　電源の供給

4 正弦波交流の実効値と平均値

| 目標 | 正弦波交流の実効値および平均値を計算できるようになろう。 |

❶ 電気エネルギーを消費するという点からみて，直流と同じ効果のある値を，交流の実効値という。

たとえば，交流の実効値100 V は直流 100 V と同じ働きがあるため，わかりやすい。

1 実効値

図 9(a) のように，R [Ω] の抵抗器に直流起電力を，または図9(b) のように，交流起電力を加えると，抵抗器には，ジュール熱が発生する。この両者で発生する熱量を同一測定時間で比較し，交流起電力 e [V] を加えたときに発生する熱量が，直流起電力 E [V] を加えたときと同じ場合，この E [V] を交流起電力 e [V] の**実効値**という。
effective value

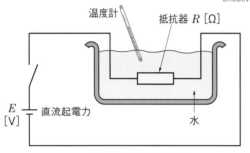

(a) 直流起電力を加える　　(b) 交流起電力を加える

図 9　実効値の測定

電流についても，同じように考える。図 10 に，実効値 E と最大値 E_m の関係を示す。

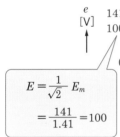

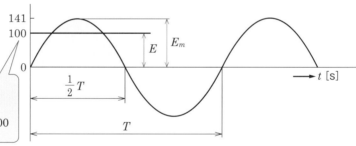

$$E = \frac{1}{\sqrt{2}} E_m = \frac{141}{1.41} = 100$$

図 10　交流の実効値 ❷

❷ この図では，横軸を t [s] として交流電圧 e を表している。このとき，周期 T [s] は，p. 128 図 2 の 2π rad に対応する。

交流起電力の実効値 E [V] と電流の実効値 I [A] は，最大値をそれぞれ E_m [V]，I_m [A] とすれば，理論的な計算の結果，式 (7) で表される。

実効値
$$\left.\begin{array}{l} E = \dfrac{1}{\sqrt{2}} E_m = 0.707 E_m \text{ [V]} \\[2mm] I = \dfrac{1}{\sqrt{2}} I_m = 0.707 I_m \text{ [A]} \end{array}\right\} \quad (7)$$

問8 次の式で示す起電力 e [V] および電流 i [A] を，実効値で表せ。
$$e = 170 \sin\omega t \text{ [V]} \qquad i = 7.07 \sin\omega t \text{ [A]}$$

2 │ 平均値

図 11 のように，交流の電圧や電流の波形について，半周期 $\left(0 \sim \dfrac{T}{2} \ [\text{s}]\right)$ の平均的な値を，**平均値**❶ という。

mean value

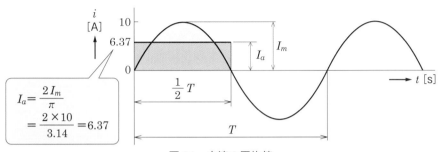

$$I_a = \frac{2I_m}{\pi} = \frac{2 \times 10}{3.14} = 6.37$$

図 11　交流の平均値

交流起電力の平均値 E_a [V] と正弦波交流の電流の平均値 I_a [A] は，最大値をそれぞれ E_m [V]，I_m [A] とすれば，式 (8) で表される。

<small>❶ 第 6 章で学ぶ整流形計器は，交流の平均値が指示されるので，平均値指示形といわれるが，目盛板には平均値を換算して実効値が目盛られている。</small>

平均値
$$E_a = \frac{2E_m}{\pi} = 0.637\,E_m \ [\text{V}]$$
$$I_a = \frac{2I_m}{\pi} = 0.637\,I_m \ [\text{A}]$$
$$\left.\vphantom{\begin{array}{c}a\\b\end{array}}\right\} \quad (8)$$

問9 次の式で示される電圧 v [V] および電流 i [A] を，平均値で表せ。
$$v = 170\sin\omega t \ [\text{V}] \qquad i = 7.07\sin\omega t \ [\text{A}]$$

<small>第 **5** 章 ● 交流回路</small>

Zoom up　変圧器

変圧器は電磁誘導を利用して，交流電圧を高くしたり，低くしたりする装置である。

図 12 のように，一次コイルと二次コイルの巻数をそれぞれ N_1，N_2 回巻きとして，一次コイルに電圧を加えると，鉄心中に磁束が生じ，二次コイルに相互誘導による起電力が生じる。

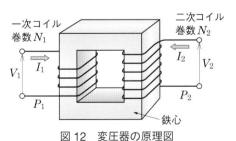

図 12　変圧器の原理図

ここで，一次コイルの電圧を V_1，二次コイルに生じた電圧を V_2 とすると，電圧とコイルの巻数の間に，次の関係がなりたつ。
$$V_1 : V_2 = N_1 : N_2$$
また，同様に電流を I_1，I_2，電力を P_1，P_2 とすると，次の関係がなりたつ。
$$I_1 : I_2 = N_2 : N_1$$
$$P_1 = P_2$$

このように，コイルの巻数によって，交流電圧などの大きさを変えることができる。変圧器は，家庭への電力供給のために電柱上に設置された柱上変圧器など，身のまわりの機器に広く使われている。

❶ 正弦波交流電圧の実効値は，次のうちどれで表されるか。

ア． $\dfrac{最大値}{\sqrt{3}}$　　イ． $\dfrac{最大値}{\sqrt{2}}$　　ウ． $\sqrt{3} \times$ 最大値　　エ． $\sqrt{2} \times$ 最大値

❷ 次の式の示す各量記号の名称を（ ）に，その単位を [　　] に記入せよ。

$$\underset{①}{e} = \underset{②}{E_m} \sin(\underset{③}{2\pi f} \underset{④}{t} + \underset{⑤}{\alpha})$$

(1) ①の e は（　　　　）[　]　　(2) ②の E_m は（　　　　）[　]

(3) ③の f は（　　　）[　]　　(4) ④の t は（　　　　）[　]

(5) ⑤の α は（　　　）[　]

❸ 次に示す周波数を持った波形の周期を求めよ。

(1) 200 Hz　　(2) 3 kHz　　(3) 400 kHz

❹ 次に示す周期を持った波形の周波数を求めよ。

(1) 2 s　　(2) 10 ms　　(3) 400 μs

❺ 次に示す起電力・電流の実効値・初位相を求めよ。

(1) $e_1 = 70.7 \sin \omega t$ [V]

(2) $e_2 = 400 \sin\left(\omega t - \dfrac{\pi}{6}\right)$ [V]

(3) $i_1 = 10 \sin\left(\omega t + \dfrac{\pi}{4}\right)$ [A]

(4) $i_2 = 42.4 \sin\left(\omega t - \dfrac{2}{3}\pi\right)$ [A]

❻ 図 13 に示す交流起電力 e_1，e_2 において，次の値を求めよ。

(1) e_1，e_2 の各最大値 E_{m1}，E_{m2} [V]

(2) e_1，e_2 の各周期 T_1，T_2 [ms]

(3) e_1，e_2 の各周波数 f_1，f_2 [Hz]

(4) e_1，e_2 の各初位相 α_1，α_2 [rad]

(5) e_1，e_2 の各瞬時値を表す式

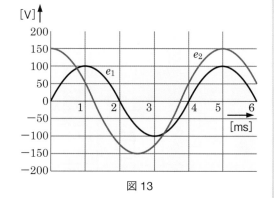

図 13

1 複素数とは

1 虚数単位

-1 の平方根の一つを $\sqrt{-1}$ と書き，これを**虚数単位**という。$\sqrt{-1}$ を記号 j で表すと，
imaginary unit
式 (1) がなりたつ。

$$j = \sqrt{-1} \qquad j^2 = (\sqrt{-1})^2 = -1 \qquad (1)$$

❶ 数学では i を用いるが，電気工学では，電流の記号に i を用いるため，j が用いられる。

2 複素数

実数 a, b と虚数単位 j で表される数 $a + jb$ を，**複素数**という。
complex number ❷

複素数を一つの文字で表すとき，$\dot{A} = a + jb$ のように，ドットをつけて表す。このときの a を $\dot{A}$ の**実部**，b を $\dot{A}$ の**虚部**という。

❷ ドットエーなどと読む。

複素数 $\dot{A} = a + jb$ は，$b = 0$ であるとき**実数**であり，$a = 0$, $b \neq 0$ であるとき**純虚数**である。

等しい複素数　二つの複素数 $a + jb$, $c + jd$ は，$a = c$, $b = d$ のときに限って等しく，$a + jb = c + jd$ と書き表す。

共役複素数　複素数 $\dot{A} = a + jb$ に対して，$a - jb$ は虚部の符号だけが異なり，$a - jb$ を $\dot{A}$ の**共役複素数**といい，$\overline{\dot{A}}$ で表す。
conjugate ❸

❸ ドットエーバーなどと読む。

問 1　次の複素数の共役複素数を求めよ。

(1) $4 + j3$　(2) $8 - j6$　(3) $j9$　(4) $-j2$

3 複素数の四則演算

複素数の四則演算は，実数の四則演算を適用し，計算の中で j^2 が生じたときは，-1 で置き換える。

$j^2 = -1$ がポイントだよ。

複素数の四則演算を，式 (2) のように定義する。

加算　$(a + jb) + (c + jd) = (a + c) + j(b + d)$
減算　$(a + jb) - (c + jd) = (a - c) + j(b - d)$
乗算　$(a + jb)(c + jd) = ac + jad + jbc + j^2bd = (ac - bd) + j(ad + bc)$
除算　$\dfrac{a + jb}{c + jd} = \dfrac{(a + jb)(c - jd)}{(c + jd)(c - jd)} = \dfrac{ac + bd}{c^2 + d^2} + j\dfrac{bc - ad}{c^2 + d^2} \quad (c^2 + d^2 \neq 0)$

$$(2)$$

問 2　次の計算をせよ。

(1) $(9 + j8) + (4 - j4)$　(2) $(9 - j8) - (3 + j2)$　(3) $-j(3 - j5)$

(4) $(4 - j6)(6 + j8)$　(5) $\dfrac{2 + j3}{j}$　(6) $\dfrac{4 - j3}{3 + j4}$

2 複素数とベクトル

目標 複素数をベクトル図で表すことができるようになろう。

複素数 $\dot{A} = a + jb$ が与えられたとき，図1のように，座標 $\mathrm{P}(a,\ b)$ を定めることができる。このように，複素数に対応させて表す平面を**複素平面**という。複素平面の横軸を**実軸**，縦軸を**虚軸**という。

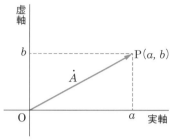

図1 複素平面とベクトル

❶ ベクトルは，大きさと向きを持ち，矢印をつけて表す。

図1の原点 O から複素数 $\dot{A}$ を表す点 P に向かう線分 $\overline{\mathrm{OP}}$ を，**ベクトル**❶ vector という。複素数に対応するベクトルの記号は，複素数と同じ記号 $\dot{A}$ を用いて表すことにする。

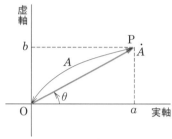

図2 ベクトル $\dot{A}$ の大きさと偏角 θ

図2のように，複素数 $\dot{A} = a + jb$ のベクトルが与えられたとき，原点 O から点 P までの距離をベクトル $\dot{A}$ の**大きさ**といい，A で表す。また，実軸とベクトル $\dot{A}$ とのなす角度を**偏角**という。偏角 θ は，実軸から逆時計回りを正の向きとする。

ベクトル $\dot{A}$ の大きさ A および偏角 θ は，式 (3)，(4) で表される。

$$A = \sqrt{a^2 + b^2} \tag{3}$$

❷ $\tan\theta = \dfrac{b}{a}$ のとき，$\theta = \tan^{-1}\dfrac{b}{a}$ のように表す。$\tan^{-1}$ は，アークタンジェントなどと読む。

$a = 0$ のときは，この式を使わずに虚軸のみを考える。

$$\theta = \tan^{-1}\frac{b}{a} \;❷ \tag{4}$$

偏角 θ は，度またはラジアンで表す。

図3に示すように，ベクトル $\dot{A}$ の大きさ A と偏角 θ が与えられると，$a = A\cos\theta$ および $b = A\sin\theta$ であることから，複素数 $\dot{A}$ は式 (5) のように表すことができる。

$$\dot{A} = a + jb = A\cos\theta + jA\sin\theta$$
$$= A(\cos\theta + j\sin\theta) \tag{5}$$

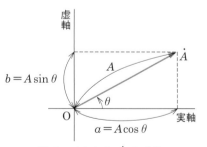

図3 ベクトル $\dot{A}$ の成分

式 (5) に公式 $\cos\theta + j\sin\theta = \varepsilon^{j\theta}$ ❶ を適用すると，式 (6) のように簡単に表すことができる。

$$\dot{A} = A\varepsilon^{j\theta} \tag{6}$$

複素数 $\dot{A}$ は式 (7) のように表すこともでき，これを**極座標表示**という。

極座標表示	$\dot{A} = A\angle\theta$ ❷	(7)

また，式 (8) のように表示する方法を，**直交座標表示**という。

直交座標表示	$\dot{A} = a + jb$	(8)

問 3 次の複素数を，図 4 にベクトルで図示せよ。

(1) $40 + j30$　　(2) $50 - j50$　　(3) $-30 + j20\sqrt{3}$

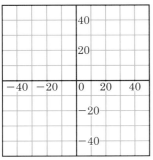
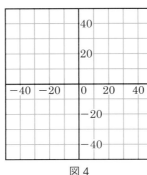
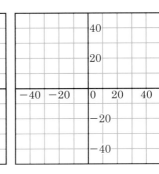

図 4

例題 ❶ 次の複素数のうち，(1) を極座標表示で，(2) を直交座標表示で表せ。

(1) $\dot{A} = 3 + j4$　　(2) $\dot{B} = 50\angle60°$

解|答 (1) 式 (3) より，$A = \sqrt{3^2 + 4^2} = 5$

式 (4) より，$\theta = \tan^{-1}\dfrac{4}{3} = 53.1°$

したがって，式 (7) より，$\dot{A} = A\angle\theta = \mathbf{5\angle53.1°}$

(2) 式 (5) より，$\dot{B} = 50(\cos60° + j\sin60°)$

$= 50(0.5 + j0.866) = \mathbf{25 + j43.3}$

問 4 次の複素数のうち，(1), (2), (3)を極座標表示で，(4), (5)を直交座標表示で表せ。

(1) $80 + j60$　　(2) $50 - j50$　　(3) j　　(4) $20\angle30°$　　(5) $100\angle-45°$

❶ この式を，オイラー (Euler) の公式という。ε は自然対数の底で，$\varepsilon = 2.718\,28\cdots$である。

本書では，式 (7) と式 (8) の表し方をおもに使うよ。

❷ $\angle$ は，角などと読む。

3 複素数の四則演算とベクトル

目標 複素数の四則演算を，ベクトル図を用いて視覚的に理解できるようになろう。

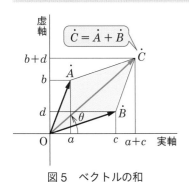

図5　ベクトルの和

1 和

複素数 $\dot{A} = a + jb$ と $\dot{B} = c + jd$ が与えられたとき，$\dot{A}$ と $\dot{B}$ の和を $\dot{C}$ で表すと，$\dot{C}$ は式 (9) のようになる。

$$
\begin{aligned}
\dot{C} &= \dot{A} + \dot{B} \\
&= (a + jb) + (c + jd) \\
&= (a + c) + j(b + d) \tag{9}
\end{aligned}
$$

したがって，ベクトル $\dot{C}$ の大きさ C と偏角 θ は，式 (10)，(11) となる。

$$C = \sqrt{(a + c)^2 + (b + d)^2} \tag{10}$$

$$\theta = \tan^{-1} \frac{b + d}{a + c} \tag{11}$$

図5に，ベクトル $\dot{A}$，$\dot{B}$，$\dot{C}$ を示す。

ベクトル $\dot{C}$ は，ベクトル $\dot{A}$ と $\dot{B}$ を2辺とする平行四辺形を描いたときの対角線に対応している。すなわち，二つのベクトルを2辺とする平行四辺形を描くことによって，ベクトルの和を求めることができる。

2 差

複素数 $\dot{A}$ と $\dot{B}$ が与えられたとき，その差を $\dot{D}$ で表すと，$\dot{D}$ は式 (12) のようになる。

$$
\begin{aligned}
\dot{D} &= \dot{A} - \dot{B} \\
&= (a + jb) - (c + jd) \\
&= (a - c) + j(b - d) \tag{12}
\end{aligned}
$$

したがって，ベクトル $\dot{D}$ の大きさ D と偏角 θ は，式 (13)，(14) となる。

$$D = \sqrt{(a - c)^2 + (b - d)^2} \tag{13}$$

$$\theta = \tan^{-1} \frac{b - d}{a - c} \tag{14}$$

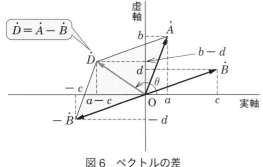

図6　ベクトルの差

図6に，ベクトル $\dot{A}$，$\dot{B}$ および $\dot{D}$ の関係を示す。

問5 $\dot{A} = 2 - j$ と $\dot{B} = -3 + j4$ が与えられたとき，$\dot{A}$ と $\dot{B}$ の和および差を求め，それぞれの大きさと偏角も示せ。

3 積

複素数 $\dot{A} = A\angle\alpha$ と $\dot{B} = B\angle\beta$ が与えられたとき，$\dot{A}$ と $\dot{B}$ の積を $\dot{E} = E\angle\theta$ で表すと，$\dot{E}$ は式 (15) のようになる。

$$\dot{E} = E\angle\theta = A\cdot B\angle(\alpha + \beta) \tag{15}$$

すなわち，**積のベクトル $\dot{E}$ の大きさは，各ベクトルの大きさの積 $A\cdot B$ に等しく，偏角 θ は，各ベクトルの偏角の和 $\alpha + \beta$ に等しい。**

図 7 に，ベクトル $\dot{A}$，$\dot{B}$，$\dot{E}$ の関係を示す。

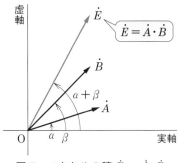

図 7　ベクトルの積 $\dot{E} = \dot{A}\cdot\dot{B}$

4 商

複素数 $\dot{A} = A\angle\alpha$，$\dot{B} = B\angle\beta$ が与えられたとき，$\dot{A}$ と $\dot{B}$ の商を $\dot{F} = F\angle\theta$ で表すと，$\dot{F}$ は式 (16) のようになる。

$$\dot{F} = F\angle\theta = \frac{A}{B}\angle(\alpha - \beta) \tag{16}$$

すなわち，**商のベクトル $\dot{F}$ の大きさは，各ベクトルの大きさの商 $\dfrac{A}{B}$ に等しく，偏角 θ は，各ベクトルの偏角の差 $\alpha - \beta$ に等しい。**

図 8 に，ベクトル $\dot{A}$，$\dot{B}$，$\dot{F}$ の関係を示す。

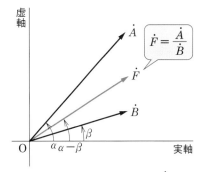

図 8　ベクトルの商 $\dot{F} = \dfrac{\dot{A}}{\dot{B}}$

5 ベクトルの回転

図 9 のように，a に j をかけた ja を考える。すると ja は，大きさ a の x 軸上のベクトルを，$\dfrac{\pi}{2}$ rad だけ正の向きに回転して，y 軸上に移したと考えることができる。

また，a を j で割った $\dfrac{a}{j} = -ja$ は，x 軸上のベクトルを，$\dfrac{\pi}{2}$ rad だけ負の向きに回転したものであると考えることができる。

いい換えれば，$a\angle\dfrac{\pi}{2} = ja$，$a\angle-\dfrac{\pi}{2} = -ja$ となる。

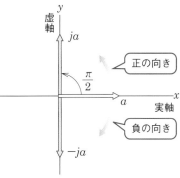

図 9　ベクトルの回転

問 6 次の計算をし，極座標表示のベクトルで表せ。

(1) $(100\angle 30°)(2\angle -60°)$　　(2) $(67 + j37)(40 + j30)$

(3) $\dfrac{100\angle 70°}{20\angle -30°}$　　　　(4) $\dfrac{80 - j50}{30 - j30}$

1 記号法による正弦波交流の表し方

目標 🍀正弦波交流をベクトルや複素数で表すことができるようになろう。

　図1のように，大きさ V_m [V]，偏角 α [rad] のベクトル $\dot{V}$，および大きさ I_m [A]，偏角 $-\beta$ [rad] のベクトル $\dot{I}$ が，点Oを中心として，逆時計回りに角周波数 ω [rad/s] で回転しているとする。

　この回転しているベクトル $\dot{V}$ および $\dot{I}$ は，式 (1) で表すことができる。ただし，t は時間である。

$$\left. \begin{array}{l} \dot{V} = V_m \angle (\omega t + \alpha) \\ \dot{I} = I_m \angle (\omega t - \beta) \end{array} \right\} \tag{1}$$

　式 (1) で表されるベクトルの y 軸成分の変化を求めると，図2のような正弦波になる。それぞれの正弦波 v [V]，i [A] は，最大値 V_m，初位相 α および最大値 I_m，初位相 $-\beta$ から，式 (2) で表すことができる。

$$\left. \begin{array}{l} v = V_m \sin (\omega t + \alpha) \\ i = I_m \sin (\omega t - \beta) \end{array} \right\} \tag{2}$$

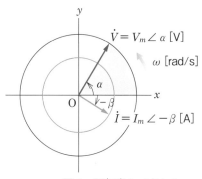

図1　回転するベクトル

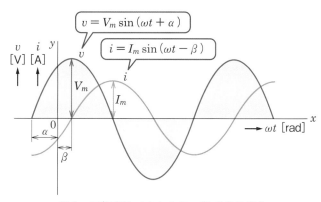

図2　回転するベクトルの y 軸成分の変化

　このように，回転するベクトルは，正弦波交流に対応させることができ，式 (3)，(4) のように表すことができる。

$$v = V_m \sin (\omega t + \alpha) \longleftrightarrow \dot{V} = V_m \angle (\omega t + \alpha) \ [\text{V}] \tag{3}$$

$$i = I_m \sin (\omega t - \beta) \longleftrightarrow \dot{I} = I_m \angle (\omega t - \beta) \ [\text{A}] \tag{4}$$

交流回路では，電圧や電流を実効値で表すことが多い。たとえば，家庭で使用している交流電圧 100 V は実効値である。また，一般の交流電圧計・交流電流計は，実効値で表示される。このように，実効値が広く用いられているので，電圧や電流のベクトル表示 $\dot{V}$ [V] や $\dot{I}$
5 [A] も，その大きさとして実効値 V [V] や I [A] を用いたほうが便利である。^❶

❶ $V = \dfrac{V_m}{\sqrt{2}}, \ I = \dfrac{I_m}{\sqrt{2}}$

また，$t = 0$ の状態で示すことにすると，式 (3)，(4) は，式 (5)，(6) のように，簡単に表すことができる。

$$\dot{V} = V\angle\alpha \ [\text{V}] \tag{5}$$

10
$$\dot{I} = I\angle - \beta \ [\text{A}] \tag{6}$$

さらに，ベクトル表示された電圧や電流は，式 (7)，(8) のように表される。

$$\dot{V} = V\angle\alpha = V\cos\alpha + jV\sin\alpha \ [\text{V}] \tag{7}$$

$$\dot{I} = I\angle - \beta = I\cos\beta - jI\sin\beta \ [\text{A}] \tag{8}$$

15 このように，交流の電圧や電流を複素数やベクトルで表し，回路の計算を行う方法を，**記号法**という。

例題❶　図 3 のベクトル表示された電流および電圧を複素数で表せ。

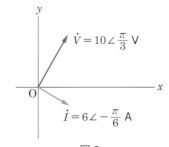

$\dot{V} = 10\angle\dfrac{\pi}{3}$ V

$\dot{I} = 6\angle - \dfrac{\pi}{6}$ A

図 3

解答　$\dot{V} = V\cos\dfrac{\pi}{3} + jV\sin\dfrac{\pi}{3} = \mathbf{5 + j5\sqrt{3}}$ V

20
$\dot{I} = I\cos\left(-\dfrac{\pi}{6}\right) + jI\sin\left(-\dfrac{\pi}{6}\right) = \mathbf{3\sqrt{3} - j3}$ A

問1　次の電圧および電流を，極座標表示のベクトルで表示せよ。

$$v = 100\sqrt{2}\sin\omega t \ [\text{V}]$$

$$i = 25\sqrt{2}\sin\left(\omega t - \dfrac{\pi}{2}\right) \ [\text{A}]$$

第5章●交流回路

3節　記号法による交流回路の計算　**143**

2 抵抗 R だけの回路の計算

目標　　⚙抵抗だけの交流回路は，直流回路と同じように計算できることを理解しよう。

図4のように，抵抗 R [Ω] に，

$$v = \sqrt{2}\,V\sin\omega t \ \text{[V]} \tag{9}$$

の電圧を加えると，抵抗に流れる電流 i [A] は，式 (10) で表すことができる。

$$i = \frac{v}{R} = \sqrt{2}\,\frac{V}{R}\sin\omega t \ \text{[A]} \tag{10}$$

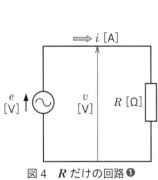

図4　R だけの回路❶

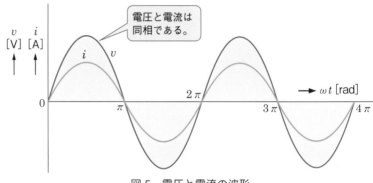

電圧と電流は
同相である。

図5　電圧と電流の波形

❶ 交流の電圧 v や電流 i の向きは，時間とともに変化する。図の矢印は，ある瞬時における向きを示している。

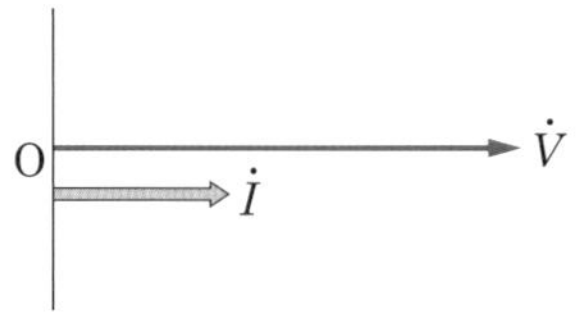

図6　電圧と電流のベクトル図

電圧 v [V] と電流 i [A] は，図5のように，同相である。式 (9)，(10) で示される電圧と電流のベクトル表示は，式 (11)，(12) となる。

$$\dot{V} = V\angle 0 = V \ \text{[V]} \tag{11}$$

$$\dot{I} = \frac{V}{R}\angle 0 = \frac{V}{R} \ \text{[A]} \tag{12}$$

図6に，電圧と電流のベクトル図を示す。電圧 $\dot{V}$ [V]，電流 $\dot{I}$ [A]，抵抗 R [Ω] の間には，式 (13) がなりたつ。

電圧・電流・抵抗の関係

$$\left.\begin{array}{l} \dot{V} = R\dot{I} \ \text{[V]} \\[2mm] \dot{I} = \dfrac{\dot{V}}{R} \ \text{[A]} \\[2mm] R = \dfrac{\dot{V}}{\dot{I}} \ \text{[Ω]} \end{array}\right\} \tag{13}$$

式 (13) は，ベクトル表示された電圧と電流についてオームの法則がなりたつことを示しており，交流回路においても直流回路と同じように計算することができる。

例題② 図7のように，抵抗 40 Ω に 50 Hz，100 V の電圧を加えたとき，回路に流れる電流 I [A] を求めよ。

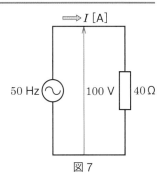

図7

解答 $I = \dfrac{V}{R} = \dfrac{100}{40} = 2.5\,\text{A}$

問2 1 kΩ の抵抗に 60 Hz，100 V の電圧を加えたとき，流れる電流を求めよ。

例題③ $R = 2\,\Omega$ の抵抗に，$\dot{I} = 15\angle\dfrac{\pi}{2}$ A の電流が流れているとき，抵抗に加わる電圧 $\dot{V}$ を求めよ。また，$\dot{V}$ と $\dot{I}$ の関係をベクトル図で示せ。

解答 式 (13) の $\dot{V} = R\dot{I}$ より，

$$\dot{V} = 2 \times 15\angle\frac{\pi}{2}$$

$$= 30\angle\frac{\pi}{2}\,\text{V}$$

図8に，ベクトル図を示す。

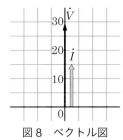

図8 ベクトル図

問3 200 Ω の抵抗に 60 Hz，$100\angle\dfrac{\pi}{4}$ V の電圧を加えたとき，流れる電流を求めよ。また，電圧と電流の関係をベクトル図で示せ。

③ インダクタンス L だけの回路の計算

目標　✒️インダクタンスにより電流の位相が電圧より遅れることを理解し，回路の計算ができるようになろう。

図 9 のように，インダクタンス L [H] のコイルに，式 (14) で表される電圧 v [V] を加えたとき，コイルに流れる電流 i [A] を求めてみる。

$$v = \sqrt{2}\,V\sin\omega t \text{ [V]} \tag{14}$$

図 10 に，コイルに加えた電圧 v [V] と電流 i [A] の波形を示す。

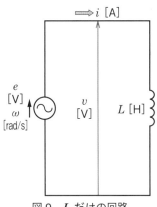

図 9　L だけの回路

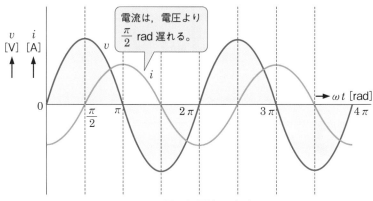

電流は，電圧より $\dfrac{\pi}{2}$ rad 遅れる。

図 10　電圧と電流の波形

❶ $v = L\dfrac{\varDelta i}{\varDelta t}$，
$\varDelta i = \dfrac{v}{L}\varDelta t$ であるから，積分の定義により，
$i = \dfrac{1}{L}\displaystyle\int \sqrt{2}\,V\sin\omega t\,dt$
$= \sqrt{2}\dfrac{V}{\omega L}\sin\left(\omega t - \dfrac{\pi}{2}\right)$
[A] となる。

インダクタンス L [H] のコイルに，角周波数 ω [rad/s] の電圧 v [V] が加えられると，インダクタンスは ωL [Ω] の働きをして，電流の流れをさまたげる。同時に，電流の位相を電圧より $\dfrac{\pi}{2}$ rad 遅らせる。

したがって，その電流は，式 (15) で表される。

$$i = \sqrt{2}\dfrac{V}{\omega L}\sin\left(\omega t - \dfrac{\pi}{2}\right) \text{ [A]} ❶ \tag{15}$$

電圧と電流のベクトルを $\dot{V}$ [V] および $\dot{I}$ [A] とすれば，式 (16)，(17) で表される。

$$\dot{V} = V\angle 0 \text{ [V]} \tag{16}$$

$$\dot{I} = \dfrac{V}{\omega L}\angle -\dfrac{\pi}{2} = \dfrac{V}{\omega L\angle\dfrac{\pi}{2}} = \dfrac{V}{j\omega L} \text{ [A]} ❷ \tag{17}$$

❷ p.141「5　ベクトルの回転」参照。

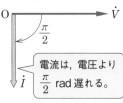

電流は，電圧より $\dfrac{\pi}{2}$ rad 遅れる。

図 11　電圧と電流のベクトル図

図 11 に，電圧と電流のベクトル $\dot{V}$ と $\dot{I}$ の関係を示す。

式 (17) の $j\omega L$ [Ω] は，電流の流れをさまたげる大きさと，電圧と電流の位相差を表している。

電流をさまたげる大きさ ωL を**誘導性リアクタンス**といい，量記号 X_L で表す。X_L は，式 (18) で表される。

誘導性リアクタンス	$X_L = \omega L = 2\pi f L$ [Ω]	(18)

　誘導性リアクタンスは，周波数によって変化する。図 12 に，その変化のようすを示す。誘導性リアクタンス X_L [Ω] は，周波数 f [Hz] に比例する。

5　電圧 $\dot{V}$ [V]，電流 $\dot{I}$ [A]，誘導性リアクタンス X_L [Ω] の間には，式 (19) の関係がなりたつ。

電圧・電流・誘導性リアクタンスの関係	$\dot{V} = jX_L \cdot \dot{I}$ [V] $\dot{I} = \dfrac{\dot{V}}{jX_L}$ [A] $jX_L = \dfrac{\dot{V}}{\dot{I}}$ [Ω]	(19)

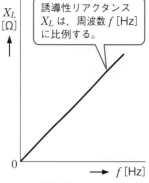

図 12　誘導性リアクタンス $X_L = 2\pi f L$ [Ω] の周波数による変化

誘導性リアクタンス X_L は，周波数 f [Hz] に比例する。

10　**例題 4**　図 13 のように，50 Hz，90 V の電圧が，インダクタンス 95.5 mH のコイルに加えられたとき，電流 $\dot{I}$ とその大きさ I を求めよ✿。また，電流

15　の位相はどのようになるか。

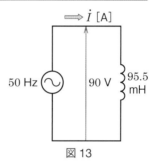

図 13

インダクタンスは，周波数の低い交流を通しやすく，高い交流を通しにくいよ。

解|答　インダクタンスの誘導性リアクタンス X_L を求める。

$$X_L = \omega L = 2\pi f L = 2 \times 3.14 \times 50 \times 95.5 \times 10^{-3}$$
$$= 30\ \Omega$$

したがって，電流 $\dot{I}$ は次のように求めることができる。

20　$$\dot{I} = \frac{\dot{V}}{jX_L}\ ❶ = \frac{90}{j30} = -j3\ \text{A}$$

電流の位相は，電圧より $\dfrac{\pi}{2}$ rad **遅れる**。$\dot{I}$ の大きさは，

$$I = \sqrt{a^2 + b^2} = \sqrt{0^2 + 3^2} = 3\ \text{A}$$

または，$I = \dfrac{V}{X_L} = \dfrac{90}{30} = 3\ \text{A}$

✿本書では，$\dot{I}$ や $\dot{V}$ をベクトル，I や V を大きさとして考えます。

❶　$\dot{V} = 90\angle 0 = 90 + j0$ V と考える。

問4　インダクタンス 0.04 H のコイルに，周波数が 100 Hz の電圧を加えたと

25　きの誘導性リアクタンス X_L [Ω] を求めよ。

第5章 ● 交流回路

4 静電容量 C だけの回路の計算

| 目標 | 🔩 静電容量により電流の位相が電圧より進むことを理解し，回路の計算ができるようになろう。 |

図14のように，静電容量 C [F] のコンデンサに

$$v = \sqrt{2}\,V\sin\omega t \ \text{[V]} \tag{20}$$

で示される電圧を加えたとき，コンデンサに流れる電流を求めてみる。 5

図15に，コンデンサに加えた電圧 v [V] と電流 i [A] の波形を示す。

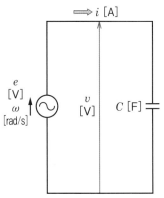

図14 静電容量 C だけの回路

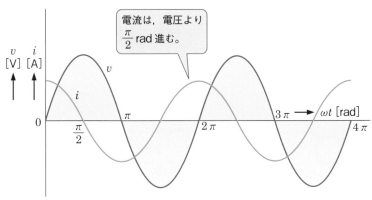

図15 電圧と電流の波形

静電容量 C [F] のコンデンサに角周波数 ω [rad/s] の電圧が加えられると，静電容量は $\dfrac{1}{\omega C}$ [Ω] の働きをして，電流の流れをさまたげる。同時に，電流の位相を電圧より $\dfrac{\pi}{2}$ rad 進ませる。

したがって，その電流は，式 (21) となる。 10

$$i = \sqrt{2}\,\omega CV\sin\left(\omega t + \frac{\pi}{2}\right) \ \text{[A]} \tag{21}$$

❶ $i = \dfrac{\varDelta q}{\varDelta t} = C\dfrac{\varDelta v}{\varDelta t}$ であるから，微分の定義により，

$i = C\dfrac{d}{dt}(\sqrt{2}\,V\sin\omega t)$

$= \sqrt{2}\,\omega CV\sin\left(\omega t + \dfrac{\pi}{2}\right)$

[A] となる。

電圧と電流のベクトル $\dot{V}$ と $\dot{I}$ は，式 (22)，(23) で表される。

$$\dot{V} = V\angle 0 \ \text{[V]} \tag{22}$$

$$\dot{I} = \omega CV\angle\frac{\pi}{2} = j\omega CV$$

$$= \frac{V}{-j\dfrac{1}{\omega C}} \ \text{[A]} \tag{23}$$ 15

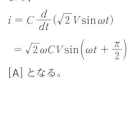

図16 電圧と電流のベクトル図

図16に，電圧と電流のベクトル $\dot{V}$ と $\dot{I}$ の関係を示す。

電圧 $\dot{V}$ と電流 $\dot{I}$ の比である $-j\dfrac{1}{\omega C}$ [Ω] は，電流の流れをさまたげる大きさと，電圧と電流の位相差を表している。

電流の流れをさまたげる大きさ $\dfrac{1}{\omega C}$ を容量性リアクタンス（capacitive reactance）といい，量記号 X_C で表す。X_C は，式 (24) で表される。 20

容量性リアクタンス $X_C = \dfrac{1}{\omega C} = \dfrac{1}{2\pi f C}$ [Ω]   (24)

容量性リアクタンスは，周波数によってその値が変化する。
図 17 に，その変化のようすを示す✿。容量性リアクタンス X_C
は，周波数 f [Hz] に反比例する。電圧 $\dot{V}$ [V]，電流 $\dot{I}$ [A]，容量
5 性リアクタンス X_C [Ω] の間には，式 (25) の関係がなりたつ。

電圧・電流・容量性
リアクタンスの関係
$$\left.\begin{array}{l} \dot{V} = -jX_C \cdot \dot{I} \text{ [V]} \\[2mm] \dot{I} = \dfrac{\dot{V}}{-jX_C} \text{ [A]} \\[2mm] -jX_C = \dfrac{\dot{V}}{\dot{I}} \text{ [Ω]} \end{array}\right\}$$ (25)

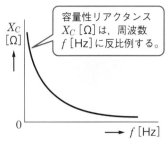

容量性リアクタンス
X_C [Ω] は，周波数
f [Hz] に反比例する。

図 17 容量性リアクタンス X_C
の周波数による変化

✿ 静電容量は，周波数
の低い交流を通しにくく，
高い交流を通しやすいで
す。

例題 5   図 18 のように，60 Hz，60 V の電圧が，静電容量 88.4
10   μF のコンデンサに加えられたとき，電流 $\dot{I}$ とその大きさ
I を求めよ。また，電流の位相はどうなるか。

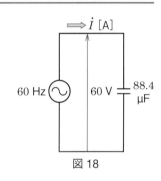

図 18

⋯⋯⋯⋯⋯⋯⋯⋯⋯⋯⋯⋯⋯⋯⋯⋯⋯⋯⋯⋯⋯⋯⋯⋯⋯⋯⋯⋯⋯⋯⋯⋯

解 答   容量性リアクタンス X_C [Ω] は，

$$X_C = \frac{1}{2\pi f C} = \frac{1}{2 \times 3.14 \times 60 \times 88.4 \times 10^{-6}}$$
$$= 30 \ \Omega$$

15   したがって，電流 $\dot{I}$ は，次のように求めることができる。

$$\dot{I} = \frac{\dot{V}}{-jX_C} = \frac{60}{-j30} = j2 \text{ A}$$

電流の位相は，電圧より $\dfrac{\pi}{2}$ rad **進む**。

$\dot{I}$ の大きさは，$I = \sqrt{a^2 + b^2} = \sqrt{0^2 + 2^2} = 2$ A

または，$I = \dfrac{V}{X_C} = \dfrac{60}{30} = 2$ A

⋯⋯⋯⋯⋯⋯⋯⋯⋯⋯⋯⋯⋯⋯⋯⋯⋯⋯⋯⋯⋯⋯⋯⋯⋯⋯⋯⋯⋯⋯⋯⋯

20   **問 5** 静電容量 100 μF のコンデンサに，周波数 60 Hz の電圧を加えたときの
容量性リアクタンス X_C [Ω] を求めよ。

問 6 5 μF の静電容量に 10 V の交流電圧を加えたところ，10 mA の電流が流
れた。このときの容量性リアクタンス X_C [Ω] と電源の周波数 f [Hz] を求めよ。

第 5 章 ● 交流回路

5 インピーダンス

目標　●交流回路におけるオームの法則を理解し，インピーダンスの実部が抵抗分，虚部がリアクタンス分であることをインピーダンス三角形として理解しよう。

交流回路の電圧と電流の関係は，回路を構成する抵抗 R [Ω]，インダクタンス L [H]，静電容量 C [F] の組み合わせによって決まる。

図 19 の交流回路で，電圧 $\dot{V}$ [V] と電流 $\dot{I}$ [A] の比を回路の**インピーダンス**といい，$\dot{Z}$ で表す。インピーダンス $\dot{Z}$ [Ω] は，一般に，式 (26) のように複素数で表される。

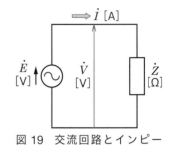

図 19　交流回路とインピーダンス

❶

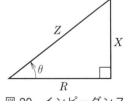

(a)　　**(b)**

図 (a) は $R + jX_L$ であり，図 (b) は $R - jX_C$ である。

| インピーダンス | $\dot{Z} = \dfrac{\dot{V}}{\dot{I}} = R \pm jX$ [Ω] ❶ | (26) |

インピーダンス $\dot{Z}$ [Ω] の実部 R [Ω] を抵抗分，虚部 X [Ω] をリアクタンス分という。さらに，インピーダンス $\dot{Z}$ [Ω] は，虚部が正であるとき**誘導性**であるといい，負であるとき**容量性**であるという。インピーダンス $\dot{Z}$ [Ω] は，式 (27) のように極座標表示で表される。

$$\dot{Z} = Z\angle\theta \ [\Omega] \tag{27}$$

ただし，$Z = \sqrt{R^2 + X^2}$ [Ω]，　　$\theta = \tan^{-1}\left(\pm\dfrac{X}{R}\right)$

Z [Ω] を**インピーダンスの大きさ**，θ を**インピーダンス角**という。

インピーダンス $\dot{Z}$ [Ω] は，電流の流れをさまたげる大きさと，電圧と電流の間の位相差を表している。

インピーダンスの大きさ Z [Ω]，抵抗分 R [Ω]，リアクタンス分 X [Ω] は，図 20 のように，直角三角形を形づくる。これを**インピーダンス三角形**という。電圧 $\dot{V}$ [V]，電流 $\dot{I}$ [A]，インピーダンス $\dot{Z}$ [Ω] の間には，式 (28) の関係がなりたつ。

図 20　インピーダンス三角形

$$\left.\begin{array}{l} \dot{V} = \dot{Z}\dot{I} \ [\text{V}] \\[2mm] \dot{I} = \dfrac{\dot{V}}{\dot{Z}} \ [\text{A}] \\[2mm] \dot{Z} = \dfrac{\dot{V}}{\dot{I}} \ [\Omega] \end{array}\right\} \tag{28}$$

交流回路における
オームの法則

式 (28) は，交流回路に
おけるオームの法則とい
うよ。

インピーダンスには，抵抗と同じように，電流の流れをさまたげる
働きがある。

例題 6 図 20 において，$R = 8\,\Omega$，$X = j6\,\Omega$ であるとき，このとき
のインピーダンスの大きさ Z と偏角 θ を求めよ。また，イン
ピーダンスを極座標表示で示せ。

....

解|答 インピーダンスの大きさ $Z\,[\Omega]$ および偏角 $\theta\,[\text{rad}]$ を式 (27)
よりそれぞれ求めると，

$$Z = \sqrt{8^2 + 6^2} = 10\,\Omega$$

$$\theta = \tan^{-1}\frac{6}{8} = 0.644\,\text{rad}$$

問7 図 21 のインピーダンス三角形において，イ
ンピーダンスを複素数および極座標表示で示せ。また，
インピーダンスが誘導性か容量性のどちらであるかを
答えよ。

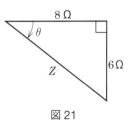

図 21

Let's Try 図 19 の回路において，負荷のインピーダンスの大きさを測
定するにはどうすればよいか考えてみよう。また，インピーダンスが誘
導性か容量性かを判別するには，どのようにすればよいか調べて発表し
てみよう。

6 RL 直列回路の計算

目標
- インピーダンスからインピーダンス三角形を描けるようになろう。
- 誘導性リアクタンスを含む直列回路の計算ができるようになろう。

図 22 のように，抵抗 R [Ω] と誘導性リアクタンス X_L [Ω] の直列

回路に，電流 $\dot{I} = I\angle 0 = I$ [A] が流れている。このとき，抵抗とコイ

ルの両端の電圧 $\dot{V}_R$，$\dot{V}_L$，全電圧 $\dot{V}$ [V] は，式 (29)，(30) で表される。

$$
\left.
\begin{aligned}
\dot{V}_R &= R\dot{I} \ [\text{V}] \\
\dot{V}_L &= jX_L\dot{I} \ [\text{V}] \\
\dot{V} &= \dot{V}_R + \dot{V}_L \\
&= R\dot{I} + jX_L\dot{I} \\
&= (R + jX_L)\dot{I} \\
&= \dot{Z}\dot{I} = (Z\angle\theta)I = ZI\angle\theta \ [\text{V}]
\end{aligned}
\right\} \quad (29)
$$

ただし，$Z = \sqrt{R^2 + X_L{}^2}$ [Ω]，$\qquad \theta = \tan^{-1}\dfrac{X_L}{R}$ (30)

図 23 に，電流と電圧のベクトルの関係を示す。

交流回路では，$V = V_R + V_L$ は成立しません。ベクトルの和 $\dot{V} = \dot{V}_R + \dot{V}_L$ となることに注意！

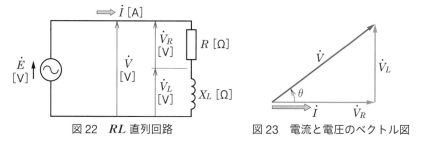

図 22 RL 直列回路　　　図 23 電流と電圧のベクトル図

例題 7 　図 24 は，$R = 40\ \Omega$，$L = 95.5\ \text{mH}$ の直列回路に，周波数 50 Hz の電流 $I = 2$ A が流れているとき，各端子間の電圧 V_R，V_L [V] および全電圧 V [V] を測定している回路である。各電圧計の指示が正しいことを確かめよ。❶

❶ 電圧計や電流計は，それぞれ電圧や電流の大きさを指示する。

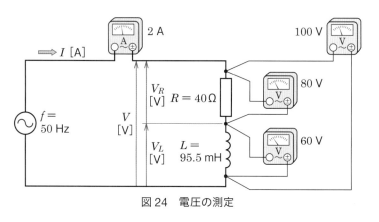

図 24 電圧の測定

解答 誘導性リアクタンス X_L [Ω]，およびインピーダンス Z [Ω] を求める。

$$X_L = 2\pi f L = 2 \times 3.14 \times 50 \times 95.5 \times 10^{-3} = 30 \ \Omega$$

$$Z = \sqrt{R^2 + X_L{}^2} = \sqrt{40^2 + 30^2} = 50 \ \Omega$$

抵抗の両端の電圧 V_R [V]，コイルの両端の電圧 V_L [V] および全電圧 V [V] は，次のように求めることができる。

$$V_R = RI = 40 \times 2 = \mathbf{80} \ \text{V}$$

$$V_L = X_L I = 30 \times 2 = \mathbf{60} \ \text{V}$$

$$V = ZI = 50 \times 2 = \mathbf{100} \ \text{V}$$

したがって，各電圧計の指示は正しい。

図 25 に，ベクトル図を示す。

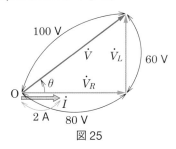

図 25

$V \neq V_R + V_L$
$V = \sqrt{V_R{}^2 + V_L{}^2}$
となっているよ。

....

問8　RL 直列回路のインピーダンスが次の式で表されるとき，それぞれの式を極座標表示で示し，インピーダンス三角形を描け。

(1) $\dot{Z} = 80 + j45 \ \Omega$　　(2) $\dot{Z} = 40 + j40 \ \Omega$

問9　$R = 30 \ \Omega$，$X_L = 40 \ \Omega$ の RL 直列回路に電圧 $V = 100 \ \text{V}$ を加えたとき，回路に流れる電流 I および R と X_L の端子電圧 V_R，V_L を求めよ。また，$\dot{I}$，$\dot{V}_R$，$\dot{V}_L$，$\dot{V}$ のベクトル図を描け。

問10　$R = 4 \ \Omega$，$L = 9.6 \ \text{mH}$ の RL 直列回路に，周波数 $f = 50 \ \text{Hz}$，電圧 $V = 50 \ \text{V}$ の交流電圧を加えたとき，回路のインピーダンス Z および回路に流れる電流 I の大きさを求めよ。

問11　図 26 のような交流回路において，抵抗 $4 \ \Omega$ に加わる電圧 V_R とリアクタンス $3 \ \Omega$ に加わる電圧 V_L をそれぞれ求めよ。

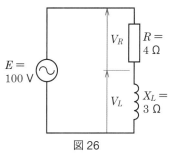

図 26

第 **5** 章 ● 交流回路

Zoom up　リアクタンスの特性を利用した例

図 27 のように，オーディオ用アンプの出力に 10 mH 程度のインダクタンスを通してスピーカに接続したものと，10 μF 程度の静電容量を通してスピーカに接続したものを比較すると，それぞれのスピーカから出力される音の高低に違いがあることがわかる。

この節で学んだように，リアクタンスは周波数によって大きさが異なる。それは，誘導性リアクタンスと容量性リアクタンスとでは，異なる周波数特性を持っているためである。

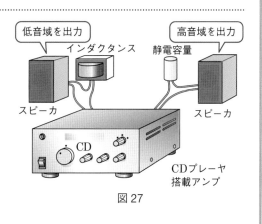

図 27

7 RC 直列回路の計算

目標 　◆容量性リアクタンスを含む直列回路の計算ができるようになろう。

図 28 のように，抵抗 R [Ω] および容量性リアクタンス X_C [Ω] の
直列回路に，電流 $\dot{I} = I \angle 0 = I$ [A] が流れているとき，各端子間の
$\dot{V}_R$ [V]，$\dot{V}_C$ [V] および全電圧 $\dot{V}$ [V] は，式 (31)，(32) で表される。　5

$$
\left.
\begin{aligned}
\dot{V}_R &= R\dot{I} \ [\text{V}] \\
\dot{V}_C &= -jX_C\dot{I} \ [\text{V}] \\
\dot{V} &= \dot{V}_R + \dot{V}_C \\
&= R\dot{I} - jX_C\dot{I} = (R - jX_C)\dot{I} \\
&= \dot{Z}\dot{I} = (Z\angle\theta)I = ZI\angle\theta \ [\text{V}]
\end{aligned}
\right\}
\tag{31}
$$

10

ただし，$Z = \sqrt{R^2 + X_C{}^2}$ [Ω]，　　$\theta = \tan^{-1}\left(-\dfrac{X_C}{R}\right)$ （32）

図 29 に，電流と電圧のベクトルの関係を示す。

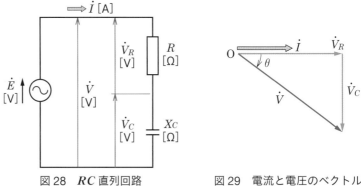

図 28　RC 直列回路 　　　図 29　電流と電圧のベクトル図

例題 ❽ 　図 30 は，30 Ω の抵抗と 79.6 μF のコンデンサの直列回路に，
周波数 50 Hz の電流 $I = 2$ A が流れているとき，各端子間の電
圧 V_R，V_C [V] および全電圧 V [V] を測定している回路である。　15
各電圧計の指示が正しいことを確かめよ。

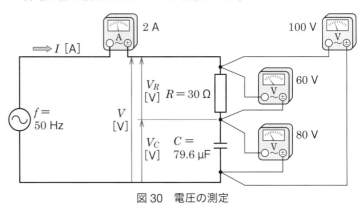

図 30　電圧の測定

解答 容量性リアクタンス X_C [Ω] およびインピーダンス Z [Ω] は，次のようになる。

$$X_C = \frac{1}{\omega C} = \frac{1}{2\pi f C}$$

$$= \frac{1}{2 \times 3.14 \times 50 \times 79.6 \times 10^{-6}} = 40 \ \Omega$$

$$Z = \sqrt{R^2 + X_C^2} = \sqrt{30^2 + 40^2} = 50 \ \Omega$$

したがって，抵抗の両端の電圧 V_R [V]，コンデンサの両端の電圧 V_C [V] および全電圧 V [V] は，次のようになる。

$$V_R = RI = 30 \times 2 = \textbf{60 V}$$

$$V_C = X_C I = 40 \times 2 = \textbf{80 V}$$

$$V = ZI = 50 \times 2 = \textbf{100 V}$$

したがって，各電圧計の指示は正しい。

図 31 に，ベクトル図を示す。

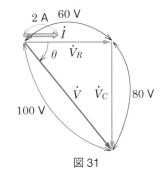

図 31

$V \neq V_R + V_C$
$V = \sqrt{V_R^2 + V_C^2}$
となっているよ。

....

問 12 $R = 4 \ \text{k}\Omega$ と $X_C = 3 \ \text{k}\Omega$ の直列回路に，電流 $I = 10 \ \text{mA}$ が流れている。各端子間の電圧 $V_R,\ V_C$ [V] および全電圧 V [V] を求めよ。

問 13 $R = 3 \ \Omega$，$C = 790 \ \mu\text{F}$ の RC 直列回路に，周波数 $f = 50 \ \text{Hz}$，電圧 $V = 50 \ \text{V}$ の交流電圧を加えたとき，回路のインピーダンス Z [Ω] と回路に流れる電流 I [A] を求めよ。

8 RLC 回路の計算

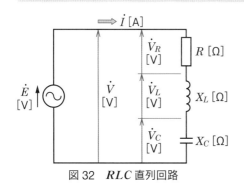

図 32　RLC 直列回路

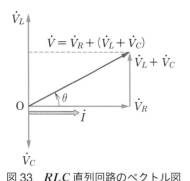

図 33　RLC 直列回路のベクトル図

1 RLC 直列回路

図 32 のように，R, X_L, X_C [Ω] を直列接続した回路に，電流 $\dot{I} = I\angle 0 = I$ [A] が流れているとき，各端子間の電圧 $\dot{V}_R$, $\dot{V}_L$, $\dot{V}_C$ [V] および全電圧 $\dot{V}$ [V] は，式 (33)，(34) で表される。

$$
\left.
\begin{aligned}
\dot{V}_R &= R\dot{I} \ [\text{V}] \\
\dot{V}_L &= jX_L\dot{I} \ [\text{V}] \\
\dot{V}_C &= -jX_C\dot{I} \ [\text{V}] \\
\dot{V} &= \dot{V}_R + \dot{V}_L + \dot{V}_C \\
&= R\dot{I} + jX_L\dot{I} - jX_C\dot{I} \\
&= \{R + j(X_L - X_C)\}\dot{I} \\
&= \dot{Z}\dot{I} = (Z\angle\theta)I = ZI\angle\theta \ [\text{V}]
\end{aligned}
\right\} \quad (33)
$$

ただし，$Z = \sqrt{R^2 + (X_L - X_C)^2}$ [Ω]

$$
\theta = \tan^{-1}\frac{X_L - X_C}{R} \quad (34)
$$

図 33 に，電流，各端子間の電圧および全電圧のベクトルの関係を示す。ただし，$X_L > X_C$ とする。

例題 ⑨　図 34 は，抵抗 40 Ω，インダクタンス 191 mH，静電容量 106 µF の直列回路に，周波数 50 Hz の電流 $I = 2$ A が流れているとき，各端子間の電圧および全電圧を測定している回路である。各電圧計の指示が正しいことを確かめよ。

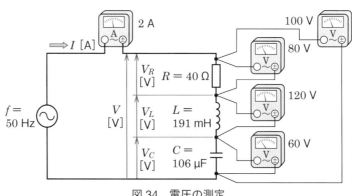

図 34　電圧の測定

解│答　誘導性リアクタンス X_L [Ω]，容量性リアクタンス X_C [Ω] およびインピーダンス Z [Ω] は，次のようになる。

$$X_L = 2\pi fL = 2 \times 3.14 \times 50 \times 191 \times 10^{-3}$$
$$= 60 \ \Omega$$

$$X_C = \frac{1}{2\pi fC} = \frac{1}{2 \times 3.14 \times 50 \times 106 \times 10^{-6}}$$
$$= 30 \ \Omega$$

$$Z = \sqrt{R^2 + (X_L - X_C)^2} = \sqrt{40^2 + (60-30)^2}$$
$$= 50 \ \Omega$$

各端子間の電圧 V_R, V_L, V_C [V] と全電圧 V [V] は，次のようになる。

$$V_R = RI = 40 \times 2 = \mathbf{80} \ \mathbf{V}$$

$$V_L = X_L I = 60 \times 2 = \mathbf{120} \ \mathbf{V}$$

$$V_C = X_C I = 30 \times 2 = \mathbf{60} \ \mathbf{V}$$

$$V = ZI = 50 \times 2 = \mathbf{100} \ \mathbf{V}$$

したがって，各電圧計の指示は正しい。図 35 に，ベクトル図を示す。

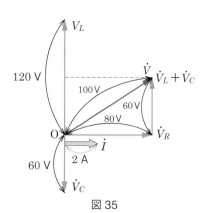

図 35

問 14 $R = 100 \ \Omega$, $L = 100 \ \text{mH}$, $C = 100 \ \mu\text{F}$ の直列回路の，周波数 200 Hz におけるインピーダンス三角形を描き，インピーダンスの大きさ Z [Ω] とインピーダンス角 θ を求めよ。

2 | *RLC* 並列回路

図 36 のように，R, X_L, X_C [Ω] を並列接続した回路に，交流電圧 $V = V\angle 0 = V$ [V] を加えたとき，各電流 $\dot{I}_R$, $\dot{I}_L$, $\dot{I}_C$ [A] および全電流 $\dot{I}$ [A] は，式 (35)，(36) で表される。

$$\left.\begin{array}{l} \dot{I}_R = \dfrac{\dot{V}}{R} \ [\text{A}] \\[2mm] \dot{I}_L = \dfrac{\dot{V}}{jX_L} \ [\text{A}] \\[2mm] \dot{I}_C = \dfrac{\dot{V}}{-jX_C} \ [\text{A}] \end{array}\right\} \tag{35}$$

$$\dot{I} = \dot{I}_R + \dot{I}_L + \dot{I}_C$$
$$= \frac{\dot{V}}{R} + \frac{\dot{V}}{jX_L} + \frac{\dot{V}}{-jX_C}$$
$$= \left\{\frac{1}{R} + j\left(\frac{1}{X_C} - \frac{1}{X_L}\right)\right\}\dot{V} \ [\text{A}] \tag{36}$$

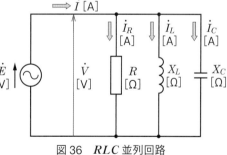

図 36 *RLC* 並列回路

図 37 に，各電流と全電流および電圧のベクトルの関係を示す。ただし，$X_L > X_C$ とする。

問 15 図 36 の並列回路において，$\dot{V} = 120 \ \text{V}$, $R = 6 \ \text{k}\Omega$, $X_L = 3 \ \text{k}\Omega$, $X_C = 4 \ \text{k}\Omega$ であるとき，各電流 $\dot{I}_R$, $\dot{I}_L$, $\dot{I}_C$ および全電流 $\dot{I}$ を求めよ。

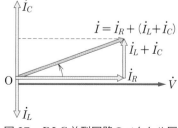

図 37 *RLC* 並列回路のベクトル図

9 並列回路とアドミタンス

アドミタンスの意味を理解し，アドミタンスを使って並列回路の計算ができるようになろう。

並列回路の電圧と電流の関係を求めるときには，インピーダンスの逆数がよく用いられる。

図 38 のように，各インピーダンスが $\dot{Z}_1$, $\dot{Z}_2$ [Ω] であるとき，各インピーダンスの逆数を**アドミタンス**といい，$\dot{Y}_1$, $\dot{Y}_2$ で表す (式 (37))。
admittance
アドミタンスの単位には，[S] (**ジーメンス**) が用いられる。

アドミタンス
$$\dot{Y}_1 = \frac{1}{\dot{Z}_1} \text{ [S]}$$
$$\dot{Y}_2 = \frac{1}{\dot{Z}_2} \text{ [S]} \tag{37}$$

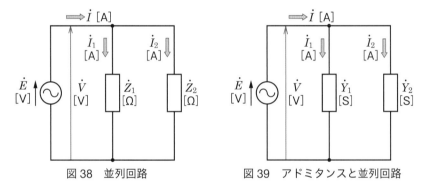

図 38　並列回路　　　　図 39　アドミタンスと並列回路

各アドミタンスが $\dot{Y}_1$, $\dot{Y}_2$ [S] であるとき，回路図は図 39 のように表される。各電流 $\dot{I}_1$, $\dot{I}_2$ [A] は，式 (38) のように求められる。

$$\dot{I}_1 = \dot{Y}_1 \dot{V} \text{ [A]}$$
$$\dot{I}_2 = \dot{Y}_2 \dot{V} \text{ [A]} \tag{38}$$

また，全電流 $\dot{I}$ [A] は，キルヒホッフの第 1 法則を適用して，式 (39) のように求められる。

$$\dot{I} = \dot{I}_1 + \dot{I}_2$$
$$= \dot{Y}_1 \dot{V} + \dot{Y}_2 \dot{V} = (\dot{Y}_1 + \dot{Y}_2) \dot{V} \text{ [A]} \tag{39}$$

一般に，インピーダンスは，$\dot{Z} = R \pm jX$ [Ω] のように，複素数で表されるが，その逆数であるアドミタンス $\dot{Y}$ [S] も複素数となり，式 (40)，(41) のように表すことができる。

$$\dot{Y} = \frac{1}{\dot{Z}} = \frac{1}{R \pm jX} = \frac{R}{R^2 + X^2} \mp j\frac{X}{R^2 + X^2}^{❶} = G \mp jB \text{ [S]} \quad (40)$$

ただし，$G = \dfrac{R}{R^2 + X^2}$ [S]，$\qquad B = \dfrac{X}{R^2 + X^2}$ [S] $\qquad (41)$

G [S] を**コンダクタンス**，B [S] を**サセプタンス**という。
conductance　　　　　　　　　susceptance

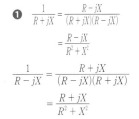

❶ $\dfrac{1}{R+jX} = \dfrac{R-jX}{(R+jX)(R-jX)}$
$\qquad\quad = \dfrac{R-jX}{R^2+X^2}$

$\dfrac{1}{R-jX} = \dfrac{R+jX}{(R-jX)(R+jX)}$
$\qquad\quad = \dfrac{R+jX}{R^2+X^2}$

例題❿　図 40 の回路において，次の値を求めよ。

(1) 回路の合成アドミタンス $\dot{Y}$ [S]

(2) 電流 $\dot{I}_1$, $\dot{I}_2$, $\dot{I}$ [A]

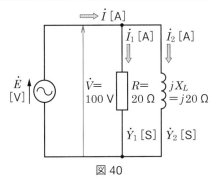

図 40

解答　(1) アドミタンス：$\dot{Y}_1 = \dfrac{1}{R} = \dfrac{1}{20} = 0.05$ S

アドミタンス：$\dot{Y}_2 = \dfrac{1}{jX_L} = \dfrac{1}{j20} = -j0.05$ S

合成アドミタンス：$\dot{Y} = \dot{Y}_1 + \dot{Y}_2$
$$\qquad\qquad\qquad\qquad = \boldsymbol{0.05 - j0.05}\ \textbf{S}$$

(2) 電流：$\dot{I}_1 = \dot{Y}_1\dot{V} = 0.05 \times 100 = \boldsymbol{5}$ **A**

電流：$\dot{I}_2 = \dot{Y}_2\dot{V} = -j0.05 \times 100 = \boldsymbol{-j5}$ **A**

全電流：$\dot{I} = \dot{I}_1 + \dot{I}_2 = \boldsymbol{5 - j5}$ **A**

問 16　例題 10 で，$\dot{V} = 120$ V，$R = 40$ Ω，$jX_L = j20$ Ω のとき，回路の合成アドミタンス $\dot{Y}$ [S]，電流 $\dot{I}_1$, $\dot{I}_2$, $\dot{I}$ [A] を求めよ。

問 17　p. 157 図 36 において，$\dot{V} = 100$ V，$R = 20$ Ω，$jX_L = j40$ Ω，$jX_C = -j80$ Ω のとき，回路の合成アドミタンス $\dot{Y}$ [S] およびコンダクタンス G [S] とサセプタンス B [S] を求めよ。

❶ 図 41 の回路において，a–b 間のインピーダンス $Z[\Omega]$ は，次のうちどれか。

ア．15　　イ．20　　ウ．25　　エ．35.3

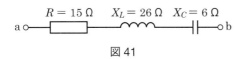

図 41

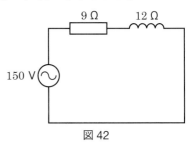

図 42

❷ 図 42 の交流回路において，抵抗 $9\,\Omega$ に加わる電圧の大きさは，次のうちどれか。

ア．80 V　　イ．90 V　　ウ．100 V　　エ．120 V

❸ 図 43 の回路において，$f = 10\,\mathrm{kHz}$ の電流 $I = 2$ mA が流れている。次の問いに答えよ。

(1) 抵抗の両端の電圧 $V_R\,[\mathsf{V}]$ を求めよ。

(2) インダクタンスの両端の電圧 $V_L\,[\mathsf{V}]$ を求めよ。

(3) 全電圧 $V\,[\mathsf{V}]$ を求めよ。

(4) 全電圧と電流の位相差を求めよ。

(5) $\dot{I}$,　$\dot{V}_R$,　$\dot{V}_L$,　$\dot{V}$ のベクトル図を描け。

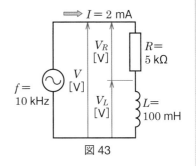

図 43

❹ 図 44 の回路において，$f = 1\,\mathrm{kHz}$ の電流 $I = 2$ mA が流れている。次の問いに答えよ。

(1) 抵抗の両端の電圧 $V_R\,[\mathsf{V}]$ を求めよ。

(2) コンデンサの両端の電圧 $V_C\,[\mathsf{V}]$ を求めよ。

(3) 全電圧 $V\,[\mathsf{V}]$ を求めよ。

(4) 全電圧と電流の位相差を求めよ。

(5) $\dot{I}$,　$\dot{V}_R$,　$\dot{V}_C$,　$\dot{V}$ のベクトル図を描け。

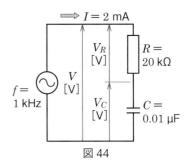

図 44

❺ 図 45 の回路において，次の値を求めよ。

(1) a–b 間の電圧 $V_{\mathrm{ab}}\,[\mathsf{V}]$

(2) c–d 間の電圧 $V_{\mathrm{cd}}\,[\mathsf{V}]$

(3) b–d 間の電圧 $V_{\mathrm{bd}}\,[\mathsf{V}]$

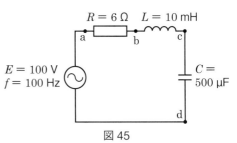

図 45

RC 直列回路の波形観測

RC 直列回路において交流波形を観測し，電圧のベクトル図を描いてみよう。

実験器具 低周波発振器，交流電圧計，オシロスコープ，抵抗 (10 kΩ)，コンデンサ (0.01 μF)

実験方法 ① 実験器具を図Aのように接続する (オシロスコープについては，p. 202〜205 参照)。

② 低周波発振器の周波数を 2 kHz，出力電圧を 2 V にする。

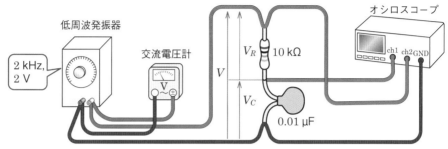

図 A　実体配線図

実験結果 オシロスコープで観測した波形は，図 B のようになった。

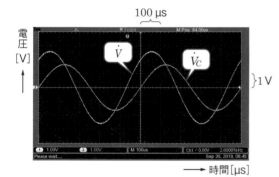

図 B　波形の観測例

表 A　電圧の最大値と実効値

電　圧	最大値	実効値 (最大値 / $\sqrt{2}$)
$\dot{V}_C$ (CH1)	1.7 V	1.2 V
$\dot{V}$ (CH2)	2.8 V	2.0 V

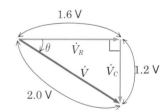

図 C　電圧のベクトル図

考　察 ① オシロスコープの波形から，$\dot{V}_C$ と $\dot{V}$ の最大値を読み取り，実効値を計算すると，表 A のようになる。

② V_C と V から，V_R の実効値を求める。
$$V_R = \sqrt{V^2 - V_C{}^2} = \sqrt{2.0^2 - 1.2^2} = 1.6 \text{ V}$$

③ 得られた実効値から，電圧のベクトル図を描くと，図 C のようになる。

④ 電圧のベクトル図から，θ を求める。

$$\theta = \tan^{-1}\left(-\frac{V_C}{V_R}\right) = \tan^{-1}\left(-\frac{1.2}{1.6}\right) = -36.9°$$

したがって，$\dot{V}$ は $\dot{V}_R$ より位相が約 37° 遅れている。

⑤ p. 154 例題 8 を参考にして，V_C，V_R，V，θ の値を計算で求め，上の実験結果と比較してみよう。また，計算値と実験結果が完全には一致しない理由を考えよう。

1 直列共振回路

目標　　⊘ 直列共振回路を理解し，共振周波数が計算できるようになろう。

図1の RLC 直列回路において，周波数 f [Hz] を変化させたとき，回路に流れる電流の変化について調べてみる。

❶ $\omega = 2\pi f$ であるので (p.132)，周波数 f の変化は，角周波数 ω の変化となる。

周波数が変化した場合，誘導性リアクタンス $X_L = \omega L$ [Ω] と容量性リアクタンス $X_C = \dfrac{1}{\omega C}$ [Ω] が変化する。❶ したがって，インピーダンス Z [Ω] が変化し，さらに電流 I [A] も変化する。図2に，X_L，X_C，Z [Ω] および I [A] の変化のようすを示す。

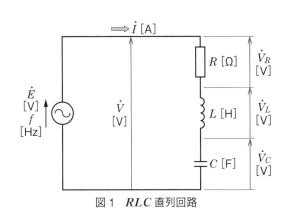

図1　RLC 直列回路

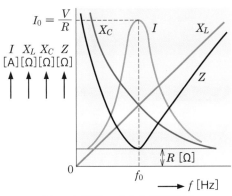

図2　周波数の変化と直列共振

$X_L = X_C$ のとき，インピーダンス Z [Ω] は最小 ($Z = R$ [Ω]) となり，電流は最大になる。このような現象を，**直列共振** という。また，
series resonance
直列共振したときの周波数 f_0 を，**共振周波数** という。
resonance frequency

共振周波数 f_0 [Hz] は，直列共振の条件 $X_L = X_C$ [Ω] から，次のように導くことができる。

$$2\pi f_0 L = \frac{1}{2\pi f_0 C}$$

直列共振回路の共振周波数	$f_0 = \dfrac{1}{2\pi\sqrt{LC}}$ [Hz]　　(1)

共振周波数 f_0 [Hz] より低い周波数では，$X_C > X_L$ であり，インピーダンス Z [Ω] は容量性である。また，f_0 [Hz] より高い周波数では，$X_L > X_C$ であり，インピーダンス Z [Ω] は誘導性である。

図2のように，直列共振回路は，周波数 f_0 [Hz] のときインピーダンス Z [Ω] が最小である。したがって，直列共振回路は，f_0 [Hz] の電流だけが流れやすい回路ということができる。このような特性は，いろいろな周波数成分を含んでいる信号の中から，特定の周波数の成分を取り出す回路に利用される。

例題 1　図1の回路において，$\dot{V} = 5\,\mathrm{V}$，$R = 10\,\Omega$，$L = 10\,\mathrm{mH}$，$C = 25\,\mu\mathrm{F}$ のとき，共振周波数 f_0 [Hz] および共振時の電流 I [A] を求めよ。

- -

解答　共振周波数　$f_0 = \dfrac{1}{2\pi\sqrt{LC}}$

$$= \dfrac{1}{2 \times 3.14 \times \sqrt{10 \times 10^{-3} \times 25 \times 10^{-6}}}$$

$$= 318\,\mathrm{Hz}$$

共振時のインピーダンス　$Z = R = 10\,\Omega$

共振時の電流　$I = \dfrac{V}{R} = \dfrac{5}{10} = 0.5\,\mathrm{A}$

- -

問1　図3の回路において，$\dot{V} = 20\,\mathrm{V}$，$R = 150\,\Omega$，$L = 100\,\mathrm{mH}$，$C = 200\,\mu\mathrm{F}$ であるとき，共振周波数 f_0 [Hz] と共振時の電流 I [A] を求めよ。

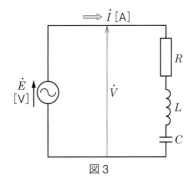

図3

問2　図3の回路において，$R = 100\,\Omega$，$L = 100\,\mathrm{mH}$ のとき回路が共振した。静電容量 C [μF] を求めよ。ただし，共振周波数は $2\,\mathrm{kHz}$ とする。

2 並列共振回路

目標 　◎並列共振回路を理解し，共振周波数が計算できるようになろう。

　図4のように，インダクタンス L [H] のコイルと静電容量 C [F] の
コンデンサを並列接続した回路において，周波数 f [Hz] を変化させ
たとき，回路に流れる電流の変化について調べてみる。

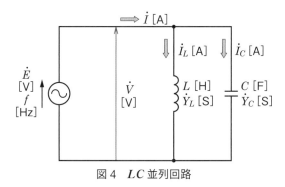

図4　LC 並列回路

　各電流 $\dot{I}_L$，$\dot{I}_C$，$\dot{I}$ [A] は，式 (2)〜(4) で求めることができる。

$$\dot{I}_L = \dot{Y}_L \dot{V} \ [\text{A}] \tag{2}$$

$$\dot{I}_C = \dot{Y}_C \dot{V} \ [\text{A}] \tag{3}$$

$$\dot{I} = \dot{I}_L + \dot{I}_C = (\dot{Y}_L + \dot{Y}_C)\,\dot{V} = j\left(\omega C - \frac{1}{\omega L}\right)\dot{V} \ [\text{A}] \tag{4}$$

　ただし，$\dot{Y}_L = -j\dfrac{1}{\omega L}$，$\dot{Y}_C = j\omega C$

　図5に，周波数 f [Hz] を変化させたときの Y_L，Y_C [S] および
I [A] の変化を示す。

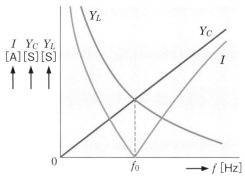

図5　周波数の変化と並列共振

❶ 実際の回路では，コイ
ルにわずかな抵抗があるた
め，$I = 0$ になることはな
い。

　$Y_L = Y_C\left(\dfrac{1}{\omega L} = \omega C\right)$ の条件を満たす周波数 f_0 [Hz] のとき，アドミタンス Y [S] は 0 で，インピーダンス $Z = \infty$ となり，全電流 I は 0
となる❶。このような現象を，**並列共振**という。並列共振時の周波数 f_0
parallel resonance

[Hz] を，**共振周波数**という。共振周波数は，次のようになる。

$$2\pi f_0 C = \frac{1}{2\pi f_0 L}$$

| 並列共振回路の共振周波数 | $f_0 = \dfrac{1}{2\pi\sqrt{LC}}$ [Hz] | (5) |

直列共振の共振周波数
（式 (1)）と同じ式だよ。

並列共振回路は，周波数 f_0 [Hz] のときのアドミタンス $\dot{Y}$ [S] が最小になる。このような特性を利用して，いろいろな周波数成分が重なり合っている信号の中から，特定の周波数成分を取り出すことに利用される。

問 3 図 6 の回路の共振周波数 f_0 [Hz] を求めよ。

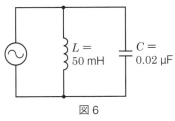

$L = 50\ \text{mH}$　$C = 0.02\ \mu\text{F}$

図 6

問 4 図 4 の回路において，$C = 0.05\ \mu\text{F}$ のとき回路が共振した。インダクタンス L [H] を求めよ。ただし，共振周波数は 5 kHz とする。

Zoom up　同調回路

同調回路は共振現象を利用して，特定の周波数を持つ信号を選別する回路である。

図 7 は，AM ラジオにおける同調回路の例である。同調回路は可変容量コンデンサとコイルの LC 並列回路で構成され，アンテナから入力された受信信号は，コンデンサの静電容量を変化させることで選局される。

この回路では，共振周波数においてインピーダンスが最大となることを利用して，目的とする信号を取り出している。そのほかの信号は，C と L を通じてフレーム接続部へ流れるため，出力には取り出されない。

図 8 は，実際のラジオ受信機の一部である。

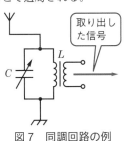

取り出した信号

C　L

図 7　同調回路の例

L

C

図 8　ラジオ受信機の一部

1 電力と力率

目標　⚫交流回路の電力と力率の関係を理解し，計算できるようになろう。

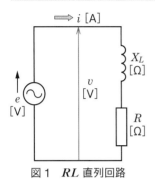

図1　**RL** 直列回路

❶　三角関数の公式
$2\sin\alpha\sin\beta = \cos(\alpha - \beta) - \cos(\alpha + \beta)$
に $\alpha = \omega t$, $\beta = \omega t - \theta$ を代入して求める。

図1の RL 直列回路において，電圧 v [V] と電流 i [A] は，すでに学んだように，式 (1)，(2) で表される。

$$v = \sqrt{2}\,V\sin\omega t \ [\text{V}] \tag{1}$$

$$i = \sqrt{2}\,I\sin(\omega t - \theta) \ [\text{A}] \tag{2}$$

ただし，$I = \dfrac{V}{Z}$, $Z = \sqrt{R^2 + X_L{}^2}$, $\theta = \tan^{-1}\dfrac{X_L}{R}$

電圧 v [V] と電流 i [A] の積 vi は，各瞬時の電力であり，これを**瞬時電力**という。瞬時電力 p [W] は，式 (3) のように求められる。

$$
\begin{aligned}
p = vi &= \sqrt{2}\,V\sin\omega t \cdot \sqrt{2}\,I\sin(\omega t - \theta)\\
&= 2VI\sin\omega t \cdot \sin(\omega t - \theta)\\
&= VI\cos\theta - VI\cos(2\omega t - \theta) \ [\text{W}] \tag{3}
\end{aligned}
$$

図2(a) に，式 (3) で示される瞬時電力 p [W] の波形を示す。

図のように，瞬時電力は正であったり，負であったりする。正のときは，電源から負荷にエネルギーが供給されており，負のときは，負荷側から電源側にエネルギーが送り返されている。

すなわち，瞬時電力 p [W] の1周期の平均値が，単位時間に消費されるエネルギーである。

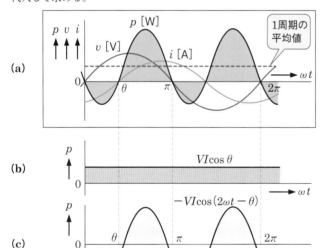

図2　交流回路の電力

式 (3) において，第1項は時間に関係なく一定である（図2(b)）が，第2項は1周期にわたって平均すると 0 になる（図2(c)）。したがって，平均値 P [W] は，式 (4) で表される。

有効電力　　　　$P = VI\cos\theta$ [W] (4)

平均値 P [W] を，**有効電力**または**消費電力**という。また，$\cos\theta$ を，**力率**という。ここで θ は，電圧と電流の位相差である。

インピーダンス Z は $\sqrt{R^2 + {X_L}^2}$ であるから，力率 $\cos\theta$ は，式 (5) で表される。

力率	$$\cos\theta = \frac{R}{Z}$$	(5)

有効電力 P は，実際に負荷で消費される電力である。力率は，式 (4) から，$\cos\theta = \dfrac{P}{VI}$ となる。力率は，負荷が R だけのときは 1 であり，L や C を持つときは 1 より小さくなる。❶

力率が小さい場合は，負荷で消費される有効電力が小さくなる。

なお，力率は % で表す場合もある。たとえば力率 0.6 は，60 % と表すこともできる。

❶ たとえば，白熱電球の力率は 1，蛍光ランプは $0.6 \sim 0.9$，誘導電動機は $0.5 \sim 0.9$ である。

例題 ❶ 図 3 に示す回路の有効電力を求めよ。

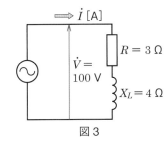

図 3

直流回路の電力のように，$P = VI$ でないのは，交流回路では電圧と電流の位相が異なる場合があるからだよ。

解答　　インピーダンス　$\dot{Z} = 3 + j4 = 5\angle 53.1° \ \Omega$

電流　$I = \dfrac{100}{5} = 20$ A

有効電力　$P = 100 \times 20 \times \cos 53.1° = 1\,200$ W

$= 1.2$ kW

問 1　図 3 の回路において，$R = 12 \ \Omega$，$X_L = 9 \ \Omega$ のとき，電流 I [A] と有効電力 P [W] を求めよ。

2 皮相電力・有効電力・無効電力の関係

目標 ✐皮相電力と有効電力および無効電力を理解し，各電力を計算できるようになろう。

❶ 電気機器の定格を表す
のに用いられる。

交流回路において，負荷に電圧 V [V] を加えて電流 I [A] が流れて
いるとき，電圧と電流の積 VI は，見かけ上の電力である。これを，
<u>皮相電力</u>❶ という。皮相電力の量記号には S を用い，単位には [V·A]
apparent power
（ボルトアンペア）が用いられる。すなわち，皮相電力 S [V·A] は，式
(6) で表される。

皮相電力	$S = VI$ [V·A]	(6)

すでに学んだ有効電力 P [W] は，皮相電力 S [V·A] に力率 $\cos\theta$ を
→ p.166
かけたものであり，式 (7) で表される。

$$P = S\cos\theta \ [\text{W}] \tag{7}$$

さらに，皮相電力 S [V·A] に $\sin\theta$ をかけた値 $S\sin\theta$ は，電力の無
効分を表すことから，<u>無効電力</u>といわれる。無効電力の量記号には Q
を用い，単位には [var]（バール）が用いられる。すなわち，無効電力
Q [var] は，式 (8) で表される。

無効電力	$Q = S\sin\theta$ [var]	(8)

無効電力は，負荷で消費されない電力であり，電源と負荷の間を往
復している。そのため，無効電力が増えると，電線の太さや電気設備
を大きくしなければならない。

交流回路の皮相電力 S [V·A]，有効電力 P [W]，無効電力 Q [var]
の関係は，図 4 のように直角三角形となり，式 (9) のように表すこと
ができる✿。

✿ $\sin^2\theta + \cos^2\theta = 1$ の
関係を使うと，式 (9) の
右辺は，
$P^2 + Q^2$
$= S^2\cos^2\theta + S^2\sin^2\theta$
$= S^2(\cos^2\theta + \sin^2\theta)$
$= S^2$
となります。

$$S^2 = P^2 + Q^2 \tag{9}$$

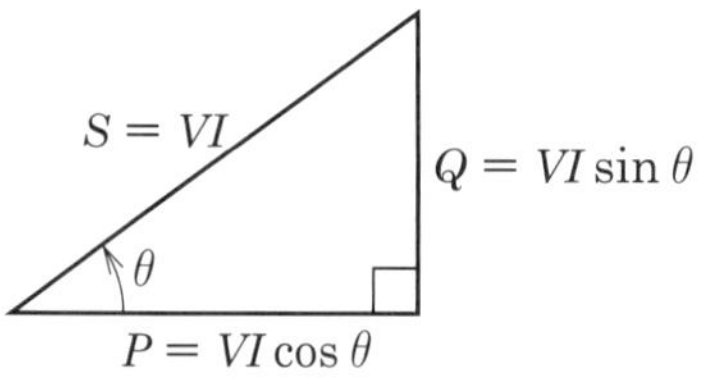

$S = VI$
$Q = VI\sin\theta$
θ
$P = VI\cos\theta$
図 4 P, Q, S の関係

問2 p.167 図 3 の回路において，皮相電力・有効電力・無効電力を求め，それ
らの関係を直角三角形で表せ。

❶ ある回路に 200 V の電圧を加えたとき，位相が 30° 遅れた電流 5 A が流れた。回路の力率および有効電力を求めよ。

❷ 図 5 のように，抵抗 16 Ω，容量性リアクタンス 12 Ω の直列回路に，電圧 100 V を加えた。このときの皮相電力・有効電力・無効電力を求めよ。

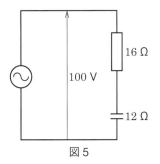

図 5

❸ 図 6 のように，抵抗 30 Ω，誘導性リアクタンス 70 Ω，容量性リアクタンス 50 Ω の直列回路に，電圧 220 V を加えた。次の値を求めよ。

(1) 全電流 I (2) 力率 $\cos\theta$ (3) 皮相電力 S

(4) 有効電力 P (5) 無効電力 Q

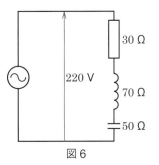

図 6

❹ 200 V で動作するエアーコンディショナがある。消費電力は 1.5 kW，力率は 70 % である。この回路に流れる電流 I は，次のうちどれか。

ア．0.10 A   イ．5.25 A   ウ．9.33 A   エ．10.7 A

❺ 図 7 の回路において，誘導性リアクタンス $X_L = 6\ \Omega$ の端子電圧が 6 V，抵抗 R の端子電圧が 8 V であった。抵抗 R で消費する電力は，次のうちどれか。

ア．8 W   イ．12 W   ウ．16 W   エ．20 W

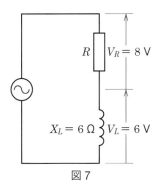

図 7

❻ 電圧 100 V，消費電力 $P = 20$ W の蛍光灯が 5 個並列に接続されている回路に流れる電流 I は，次のうちどれか。ただし，回路の力率は 60 % とする。

ア．0.6 A   イ．1.0 A   ウ．1.67 A   エ．3.33 A

1 三相交流の基礎

目標　✎ 三相交流の発生のしくみと三相結線について理解し，説明できるようになろう。

1 三相交流の発生

これまでに学んだ交流回路は，起電力が回路に一つであった。このような交流を，**単相交流**という。単相交流は，一般家庭などで広く利用されている。しかし，大きな電力を必要とする工場などでは，回路に起電力を三つ用いた**三相交流**が使われる。
single-phase AC
three-phase AC

図1のように，磁界中に同じ形の三つのコイル A，B，C を，たがいに 120° ずらして配置する。これを逆時計回りに角速度 ω [rad/s] で回転させると，図2のように，各コイルには大きさが等しく，たがいに 120° $\left(\dfrac{2}{3}\pi\,\text{rad}\right)$ の位相差を持つ起電力が発生する。

各起電力は，式 (1)〜(3) で表される。

三相交流の起電力

$$e_a = \sqrt{2}\,E \sin \omega t \ [\text{V}] \tag{1}$$

$$e_b = \sqrt{2}\,E \sin \left(\omega t - \frac{2}{3}\pi\right) \ [\text{V}] \tag{2}$$

$$e_c = \sqrt{2}\,E \sin \left(\omega t - \frac{4}{3}\pi\right) \ [\text{V}] \tag{3}$$

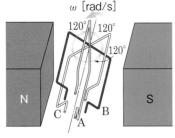

(a) 立体図

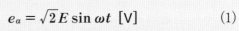

起電力の各瞬時の和は0になる。

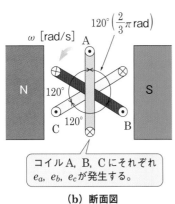

コイルA，B，Cにそれぞれ e_a，e_b，e_c が発生する。

(b) 断面図

図1　三相交流発電機の原理

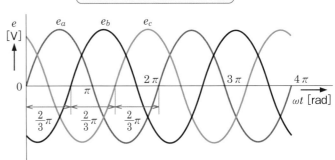

図2　三相交流起電力

各起電力 e_a，e_b，e_c を，**相電圧**ともいう。波形を見てわかるように，各相電圧は，$e_a \rightarrow e_b \rightarrow e_c$ の順で最大になっている。この順序を，**相順**または**相回転**という。

各相の起電力のベクトル表示は図3のようになり，式(4)〜(6)で表される。

$$\dot{E}_a = E\angle 0 = E \ [\mathsf{V}] \tag{4}$$

$$\dot{E}_b = E\angle -\frac{2}{3}\pi$$

$$= E\left\{\cos\left(-\frac{2}{3}\pi\right) + j\sin\left(-\frac{2}{3}\pi\right)\right\}$$

$$= E\left(-\frac{1}{2} - j\frac{\sqrt{3}}{2}\right) \ [\mathsf{V}] \tag{5}$$

$$\dot{E}_c = E\angle -\frac{4}{3}\pi$$

$$= E\left\{\cos\left(-\frac{4}{3}\pi\right) + j\sin\left(-\frac{4}{3}\pi\right)\right\}$$

$$= E\left(-\frac{1}{2} + j\frac{\sqrt{3}}{2}\right) \ [\mathsf{V}] \tag{6}$$

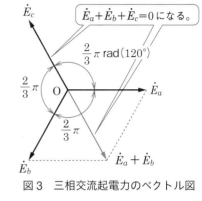

図3 三相交流起電力のベクトル図

大きさが等しく，位相差がたがいに 120° の三つの起電力を総称して，**対称三相交流起電力**または**三相交流起電力**という。三相交流起電力をつくり出す電源を，**三相交流電源**という。

問1 式(4), (5), (6)から，三相交流起電力 $\dot{E}_a, \dot{E}_b, \dot{E}_c \ [\mathsf{V}]$ の和がつねに0になることを示せ。

2 │ 三相結線 三相交流電源から負荷に電力を供給する回路を，**三相交流回路**という。三相交流電源どうし，または負荷どうしを結線する方法には，2種類ある。

図4のように接続したものを，**Y結線**または**星形結線**^❶という。また，図中の点Nを，**中性点**という。
Y-connection
neutral point

❶ スター結線ともいう。

図5のように接続したものを，**Δ結線**または**三角結線**という。
Δ-connection

ただし，負荷として接続する三つのインピーダンスは，すべて等しいものとする。

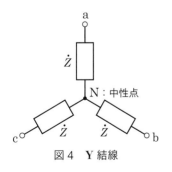

図4 Y結線

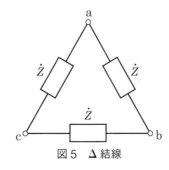

図5 Δ結線

N：中性点

2 Y-Y 回路

目標　⚡Y-Y 回路の構成を理解し，線電流や相電流などを計算できるようになろう。

図 6(a) のように，電源および負荷をともに Y 結線にした回路を，**Y-Y 回路**という。ここで，負荷の各インピーダンスは，$\dot{Z} = Z\angle\theta$ [Ω] とする。

Y-Y 回路の電圧と電流の関係を求めるときは，図 6 (b) のように，各相ごとに分解して考える。

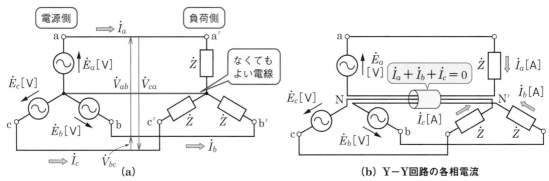

図6　Y-Y 回路

相電圧によって負荷に流れる電流は，それぞれ式 (7) で表される。

$$\dot{I}_a = \frac{\dot{E}_a}{\dot{Z}} = \frac{E\varepsilon^{j0}}{Z\varepsilon^{j\theta}} = \frac{E}{Z}\varepsilon^{j(-\theta)} = \frac{E}{Z}\angle -\theta \ [\text{A}]$$

$$\dot{I}_b = \frac{\dot{E}_b}{\dot{Z}} = \frac{E\varepsilon^{j\left(-\frac{2}{3}\pi\right)}}{Z\varepsilon^{j\theta}} = \frac{E}{Z}\varepsilon^{j\left(-\frac{2}{3}\pi-\theta\right)} = \frac{E}{Z}\angle\left(-\frac{2}{3}\pi-\theta\right)\ [\text{A}] \quad\left.\right\} (7)$$

$$\dot{I}_c = \frac{\dot{E}_c}{\dot{Z}} = \frac{E\varepsilon^{j\left(-\frac{4}{3}\pi\right)}}{Z\varepsilon^{j\theta}} = \frac{E}{Z}\varepsilon^{j\left(-\frac{4}{3}\pi-\theta\right)} = \frac{E}{Z}\angle\left(-\frac{4}{3}\pi-\theta\right)\ [\text{A}]$$

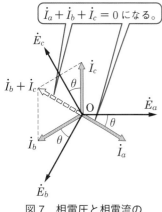

図7　相電圧と相電流の
　　　ベクトル図

これらの電流を，それぞれ**相電流**という。図7に，各相電圧と相電流のベクトル図を示す。相電流の和は，ベクトルの合成により次のように表すことができる。

$$\dot{I}_a + \dot{I}_b + \dot{I}_c = 0$$

相電流の和が 0 ということは，Y-Y 回路の中性点間を結ぶ電線に流れる電流が 0 であることを示す。したがって，中性点 N-N′ 間を結ぶ電線は不要であり，図 6(a) のように，電源と負荷は，3 本の電線を用いて接続すればよい。この方式を，**三相三線式**という。

図 6(a) において，a-b，b-c，c-a 間の電圧 $\dot{V}_{ab}$，$\dot{V}_{bc}$，$\dot{V}_{ca}$ を，それぞれ**線間電圧**という。

線間電圧 $\dot{V}_{ab}$ [V] は，図8のベクトル $\dot{E}_a$ と $\dot{E}_b$ から，式 (8) のように求められる。

$$\dot{V}_{ab} = \dot{E}_a - \dot{E}_b$$

$$= E - E\left(-\frac{1}{2} - j\frac{\sqrt{3}}{2}\right)$$

$$= \frac{\sqrt{3}}{2}E(\sqrt{3} + j1) = \sqrt{3}E\angle\frac{\pi}{6} \text{ [V]} \qquad (8)$$

線間電圧 $\dot{V}_{bc}$，$\dot{V}_{ca}$ [V] は，位相差を考えて式 (9)，(10) のように求められる。

$$\dot{V}_{bc} = \sqrt{3}E\angle\left(-\frac{2}{3}\pi + \frac{\pi}{6}\right) = \sqrt{3}E\angle-\frac{\pi}{2} \text{ [V]} \qquad (9)$$

$$\dot{V}_{ca} = \sqrt{3}E\angle\left(-\frac{4}{3}\pi + \frac{\pi}{6}\right) = \sqrt{3}E\angle-\frac{7}{6}\pi \text{ [V]} \qquad (10)$$

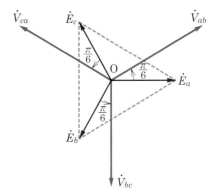

図8　相電圧と線間電圧の関係

負荷側の相電圧の大きさを ❶V_p [V]，線間電圧の大きさを ❷V_l [V] とするとき，これらの関係は，式 (11) で表すことができる。

❶ 相：phase
❷ 線：line

> **Y-Y 回路の線間電圧と相電圧の関係**　　$V_l = \sqrt{3}\,V_p$ **[V]**　　(11)

また，電源と負荷を接続する電線に流れる電流 $\dot{I}_a$，$\dot{I}_b$，$\dot{I}_c$ を，**線電流**という。つまり，Y-Y 回路の線電流 I_l [A] は，相電流 I_p [A] に等しい。すなわち，式 (12) のように表すことができる。

$$I_p = I_l \qquad (12)$$

例題❶　図6(a) の Y-Y 回路において，三相電源の相電圧が $130\,\text{V}$ であり，負荷のインピーダンスが $10\angle\frac{\pi}{6}\,\Omega$ であるとき，次の値を求めよ。

(1)　線間電圧 V_l　　(2)　相電流 I_p　　(3)　線電流 I_l　　(4)　相電圧と相電流の位相差 θ

- -

解答　(1)　線間電圧 V_l [V] は，相電圧 V_p の $\sqrt{3}$ 倍であるから，

$$V_l = \sqrt{3}\,V_p = 1.73 \times 130 = \textbf{225 V}$$

(2)　相電流 I_p は，$I_p = \dfrac{V_p}{Z} = \dfrac{130}{10} = \textbf{13 A}$

(3)　線電流 I_l は，相電流 I_p と等しいから，$I_l = \textbf{13 A}$

(4)　相電圧と相電流の位相差 θ は，**インピーダンス角 $\dfrac{\pi}{6}$ rad (30°) に等しい。**

- -

問2　図6(a) の Y-Y 回路において，相電圧が $240\,\text{V}$，負荷のインピーダンスが $50\angle\frac{\pi}{3}\,\Omega$ のとき，線間電圧 V_l，相電流 I_p，線電流 I_l，相電圧と相電流の位相差 θ を求めよ。

3 Δ–Δ 回路

目標 ✔Δ–Δ 回路の構成を理解し，線電流や相電流などを計算できるようになろう。

図 9(a) のように，電源および負荷を Δ 結線した回路を，**Δ–Δ 回路**という。負荷の各インピーダンスを，$\dot{Z} = Z\angle\theta\,[\Omega]$ とする。

Δ–Δ 回路において，電源の相電圧 $\dot{E}_a$, $\dot{E}_b$, $\dot{E}_c\,[\mathsf{V}]$ と負荷の相電圧 $\dot{V}_a$, $\dot{V}_b$, $\dot{V}_c\,[\mathsf{V}]$ は等しく，式 (13) で表すことができる。

$$\dot{E}_a = \dot{V}_a \qquad \dot{E}_b = \dot{V}_b \qquad \dot{E}_c = \dot{V}_c \tag{13}$$

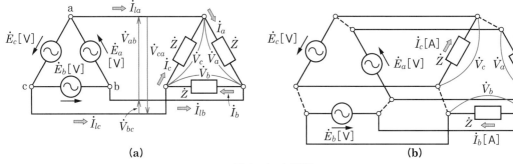

(a)

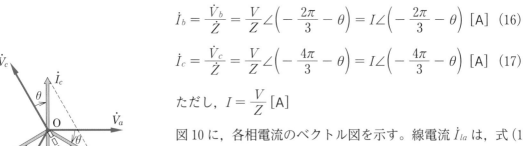

(b)

図9 Δ–Δ 回路

さらに，Δ–Δ 回路の線間電圧 $\dot{V}_{ab}$, $\dot{V}_{bc}$, $\dot{V}_{ca}\,[\mathsf{V}]$ は，負荷の相電圧 $\dot{V}_a$, $\dot{V}_b$, $\dot{V}_c\,[\mathsf{V}]$ に等しい。すなわち，線間電圧の大きさ $V_l\,[\mathsf{V}]$ と相電圧の大きさ $V_p\,[\mathsf{V}]$ は，式 (14) で表される。

$$V_l = V_p\,[\mathsf{V}] \tag{14}$$

Δ–Δ 回路の相電圧と相電流の関係は，図 9 (b) のように，各相ごとに切り離して求めることができる。したがって，電源および負荷に流れる各相電流 $\dot{I}_a$, $\dot{I}_b$, $\dot{I}_c\,[\mathsf{A}]$ は，式 (15)〜(17) のように求められる。

❶ 相電圧の大きさを V [V] とする。

$$\dot{I}_a = \frac{\dot{V}_a}{\dot{Z}} = \frac{V\varepsilon^{j0}}{Z\varepsilon^{j\theta}} = I\angle-\theta\,[\mathsf{A}] \tag{15}$$

$$\dot{I}_b = \frac{\dot{V}_b}{\dot{Z}} = \frac{V}{Z}\angle\left(-\frac{2\pi}{3}-\theta\right) = I\angle\left(-\frac{2\pi}{3}-\theta\right)\,[\mathsf{A}] \tag{16}$$

$$\dot{I}_c = \frac{\dot{V}_c}{\dot{Z}} = \frac{V}{Z}\angle\left(-\frac{4\pi}{3}-\theta\right) = I\angle\left(-\frac{4\pi}{3}-\theta\right)\,[\mathsf{A}] \tag{17}$$

ただし，$I = \dfrac{V}{Z}\,[\mathsf{A}]$

図 10 に，各相電流のベクトル図を示す。線電流 $\dot{I}_{la}$ は，式 (18) で表される。

$$\dot{I}_{la} = \dot{I}_a - \dot{I}_c\,[\mathsf{A}] \tag{18}$$

相電流の大きさを $I\,[\mathsf{A}]$ として，$\dot{I}_{la}$ を求めると，式 (19) のようになる。

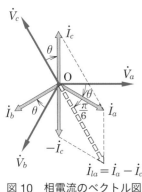

図10 相電流のベクトル図

$$\dot{I}_{la} = \sqrt{3}\,I\angle\left(-\theta - \frac{\pi}{6}\right)\ [\text{A}] \qquad (19)$$

線電流 $\dot{I}_{lb}$, $\dot{I}_{lc}$ は，位相差 $-\dfrac{2\pi}{3}$ rad を考慮して，式 (20), (21) のように求めることができる。

$$\dot{I}_{lb} = \sqrt{3}\,I\angle\left(-\theta - \frac{5\pi}{6}\right)\ [\text{A}] \qquad (20)$$

$$\dot{I}_{lc} = \sqrt{3}\,I\angle\left(-\theta - \frac{3\pi}{2}\right)\ [\text{A}] \qquad (21)$$

相電流の大きさを $I_p\,[\text{A}]$ とし，線電流の大きさを $I_l\,[\text{A}]$ とすれば，これらの関係は，式 (22) で表すことができる。

Δ-Δ 回路の線電流と相電流の関係	$I_l = \sqrt{3}\,I_p\ [\text{A}]$	(22)

例題 ❷ 　図 9(a) の Δ-Δ 回路において，三相電源の各相電圧が 130 V であり，負荷のインピーダンスが $10\angle\dfrac{\pi}{6}\ \Omega$ である。次の値を求めよ。

(1) 線間電圧 V_l 　(2) 相電流 I_p

(3) 線電流 I_l 　　(4) 相電圧と相電流の位相差 θ

解答 (1) 　Δ-Δ 回路の線間電圧 $V_l\,[\text{V}]$ は，相電圧 $V_p\,[\text{V}]$ と等しい。したがって，$V_l = \textbf{130\,V}$ である。

(2) 相電流，すなわち各負荷に流れる電流 $I_p\,[\text{A}]$ は，

$$I_p = \frac{V_p}{Z} = \frac{130}{10} = \textbf{13\,A}$$

(3) 線電流 I_l は，相電流 I_p の $\sqrt{3}$ 倍であることから，

$$I_l = \sqrt{3}\,I_p = 1.73 \times 13 = \textbf{22.5\,A}$$

(4) 位相差 θ は，**インピーダンス角 $\dfrac{\pi}{6}$ rad に等しい。**

問 3 図 9(a) の回路において，相電圧が 80 V，負荷のインピーダンスが $40\angle\dfrac{\pi}{3}\ \Omega$ のとき，線間電圧 V_l，相電流 I_p，線電流 I_l，相電圧と相電流の位相差 θ を求めよ。

4 Y-Δ と Δ-Y の等価変換

目標 ◆Y 結線と⊿ 結線の等価変換の意味を理解し，計算できるようになろう。

図 11(a) および図 11 (b) のような Y 結線と Δ 結線の負荷があるとき，それぞれを同じ電源に接続したとする。

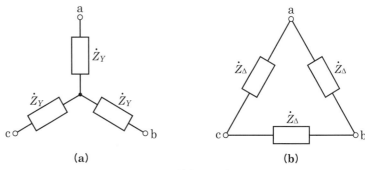

図 11 等価な回路

❶ 端子間のインピーダンスは，抵抗の直列および並列接続の合成抵抗を求める式により求められる。

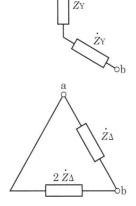

図 11(a) の Y 結線の負荷と等価な Δ 結線の負荷が，図 11(b) であるとするとき，これら二つの負荷の各端子間のインピーダンスは等しくなければならないことから，次の式がなりたつ。**❶**

$$\dot{Z}_Y + \dot{Z}_Y = \frac{2\dot{Z}_\Delta \cdot \dot{Z}_\Delta}{2\dot{Z}_\Delta + \dot{Z}_\Delta}$$

$$2\dot{Z}_Y = \frac{2}{3}\dot{Z}_\Delta$$

したがって，等価な Δ 結線の負荷の各インピーダンスは，式 (23) で求められる。

| Y-Δ，Δ-Y の等価変換 | $\dot{Z}_\Delta = 3\dot{Z}_Y$ | (23) |

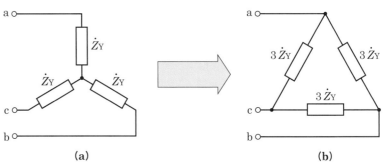

図 12 Y 結線から Δ 結線への等価変換

すなわち，図 12(a) の等価回路は，図 12(b) である。

同様に考えて，図 13(a) の Δ 結線の負荷の等価回路は，図 13(b) であることが導かれる。

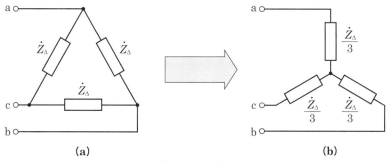

(a) **(b)**

図 13　Δ 結線から Y 結線への等価変換

例題❸ $\dot{Z}_\mathrm{Y} = 15\angle\dfrac{\pi}{3}\ \Omega$ が Y 結線された負荷と等価な Δ 結線の負荷を求めよ。

解答　式 (23) より，

$$\dot{Z}_\Delta = 3\dot{Z}_\mathrm{Y} = 3 \times 15\angle\frac{\pi}{3}$$

$$= 45\angle\frac{\pi}{3}\ \Omega$$

問4　$\dot{Z} = 30\angle -\dfrac{\pi}{6}\ \Omega$ が Δ 結線された負荷と等価な Y 結線の負荷を求めよ。

問5　図 14 に示すように，相電圧 100 V の Δ 結線の電源に，$\dot{Z}_\mathrm{Y} = 6 + j8\ \Omega$ の Y 結線の負荷が接続されている。相電流と線電流をそれぞれ求めよ。

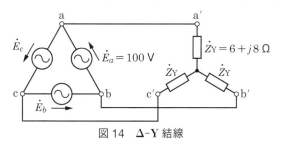

図 14　Δ–Y 結線

5 三相電力

目標　⏺三相回路の電力を計算することができるようになろう。

三相回路における有効電力を，**三相電力**という。三相電力は，各相の有効電力の和である。図 15(a) および図 15(b) のような Y 結線と△ 結線の負荷について，相電圧を V_p [V]，相電流を I_p [A]，負荷の力率を $\cos\theta$ とすれば，各相の有効電力 P_p [W] は，式 (24) で表される。

$$P_p = V_p I_p \cos\theta \ [\text{W}] \tag{24}$$

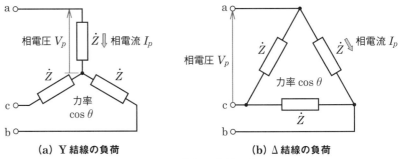

（a）Y 結線の負荷　　　　　　　（b）△ 結線の負荷

図 15　各相の有効電力

三相電力 P は，各相の有効電力の和であるから，式 (25) のようになる。

三相電力	$P = 3P_p = 3V_p I_p \cos\theta \ [\text{W}] \tag{25}$

同様に，三相回路の皮相電力 S [V·A] と無効電力 Q [var] は，各相の皮相電力と無効電力の 3 倍であり，式 (26), (27) で求めることができる。

$$S = 3V_p I_p \ [\text{V·A}] \tag{26}$$

$$Q = 3V_p I_p \sin\theta \ [\text{var}] \tag{27}$$

ところで，線間電圧 V_l [V] と相電圧 V_p [V] の関係，および線電流 I_l [A] と相電流 I_p [A] との関係は，負荷が Y 結線のときは，式 (28) のようになる。

$$\left.\begin{array}{l} V_l = \sqrt{3}\, V_p \ [\text{V}] \\ I_l = I_p \ [\text{A}] \end{array}\right\} \tag{28}$$

また，負荷が △ 結線のときは，V_l, I_l は式 (29) のようになる。

$$\left.\begin{array}{l} V_l = V_p \ [\text{V}] \\ I_l = \sqrt{3}\, I_p \ [\text{A}] \end{array}\right\} \tag{29}$$

負荷が Y 結線のときは式 (28) を，負荷が △ 結線のときは式 (29) を式 (25) に代入すると，三相電力は，どちらの結線法でも，式 (30) で求めることができる。

三相電力	$P = \sqrt{3}\, V_l I_l \cos\theta \ [\mathrm{W}]$	(30)

例題 ④ 図 16 の Y 結線の負荷において，線電流 10 A，線間電圧が 100 V，各相のインピーダンスが $6 + j8$ Ω であった。このときの三相電力 P を求めよ。

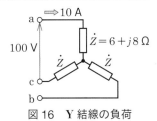

図 16　Y 結線の負荷

┈┈┈┈┈┈┈┈┈┈┈┈┈┈┈┈┈┈┈┈

解 答　インピーダンスの大きさ $Z\,[\Omega]$ は，$Z = \sqrt{6^2 + 8^2} = 10\ \Omega$ である。

このとき，力率 $\cos\theta$ は，p.167 式 (5) より，

$$\cos\theta = \frac{R}{Z} = \frac{6}{10} = 0.6$$

したがって，三相電力 P は，式 (30) より，

$$P = \sqrt{3}\, V_l I_l \cos\theta = 1.73 \times 100 \times 10 \times 0.6 = \mathbf{1.04\ kW}$$

┈┈┈┈┈┈┈┈┈┈┈┈┈┈┈┈┈┈┈┈

問 6 p.174 図 9(a) の Δ–Δ 回路において，相電圧が 120 V，負荷のインピーダンスが $30\angle\dfrac{\pi}{3}$ Ω のとき，三相電力 P を求めよ。

Zoom up　**V 結線**

┈┈┈┈┈┈┈┈┈┈┈┈┈┈┈┈┈┈┈┈

Δ 結線のいずれか一つの相を取り除いた場合を考える（図 17）。このとき，線間電圧は，図 18 に示すように，$\dfrac{2}{3}\pi$（120°）ずつ位相がずれた対称三相交流電圧となる。線電流についても，$\dot{I}_b = -(\dot{I}_a + \dot{I}_c)$ の関係がなりたつ対称三相交流となる。このような結線を **V 結線**という。

たとえば，何かの理由で Δ 結線の一つの相が使用できなくなった場合，V 結線を用いることにより，供給する電力の量は減るが送電を続けることができる。

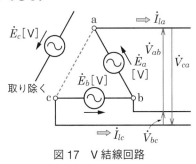

図 17　V 結線回路

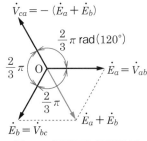

図 18　相電圧と線間電圧のベクトル図

❶ 三相交流について，次の文中の空欄に適切な語句，記号，式，数値を記入せよ。

(1) 三相交流は，三つの交流の大きさが等しく，たがいの位相差が（　　）度の交流が一組となったものである。

(2) 結線法は，（　　）結線と（　　）結線が一般的な結線法である。

(3) 電圧の表し方には，一相分の電圧で表す（　　）電圧 V_p と各電線間の電圧で表す（　　）電圧 V_l とがある。

(4) Y 結線の V_l と V_p の関係は，（　　　＝　　　）である。

(5) △ 結線の V_l と V_p の関係は，（　　　＝　　　）である。

(6) 電流の表し方には，一相分の電流で表す（　　）電流 I_p と各電線に流れる電流で表す（　　）電流 I_l とがある。

(7) Y 結線の I_l と I_p の関係は，（　　　＝　　　）である。

(8) △ 結線の I_l と I_p の関係は，（　　　＝　　　）である。

❷ 各相の起電力が，次の三つの式で表される三相電源がある。$\dot{E}_a + \dot{E}_b + \dot{E}_c = 0$ であることを確かめよ。

$$\dot{E}_a = 220\,\text{V} \qquad \dot{E}_b = 220\angle-\frac{2\pi}{3}\,\text{V} \qquad \dot{E}_c = 220\angle-\frac{4\pi}{3}\,\text{V}$$

❸ Y-Y 回路において，次の三つの式で表される各相電流が流れている。$\dot{I}_a + \dot{I}_b + \dot{I}_c = 0$ であることを確かめよ。

$$\dot{I}_a = 5\angle-\frac{\pi}{6}\,\text{A} \qquad \dot{I}_b = 5\angle-\frac{5\pi}{6}\,\text{A} \qquad \dot{I}_c = 5\angle-\frac{3\pi}{2}\,\text{A}$$

❹ 三相交流電圧 200 V の電源に，図 19 のような負荷を接続したとき，交流電流計の指示値 [A] は，次のうちどれか。

ア．4.0　　イ．5.66　　ウ．6.92　　エ．12.0

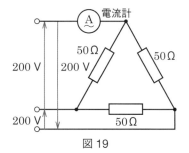

図 19

❺ p.172 図 6(a) の Y-Y 回路において，各相電圧が $V_p = 120$ V，各負荷のインピーダンスが $\dot{Z} = 30\angle\frac{\pi}{4}\,\Omega$ である。次の値を求めよ。

(1) 相電流 I_p　　(2) 相電圧と相電流の位相差 θ　　(3) 線間電圧 V_l

(4) 三相電力 P

1　次に示す電圧および電流を，極座標表示で表せ。

(1)　$v = 70.7 \sin \omega t$ [V]

(2)　$v = 40 \sin \left(\omega t - \dfrac{\pi}{6} \right)$ [V]

(3)　$i = 10 \sin \left(\omega t + \dfrac{\pi}{4} \right)$ [A]

5

2　次に示す電圧および電流を，直交座標表示で表せ。

(1)　$\dot{V} = 100 \angle 0$ V

(2)　$\dot{V} = 220 \angle - \dfrac{\pi}{6}$ V

(3)　$\dot{I} = 50 \angle \dfrac{2\pi}{3}$ A

3　図1のように，誘導性リアクタンス $X_L = 40\,\Omega$ に電圧 20 V が加わっている。回路に流れる電流 I [A] を求めよ。

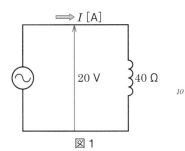

図1

10

4　コイルに 100 V，50 Hz の交流電圧を加えたら，2 A の電流が流れた。このコイルに 100 V，60 Hz の交流電圧を加えたときに流れる電流の大きさは，次のうちどれか。

　　ア．1 A　　イ．1.67 A　　ウ．2.4 A　　エ．3 A

5　図2のように，抵抗 $R = 30\,\Omega$ と誘導性リアクタンス $X_L = 40\,\Omega$ の直列回路に，20 V の電圧が加わっている。回路に流れる電流 I [A] を求めよ。

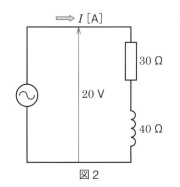

図2

15

6　図3のように，抵抗 $R = 5\,\text{k}\Omega$ と容量性リアクタンス $X_C = 5\,\text{k}\Omega$ の直列回路に，電圧 200 V を加えた。回路に流れる電流 I [mA] を求めよ。

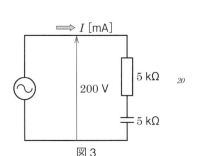

図3

20

(7) 図4 (a), (b) の回路において, $R = 50\,\Omega$, $X_L = 20\,\Omega$, $X_C = 40\,\Omega$ である。この回路に電圧 200 V を加えたとき, それぞれの回路に流れる全電流 I [A], および有効電力 P [W] を求めよ。

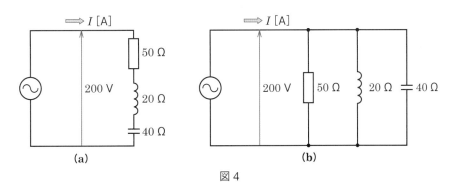

図4

(8) Y–Y 回路において, 相電圧が 115 V, 各相の負荷が 50 Ω の抵抗であるとき, 線電流 I_l [A], 線間電圧 V_l [V] および三相電力 P [W] を求めよ。

(9) 図5 の △–△ 回路において, 相電圧が 210 V, 各相の負荷が 30 Ω の抵抗であるとき, 負荷に流れる相電流 I_p [A], 線電流 I_l [A] および三相電力 P [kW] を求めよ。

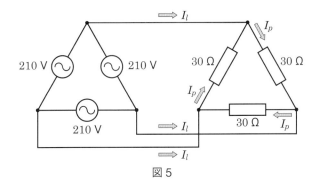

図5

(10) 図6 の Y 結線および △ 結線された負荷を, それぞれ △ 結線および Y 結線の負荷に等価変換せよ。

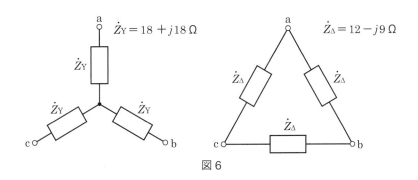

図6

1節 測定量の取り扱い

123

1 測定とは

目標　⌖国際単位系として定められた基本単位や組立単位について理解しよう。

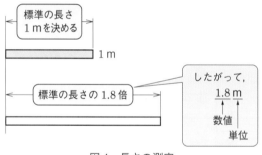

図1　長さの測定

1 測定と単位

ある長さを測定することは，長さの標準となる1mを定め，これを**単位**（unit）として，その何倍であるかという数値を求めることである。

図1の場合は，標準の長さの1.8倍であるから，1.8mとなる。このことは，電気的な量などについても同じである。これらの量の標準となる単位は，**計量法**や**JIS**で定められている。→p.7

2 標準器

電気に関する量を測定する電気計測では，各種の標準器を基準にして計測を行う。**標準器**（standard）には，標準抵抗器・標準インダクタンス・標準コンデンサなどがある。図2は，標準器の外観例である。

3 国際単位系

単位は，世界各国どこでも共通に用いられるように，国際的な取り決めがある。この取り決めに基づいた単位系を，**国際単位系**（SI）❶という。International System of Units

国際単位系では，表1に示す七つの**基本単位**を定め，このほかの単位は，**組立単位**として定義している。表2に，固有の名称を持つ組立単位の例を示す。また，小さな値や大きな値を表すときには，**接頭語**→p.5

❶ フランス語のSystème International d'Unités の頭文字を取り，SI という。

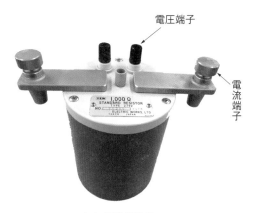

電圧端子

電流端子

(a) 標準抵抗器

Standard Capacitor Type

L_CUR L_POT H_POT H_CUR

10μF±0.05%　Maximum Voltage 15Vac

(b) 標準コンデンサ

図2　標準器の外観例

を使うこともできる。

表1　基本単位

量	名称	単位記号
長さ	メートル	m
質量	キログラム	kg
時間	秒	s
電流	アンペア	A
熱力学温度	ケルビン	K
物質量	モル	mol
光度	カンデラ	cd

表2　固有の名称を持つ組立単位の例

量	名称	単位記号	基本単位および組立単位による表し方
平面角	ラジアン	rad	$rad = m/m = 1$
エネルギー	ジュール	J	$J = N \cdot m$
電力	ワット	W	$W = J/s$
電荷	クーロン	C	$C = A \cdot s$
電位	ボルト	V	$V = W/A$
静電容量	ファラド	F	$F = C/V$
電気抵抗	オーム	Ω	$Ω = V/A$

問1 固有の名称を持つ組立単位に，第5章で学んだ周波数のヘルツ [Hz] が
ある。周期と周波数の関係から Hz を基本単位で表すと，どのようになるか。
➡ p. 131

Zoom up　長さの標準

　　　長さの標準となる1mの国家基準について，
5　かつては子午線の赤道から北極までの長さの千
万分の1と定義され，実際の測定に基づいてつ
くられたメートル原器とよばれる標準器が
1889年に定められた。

　　　しかし，1960年にクリプトン86原子のスペ
10　クトル線の波長を利用した定義に変わり，より
高精度な標準器に移行した。その後1983年に
は，1mは，1秒の299 792 458分の1の時間に
光が真空中を伝わる長さと定義され，さらに

2009年には，レーザ光の波長を利用する光周波
数コム装置（図3）が標準器として定められ，現
在でも使われている。

図3　光周波数コム装置

2 測定値の取り扱い

1 まちがい 測定に用いる計器の扱い方や，目盛の読み方な
どについて，測定者が気づかずに生じた誤り， 5

または，その結果求められた測定値を，**まちがい**という。図 4(a) は，
_{mistake}
計器を誤って取り扱っている例であり，図 4(b) は，目盛を誤って読み
取っている例である。

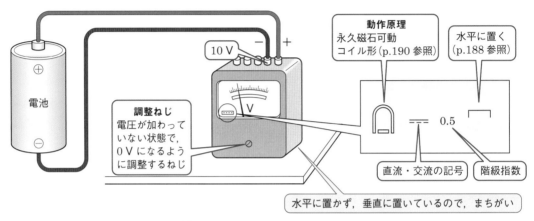

(a) 計器を誤って取り扱っている例

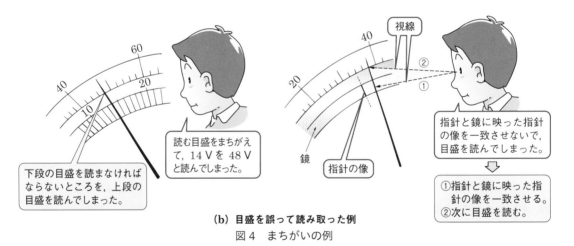

(b) 目盛を誤って読み取った例
図 4 まちがいの例

2 誤差 図 5 に示すように，測定する量の正しい値を**真の値**
_{しん あたい}
_{true value}
といい，測定によって求められた値を，**測定値**とい 10
_{measured value}
う。一般に，測定では，用いる計器の種類や精度，あるいは測定者に
よって，測定値が異なる。測定値から真の値を差し引いた値を，**誤差**
_{error}
という。

測定値を M とし，真の値を T とすると，誤差 ε は，式 (1) のように表される。

誤差	$\varepsilon = M - T$	(1)

また，誤差 ε の真の値 T に対する比 $\dfrac{\varepsilon}{T}$ を，

誤差率という。測定値を 1.51 V とし，真の値を 1.50 V とすれば，誤差と誤差率は，次のようになる。

誤差　　　$\varepsilon = 1.51 - 1.50 = 0.01$ V

誤差率　　$\dfrac{\varepsilon}{T} = \dfrac{0.01}{1.50} = 0.006\,67$

計器の構造や測定条件などによる計器誤差および目盛を大きめに読むなどの個人誤差を，**系統誤差**という。計器誤差は，測定後に補正を行い，個人誤差は，同一の指示を複数の人の測定によって測定値を平均するなどして，誤差を少なくするくふうが必要となる。

問2 測定値が 1.021 V，真の値が 1.019 V のとき，誤差および誤差率を求めよ。

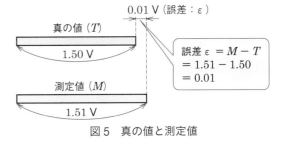
図5　真の値と測定値

3 計器の誤差

計器には，誤差があることを考慮する必要がある。指針が測定値を指示する電気計器は，誤差の許容範囲により，**階級指数**❶ が示されている。図 4(a) のように，階級指数が 0.5 の電気計器は，全目盛に対して，誤差が最大目盛の 0.5 % 以下であることを示している。たとえば，最大目盛が 100 V の場合，誤差は全目盛に対して，0.5 V 以内であるということになる。

❶ JIS C 1102 に規定されている。

4 有効数字

図6 のように，1 目盛が 1 V の電圧計で，75.4 V と読み取ったとする。上位のけたの 7 と 5 は正確であり，信頼できる意味のある数値である。最下位のけたの数値 4 は，目分量で読み取っているので誤差を含んでいるが，75.35 以上 75.45 未満の範囲の値であることを示しており，意味のある数値である。

この意味のある数値 75.4 を，**有効数字**といい，この場合，「有効数字 3 けた」の数値となる。

問3 有効数字 3 けたの測定値 32.0 mA が表す誤差を含んだ数値の範囲は何 mA 以上何 mA 未満か。

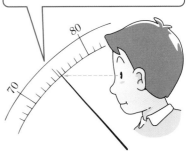
図6　75.4 V を読み取る

1 指示計器の分類と接続方法

- 指示計器に表示されている記号を理解し，適切な取り扱いができるようになろう。
- 指示計器に応じた測定のための接続方法を理解しよう。

1 指示計器の分類

測定量をつねに表示する計器を，**指示計器**という。電圧などを測定するときは，直流・交流などを表す測定量の種類の記号により，適切な指示計器を選ぶ必要がある。

直流・交流などの測定量の種類の記号，および使用時の取付け姿勢の記号は，表1のように定められている。また，指示計器は動作原理によって分類されており，表2に示す記号が定められている。

実際の指示計器の目盛板には，表1，表2の記号やその他の情報を組み合わせて，図1に示すように記載されている。測定内容や状況に応じて，適切な指示計器を用いるように，目盛板の記載例から判断する。

❶ 1Vあたりの抵抗を表す単位で，使用するレンジの値をかけたものが，そのレンジでの内部抵抗となる。

表1 測定量の種類と取付け姿勢

	種類	記号
測定量の種類	直流	---
	交流	～
取付け姿勢	鉛直	⊥
	水平	⌒
	傾斜（60°の例）	∠60°

(JIS C 1102-1 : 2011)

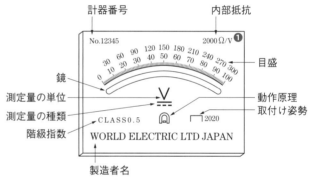

図1 目盛板の記載例（直流電圧計）

取付け姿勢は，指示計器を立てて（鉛直）使うのか，横に寝かして（水平）使うのか，角度を付けて使うのかを表しているよ。

問1 3台の指示計器の目盛板に記載されている記号の意味を調べたら，指示計器の種類と取付け姿勢の組み合わせが，次の①～③であった。これらの指示計器それぞれに示されている記号を答えよ。

指示計器の種類	取付け姿勢
① 可動鉄片形	水平
② 整流形	鉛直
③ 永久磁石可動コイル形	傾斜60°

表2　指示計器の動作原理による分類表

種　　類	記　　号	動　作　原　理	おもな計器の例	使用回路	交流による指示
永久磁石可動コイル形		永久磁石の磁界と電流との間に生じる電磁力を利用	V, A, Ω	直　　流	—
可動鉄片形		磁界内の磁化された鉄片に働く力を利用	V, A	交(直)流	実　効　値
整　流　形		整流器と永久磁石可動コイル形計器を組み合わせて利用	V, A	交　　流	平　均　値
非　絶　縁熱　電　対　形		熱電対と永久磁石可動コイル形計器を組み合わせて利用	V, A, W	交　直　流	実　効　値
空心電流力計形		電流が流れる二つの空心コイル間に働く力を利用	V, A, W	交　直　流	実　効　値
静　電　形		充電された2電極の静電吸引力を利用	V	交　直　流	実　効　値
誘　導　形		渦電流と磁界による回転力を利用	Wh	交　　流	実　効　値

計器の例　V：電圧計　　A：電流計　　W：電力計　　Wh：電力量計　　Ω：抵抗計　　（「JIS C 1102-1 : 2011」などによる）

2 │ 直流電流計と直流電圧計の接続

電流や電圧を測定する場合は，測定する回路に応じた指示計器を選択し，電流計は回路の中へ直列に接続し，電圧計は測定したい部分と並列に接続して測定する。

5　　図2に，直流電流計で直流回路に流れる電流を測定する接続のようすを，また，直流電圧計で抵抗 R における電圧降下（抵抗 R の両端の電圧）を測定する接続のようすを示す。

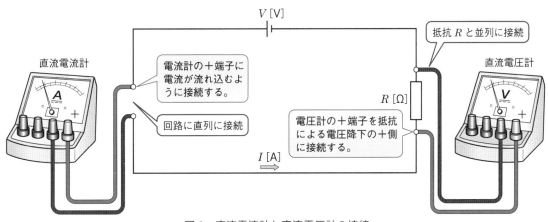

V [V]

直流電流計

電流計の＋端子に電流が流れ込むように接続する。

回路に直列に接続

抵抗 R と並列に接続

直流電圧計

R [Ω]

電圧計の＋端子を抵抗による電圧降下の＋側に接続する。

I [A]

図2　直流電流計と直流電圧計の接続

2 永久磁石可動コイル形計器と可動鉄片形計器

| 目標 | ✐ 永久磁石可動コイル形計器と可動鉄片形計器の構造と動作および原理を理解しよう。 |

❶ 本書では，以降この計器を可動コイル形計器という。

1 永久磁石可動コイル形計器

永久磁石可動コイル形計器は，直流用の電 ❶
permanent-magnet moving-coil instrument
圧計や電流計に広く用いられる計器である。

◀**構造**▶ 図3に，可動コイル形計器の構造を示す。円筒形の鉄心の　5
外側にあるアルミニウム製巻わくに巻かれたコイルを，**可動コイル**という。可動コイルは，永久磁石のN極とS極の間に置かれ，**張りつり**
線という板ばねで上下に引っ張られている。
taut band

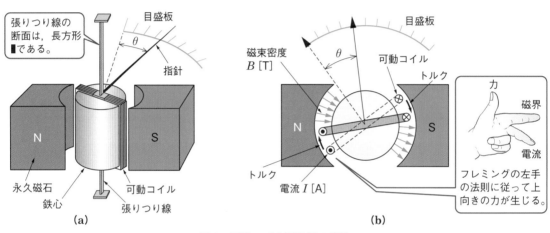

図3　可動コイル形計器の構造

❷ 比例を表す記号である。

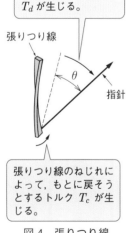

フレミングの左手の法則に従って，トルク T_d が生じる。

張りつり線

θ

指針

張りつり線のねじれによって，もとに戻そうとするトルク T_c が生じる。

図4　張りつり線

◀**動作・原理**▶

① 可動コイルに電流を流すと，図3(b)のように，フレミングの左　10
手の法則による向きに電磁力が働き，可動コイルが回転する。こ
→ p. 102
の回転力を，**駆動トルク**という。

② 駆動トルク T_d は，永久磁石の磁束密度 B [T] と電流 I [A] の
積に比例し，式(1)で表される。なお，式(1)の k_1 は，コイルの
巻数と形状や磁束密度によって決まる定数である。　15

$$T_d \overset{❷}{\propto} BI \quad または，\quad T_d = k_1 I \tag{1}$$

③ 張りつり線には，図4のように，指針の回転によってできたね
じれを，もとに戻そうとする回転力が働く。この回転力を，**制御**
せいぎょ
トルクという。指針の振れ角を θ とすれば，制御トルク T_C は，
式(2)で表される。　20

$$T_C = k_2 \theta \tag{2}$$

④ 指針は，T_d と T_C とがつり合ったところで止まる。すなわち，$k_1I = k_2\theta$ となる。したがって，θ は式 (3) で表される。

指針の振れ角
$$\theta = \frac{k_1}{k_2}I \qquad (3)$$

式 (3) を用いれば，指針の振れ角 θ から電流 I の値を知ることができる❀。また，電流は電圧に比例するので，同じ原理を用いて，電圧の値を知ることができる。

指針を読み取りやすくするためには，可動部の動きを早く静止させる力 (ブレーキ力) が必要となる。この力を，**制動トルク**という。駆動・制御・制動の三つのトルクを，**指示電気計器の 3 要素**という。

❀ 式 (3) を変形すると，電流 I は，$I = \dfrac{k_2}{k_1}\theta$ となります。

2 可動鉄片形計器

可動鉄片形計器は，moving-iron instrument 商用周波数 (50 Hz または 60 Hz) の交流用の電流計や電圧計として用いられる計器である。

構造 図 5 のように，固定鉄片と向かい合わせて，自由に回転できる可動鉄片が，固定コイルの内部に置かれている。

動作・原理

① 図のように，固定コイルに電流が流れると，固定鉄片と可動鉄片は磁化され，二つの鉄片はたがいに反発し，可動鉄片が動く。

② 固定コイルに流れる電流が反対向きになると，二つの鉄片の磁化される向きも反対となり，反発して可動鉄片が動く。

③ このように，コイルに流れる電流の向きに関係なく，可動鉄片にトルクが生じて動くので，可動鉄片に直結している指針は回転し，渦巻ばねの**弾性**❶によるトルクとつり合ったところで止まる。

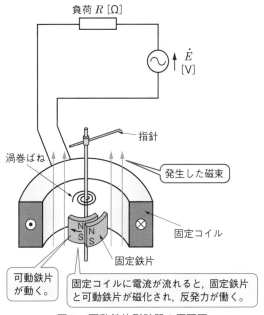

図 5 可動鉄片形計器の原理図

負荷 R [Ω]

$\dot{E}$ [V]

指針
渦巻ばね
発生した磁束
固定コイル
固定鉄片
可動鉄片が動く。
固定コイルに電流が流れると，固定鉄片と可動鉄片が磁化され，反発力が働く。

❶ ばねが変形したとき，それをもとに戻そうとする性質のこと。この場合，指針の回転をもとに戻そうとする。

なお，可動鉄片形計器は，可動部に電流を流す必要がないので，大電流用に適している。電流計は，最大目盛が 20 mA～100 A 程度のものが，電圧計は，最大目盛が 1.5～600 V 程度のものがつくられている。指針は，実効値に比例して振れるので，この計器は，**実効値応答形**といわれる。

第6章 ● 電気計測

3 整流形計器と電子電圧計

- 整流作用を利用した整流形計器の原理を理解しよう。
- 抵抗減衰器と直流増幅器を組み合わせた電子電圧計の原理を理解しよう。

1 整流形計器　ダイオード（整流器）と可動コイル形計器を
組み合わせ，交流の電圧や電流を測定できる 5
ようにした計器を，**整流形計器**という。整流形計器は，比較的高い周
rectifier instrument
波数まで使用できる（20 Hz〜20 kHz）。

　ダイオードには，図6に示すように，加える電圧の向きによって，
電流を一方の向きだけに流す性質がある。これを**整流作用**という。

ダイオードには極性があり，正しい向きに電圧を加えないと，回路に電流が流れないよ。

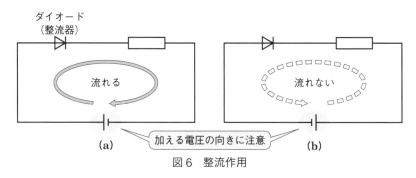

図6　整流作用

　ダイオードを図7(a)のように接続すると，整流作用によって，交流 10
電源の極性が変わっても，電流計の可動コイルには，図7(b)のように，
同じ向きの電流を流すことができる。そのため，可動コイルに生じる
トルクの向きは，つねに同じ向きになる。

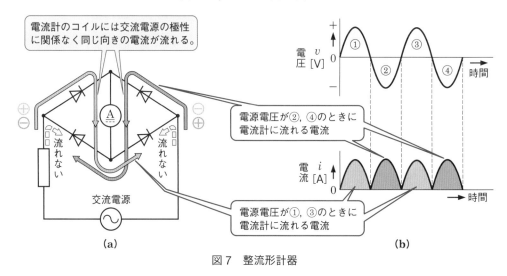

図7　整流形計器

可動コイルに生じるトルクは，電流の平均値に比例するので，この計器は，**平均値応答形**といわれる。しかし，実際の目盛は，その平均値を実効値に換算して示している。したがって，波形が正弦波でないときには，誤差が生じる。

Let's Try p. 189 図2で学んだように，直流電流計では＋端子に電流が流れ込むように接続する。この理由を，p. 190で学んだ原理を使ってグループで話し合ってみよう。また，交流電流計では，実物の端子がどのようになっているかを調べ，交流回路に接続する方法を，整流形計器の原理から考えてみよう。

2 電子電圧計

抵抗減衰器と直流増幅器および可動コイル形計器を組み合わせて，直流電圧と交流電圧の測定ができるようにした計器を，**電子電圧計**という。
electronic voltmeter

図8は，電子電圧計の外観例である。また，図9は，電子電圧計（直流用）の構成例である。入力端子に加えられた直流電圧は，抵抗減衰器で適当な大きさに分圧され，次に直流増幅器で増幅される。その出力を，可動コイル形計器の指針で読み取っている。

図8 電子電圧計の外観例

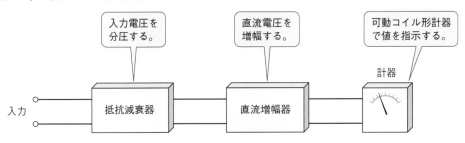

図9 電子電圧計（直流用）の構成例

交流電圧の場合は，直流増幅器を交流増幅器に置き換え，その出力の交流電圧を直流電圧に変換し，電圧の大きさを計器で読み取る。

電子電圧計は，次のような特徴があり，広く用いられている。

① 増幅器が内蔵されているので，数 μV から 100 V 程度までの広い範囲の電圧を測定できる。

② 直流から数 MHz 程度までの広い範囲の周波数の電圧を，1～5 ％程度の誤差で測定できる。

③ 内部抵抗が 1 MΩ 程度と，きわめて高いため，測定する回路にほとんど影響を与えないで測定できる。
➡ p. 28

4 ディジタル計器

目標
- ⬗ アナログ波形とディジタル波形の違いを知り，ディジタル計器の特徴を理解しよう。
- ⬗ ディジタル計器の基本構成について理解しよう。

1 アナログ波形とディジタル波形

図 10 は，**アナログ波形**の例を示したもので，時間とともに電圧が連続的に変化する波形である。図 11 は，**ディジタル波形**の例を示したもので，電圧は「1」または「0」という二つの値しかない波形である。

アナログ波形をディジタル波形に変換し，ディジタル波形を利用することは広く行われている。この変換装置を，**A-D 変換器**という。
analog-to-digital converter

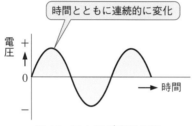

図 10　アナログ波形の例　　　　図 11　ディジタル波形の例

2 アナログ計器とディジタル計器

図 12(a) は，電池の電圧を指針の振れ幅（角度）で表す例である。このような計器を，**アナログ計器**という。図 12(b) は，同じ電圧を数字で表示する計
analog instrument
器の例であり，これを**ディジタル計器**という。
digital instrument

アナログ計器は，変化の度合いを読み取りやすく，測定量を直感的に判断できる利点を持つが，**読取り誤差**❶を生じやすい。

❶ p. 186 図 4(b) に示したように，目盛を誤って読み取ることがなくても，たとえば，指針が目盛と目盛の間にある場合，これをどう読み取るかは，見え方や個人差によって異なる。このことを，読取り誤差という。

(a) アナログ計器　　　　**(b) ディジタル計器**
図 12　アナログ計器とディジタル計器の指示例

ディジタル計器は，アナログ計器に比べて次のような特徴がある。

① **高い精度が得られる**

測定結果の表示は，4〜7 けた程度まで細かいデータが得られる。

② **読取り誤差がない**

測定値が数字で表示されるので，読み取りやすく，読み取りによる個人差がない。

③ コンピュータ処理に適合する

測定値をディジタル信号で取り出すことができるため，コンピュータに接続し，数値の記憶やデータの処理などができる。

3 ディジタル計器の基本構成

図13は，ディジタル計器の基本構成である。まず，測定入力端子に加えられた交流電圧などのアナログ波形は，入力変換回路で直流電圧に変換される。次に，この直流電圧は，A–D変換回路に送られ，直流電圧の大きさに応じたディジタル量に変換される。このディジタル量を表示回路へ送り，そこで測定値が数字として表示される。

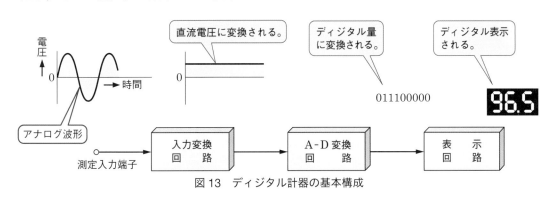

図13 ディジタル計器の基本構成

◀ 取り扱い上の注意 ▶

① ディジタル計器には，各種の保護回路がはいっているが，過大な入力を加えないように注意する。

② 測定する電流や電圧などの値が不明の場合，最初は大きなレンジで測定し，順次，低いレンジに切り換えるようにする。または，オートレンジ❶を使用する。

③ 入力を加えた状態で，レンジを切り換えることは避ける。

❶ 適したレンジを自動的に選択する機能のこと。

▮ 節 末 問 題 ▮

❶ 可動コイル形計器において，駆動トルクは何によって生じるか。

❷ 可動鉄片形計器において，駆動トルクは何によって生じるか。

❸ 整流形計器は，整流器とどのような計器で構成されているか。

❹ 電子電圧計の特徴は何か。

❺ アナログ計器とディジタル計器は，測定値を表示する方法にどのような違いがあるか。

❻ A–D変換器は，何を何に変換するものか。

1 抵抗の測定

目標	◎電圧計と電流計および回路計を使った抵抗の測定方法を理解しよう。
	◎絶縁抵抗の性質と，その測定方法について理解しよう。

1 電圧計・電流計による測定

図1に，電圧計と電流計による抵抗の測定方法を示す。電圧計と電流計の指針の読みから，抵抗値を計算 (オームの法則) によって求める。 → p. 21

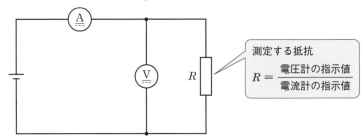

測定する抵抗
$$R = \frac{電圧計の指示値}{電流計の指示値}$$

図1 電圧計と電流計による抵抗の測定方法

❶ テスタともいう。

2 回路計による測定

回路計❶は，抵抗が測定できるようにつくられた計器である。また，回路計は，抵抗のほかに，直流の電圧・電流，交流の電圧なども測定することができる。

◀ アナログテスタによる抵抗の測定例 ▶

① 切換ロータリスイッチのつまみを，[Ω] の位置に置く。そのとき，抵抗の大きさに合わせて適切な倍率 ($\times 1$, $\times 10$, $\times 100$, $\times 1000$) を選ぶ。

② 測定端子棒どうしを接触させ，0 Ω 調整つまみを用いて，指針が 0 Ω を指すように調整する。

③ 測定端子棒を測定しようとする抵抗の両端へ接触させ，指針が示す目盛を読む。

図2は，アナログテスタの例である。

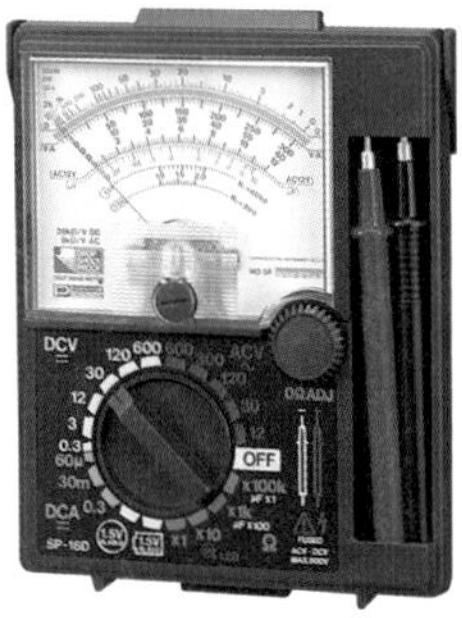

図2 アナログテスタ

◀ ディジタルテスタによる抵抗の測定例 ▶

① 切換ロータリスイッチのつまみを，[Ω] の位置に置く。

② テスタの電源スイッチを入れる。

③ 測定端子棒どうしを接触させ，表示が 0.00 Ω になることを確認する。

④ 測定端子棒を測定しようとする抵抗の両端に接触させ，表示された数字を読む。

図3 ディジタルテスタ

図3は，ディジタルテスタの例である。

3 | 絶縁抵抗計による絶縁抵抗の測定

絶縁材料は，電流を流したくないところに用いるが，絶縁材料に高電圧がかかると，電流がわずかに流れることがある。[1][2]

　電気機器や配電線などの絶縁がふじゅうぶんであれば，短絡や漏電などによる感電事故，機器の焼損を発生させる恐れがある。これらの事故を未然に防ぐために，**絶縁抵抗計（メガー）**が用いられる。絶縁抵抗計は，絶縁材料に加わる電圧と漏れ電流の比である**絶縁抵抗**を測定し，電流の漏れの程度を確認する。電気機器などの絶縁抵抗には，一般に [MΩ] の単位が用いられる。
insulation-resistance meter　megger
insulation resistance

　絶縁抵抗計は，内部で，100 V，500 V，1000 V などの電圧を発生させる。その電圧の発生方法により，発電機式と電池式がある。

　図4は，電池式絶縁抵抗計の例である。絶縁抵抗計は，LINE 側の測定端子を回路側へ，EARTH 側の測定端子を接地側へ接続して，絶縁抵抗を測定する。

　図5は，電池式絶縁抵抗計を用いて，屋内配線の絶縁抵抗（屋内配線と大地間の絶縁抵抗）を測定する例である。図のように，EARTH 側の測定端子棒を接地側にしっかりと接触させ，LINE 側の測定端子棒を測定しようとする屋内配線に接触させて，表示された絶縁抵抗を読み取る。

❶ 平行ビニル線やビニル平形ケーブルなどは，2本の銅線をそれぞれ絶縁材料でおおい，1本にまとめてある。

❷ 時間とともにゆっくり減少する吸収電流と，時間に対して変化しない漏れ電流に分けられる。絶縁抵抗の測定では，漏れ電流を考えればよい。

図4　電池式絶縁抵抗計

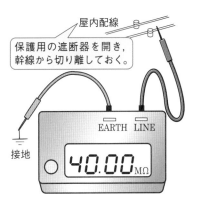

図5　屋内配線の絶縁抵抗

第6章●電気計測

2 インダクタンス・静電容量と周波数の測定

● インダクタンスや静電容量を測定できる交流ブリッジの原理について理解しよう。
● 周波数を測定する指針形周波数計とディジタル周波数計の特徴を理解しよう。

1 インダクタンスと静電容量の測定

インダクタンスや静電容量の測定には，交流電源で動作する**交流ブリッジ**を使 _5_
alternating- current bridge
用する。図6に交流ブリッジの外観例，および，図7に交流ブリッジの原理図を示す。

図6　交流ブリッジの外観例

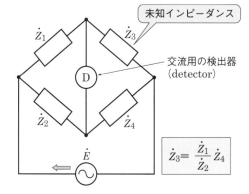

図7　交流ブリッジの原理図

図7の $\dot{Z}_1$, $\dot{Z}_2$, $\dot{Z}_3$, $\dot{Z}_4$ はインピーダンス，D は**検出器**であり，$\dot{E}$ は
detector
1 kHz 程度の交流電圧である。未知のインピーダンス $\dot{Z}_3$ を求めるに _10_
は，ほかのインピーダンスの値を調整して，検出器の指針が 0 になっ
たとき（平衡），$\dot{Z}_1$, $\dot{Z}_2$, $\dot{Z}_4$ の値から，式 (1) を用いて計算する。

未知のインピーダンス	$\dot{Z}_3 = \dfrac{\dot{Z}_1}{\dot{Z}_2}\dot{Z}_4$	(1)

交流ブリッジを平衡させるための操作は，一般に容易ではなく，習
熟が必要である。このため，測定のための調整が自動で行われ，測定
値がディジタル表示される **LCR メータ**（図8）が利用されることが多 _15_
い。

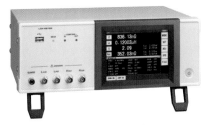

図8　*LCR* メータの外観例

問1 交流ブリッジと *LCR* メータの特徴を比較したとき，*LCR* メータの長所
を答えよ。

2 | 周波数の測定

周波数を測定する計器には，いろいろなものがあるが，ここでは，指針形周波数計とディジタル周波数計について学ぶ。

◀指針形周波数計▶ アナログ式の周波数計には，**指針形周波数計**が
ある。指針形周波数計は，周波数の値を直流電圧の大きさに変える変換器を利用して，可動コイル形計器で周波数を測定する計器である。このような計器では，変換器の特性で決まる範囲の周波数（およそ 20 Hz〜500 Hz）が測定対象となる。

◀ディジタル周波数計▶ 図9は，**ディジタル周波数計**の外観例である。ディジタル周波数計は，周波数のほかに，周期なども測定できるので，よく用いられる。

ディジタル周波数計には，次のような特徴がある。

① 取り扱いが簡単で，読み取りに個人差がない。

② 高い精度の測定ができる。

③ 数 mHz から数 GHz までの測定ができる。

指針形周波数計に比べて，ディジタル周波数計のほうが，低い周波数から高い周波数まで広い範囲の周波数を測定できるよ。

図9 ディジタル周波数計の外観例

3 電力と電力量の測定

目標　🔘電力計と電力量計の原理について理解しよう。

1 電力計

電流コイル端子

内部抵抗を小さくするため太い線にする。

電圧コイル端子

電流コイル

負荷

電力計

電圧コイル

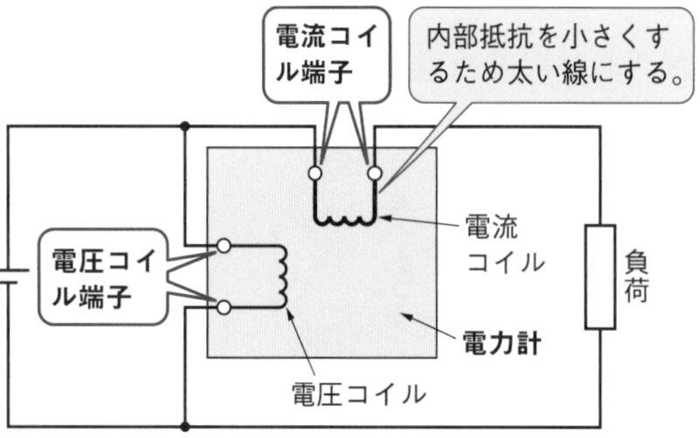

図10　コイル端子の接続法

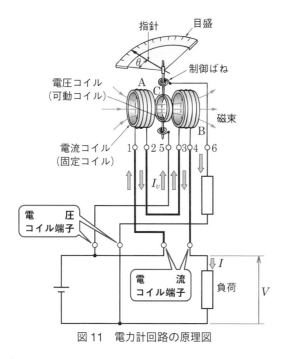

指針　　目盛

電圧コイル
（可動コイル）

制御ばね

A

C

磁束

B

電流コイル
（固定コイル）　1　2 5　3 4　6

I_v

電　圧
コイル端子

電　流
コイル端子

I

負荷

V

図11　電力計回路の原理図

電力計には，図10のように，電流コイル端子と電圧コイル端子があり，それぞれ負荷側と電源側に接続されている。

図11は，電力計回路の原理図である。

電流コイルには，負荷電流Iが流れ，電圧コイルには，電源電圧（ほぼ負荷電圧Vと等しい）に比例する電流I_vが流れる。この場合，指針の回転角θは，トルクTに比例する。そして，トルクTは，磁界の強さHと電圧コイルの電流I_vの積に比例し，磁界の強さHは，負荷電流Iに比例し，式(2)のようになる。

$$\theta = k_1 T = k_2 H I_v = k_3 I I_v \qquad (2)$$

ただし，k_1，k_2，k_3は，比例定数である。

さらに，I_vはVに比例するため，θは比例定数Kを使って，式(3)のように表される。

指針の回転角	$\theta = KIV$	(3)

指針の回転角θは，負荷電流と負荷電圧の積，すなわち電力に比例することとなる。なお，指針が回転すると，θに比例した制御トルクが生じるように，制御ばねが取りつけられている。このような計器を，**空心電流力計形計器**という。

2 電力量計

図12は，一般家庭における電力量計の取付け状態と外観例である。また，図13は，誘導形計器の**電力量計**の原理図である。アルミニウム円板の回転数が，電力量に比例することを利用して，計量装置で電力量を読み取る。

電力は，電圧と電流の積で求められる。そこで，図のように，電圧コイルと電流コイルを配置し，電圧コイルには負荷電圧を加え，電流コイルには負荷電流を流す。

電圧コイルの巻数は，電流コイルの巻数よりきわめて多いため，自己インダクタンスが大きく，電圧コイルに流れる電流 I_p による磁束 Φ_p は，電圧よりほぼ $90°$ 位相が遅れる。一方，電流コイルに流れる電流 I による磁束 Φ_c は，電圧より少し位相が遅れる。

したがって，円板を貫く磁束は，電圧を基準にすれば，位相の遅れに差が生じ，磁束分布が移動する。このため，円板には渦電流が流れ，この渦電流と磁界の相互作用でフレミングの左手の法則から，電磁力（駆動トルク）が生じ，円板が回転する。

なお，図中の永久磁石は制動用であり，制動トルクは円板の回転速度に比例する。したがって，駆動トルクと制動トルクがつり合った回転速度となる。回転速度は電力に比例するため，回転数を計測すれば，電力量を測定することができる。

→ p.113
→ p.102

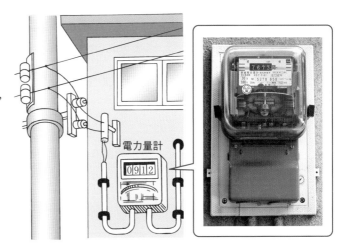

図12 電力量計の取付け状態と外観例

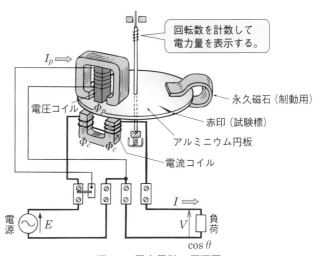

回転数を計数して電力量を表示する。

I_p
電圧コイル
Φ_p
Φ_c Φ_c
電流コイル
永久磁石（制動用）
赤印（試験標）
アルミニウム円板
電源 E
I
V 負荷
$\cos\theta$

図13 電力量計の原理図

第6章 ● 電気計測

Let's Try 一定の電力が消費されているとき，電力量計のアルミニウム円板が一定の回転速度で回転する理由をグループで話し合ってみよう。

Zoom up スマートメータ
smart meter

　図12に示した家庭用の電力量計は，近年，図14に示すスマートメータとよばれる計器に置き換わってきている。

　スマートメータには，無線通信機能があるため，電力量やその使用状況などのデータを自動的に送信できる。このため，検針員による電気使用量の確認が不要となり，人件費が削減できる。また，集計したデータを分析することで，省エネルギー対策に役立てることも期待されている。

　一方で，集められた家庭のデータが悪用されないような対策が必要とされている。

図14 スマートメータ

4 オシロスコープの種類と特徴

目標 ✐ディジタルオシロスコープの構成や特徴を理解しよう。

1 オシロスコープの種類

オシロスコープは，時間の経過にともなう電圧の変化を画面に波形として表示する計器である。電気信号などの各種波形を直接観察することができるので，電子機器などの特性測定や修理・調整などで，よく利用される。

オシロスコープには，アナログオシロスコープと**ディジタルオシロスコープ**がある。図15に，ディジタルオシロスコープの外観例を示す。

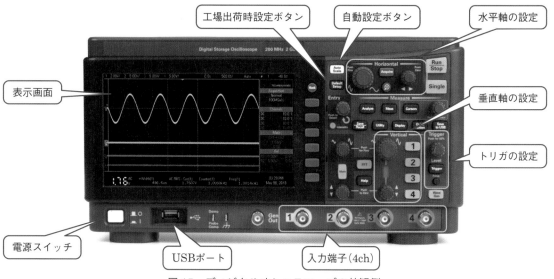

工場出荷時設定ボタン　　自動設定ボタン　　水平軸の設定

表示画面

電源スイッチ　　USBポート　　入力端子（4ch）

垂直軸の設定

トリガの設定

図15　ディジタルオシロスコープの外観例

2 ディジタルオシロスコープの構成

図16に，ディジタルオシロスコープの構成例を示す。入力信号は，A-D変換器によりディジタルデータに変換されたあと，記憶装置にたくわえられる❶。その後，演算処理などのデータ処理を行ってから，表示装置（ディスプレイ）で入力信号の波形が表示される。

❶ 蓄 積（storage）という。このため，ディジタルストレージオシロスコープ（DSO）ということもある。

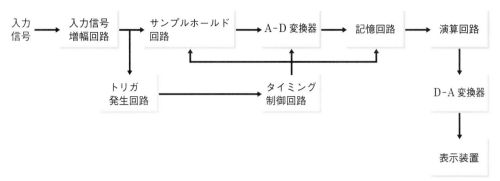

サンプルホールド回路 A-D 変換処理の過程で入力信号のレベルを一定時間保持する回路。
記憶回路 A-D 変換後のデータを時系列で記憶する回路。
演算回路 記憶装置にたくわえられたデータから，周波数や電圧の実効値などを計算する回路。
表示装置 ディジタル処理された入力信号を観測波形として表示する装置。
タイミング制御回路 入力信号をディジタル化するときの時間間隔などを制御する回路。

図 16　ディジタルオシロスコープの構成例

3 ディジタルオシロスコープの特徴

ディジタルオシロスコープには，次のような特徴がある。

長所

① 波形データを蓄積するので，連続的に変化する信号だけでなく，1 回だけ変化するような現象の測定もできる。

❶ 単発現象という。

② 通信機能により，コンピュータとの連携ができる。このため，複雑な波形解析が可能である。

③ 表示装置には，カラー表示ができる液晶ディスプレイが利用
liquid crystal display
されることが多い。

④ ディジタル処理を行うため，現在の垂直感度や掃引時間などを示す数値を，画面上に表示させることができる。また，演算機能を利用すると，実効値などを数値化して表示することができる。

❷ 水平方向に 1 目盛移動する時間のこと。

短所

① 測定対象となる波形に対して，ディジタル化するときの時間間隔があきすぎると，本来の波形と異なる波形を表示してしまうことがある。

② 一つの波形を取り込んだあと，次の波形を取り込むまでに時間が必要である。このため，信号を連続して処理できないことがある。

5 オシロスコープによる波形の観測

❶ 1目盛を意味する。

❷ 波形の山から谷までの高さのこと。ピークピーク値やピーク・トゥ・ピークともいう。

図17は，オシロスコープの表示画面に，正弦波形が現れているところを示したものである。

いま，垂直感度が0.5 V/div，掃引時間が2 ms/div のとき，この波形の最大値・実効値・周期・周波数は，次のように求めることができる。
（division）

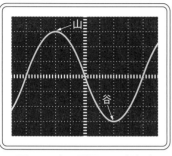

図17　表示画面の正弦波形

(a)　最大値 V_m　（垂直感度）$\times \left(\dfrac{\text{ピークピーク値}❷}{2} \right)$

$$V_m = 0.5 \times \frac{6}{2} = 1.5 \text{ V}$$

(b)　実効値 V　$\dfrac{\text{最大値}}{\sqrt{2}}$

$$V = \frac{V_m}{\sqrt{2}} = \frac{1.5}{\sqrt{2}} = 1.06 \text{ V}$$

(c)　周期 T　（掃引時間）$\times$（1サイクルの目盛数）

$$T = 2 \times 8 = 16 \text{ ms}$$

(d)　周波数 f　$\dfrac{1}{\text{周期}}$

$$f = \frac{1}{T} = \frac{1}{16 \times 10^{-3}} = 62.5 \text{ Hz}$$

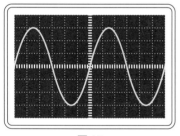

図18

問2　オシロスコープを使って波形を観測したところ，図18のような正弦波形が得られた。この波形の最大値・実効値・周期・周波数を求めよ。ただし，垂直感度は0.2 V/div であり，掃引時間は5 μs/div である。

Zoom up　プローブ（探針）
probe

　測定する回路から信号を取り出し，オシロスコープに入力する用具として，プローブが用いられる。図19に，電圧プローブの外観例を示す。

　一般に測定のさいには，減衰率が10：1の電圧プローブが使用されており，測定電圧が$\dfrac{1}{10}$になってオシロスコープに入力される。信号が減衰しない1：1のプローブと比べると感度は低下するが，入力抵抗が高いので，測定する回路に与える影響を小さくすることができる。

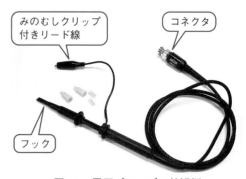

図19　電圧プローブの外観例

オシロスコープによる低周波発振器の波形観測

オシロスコープに低周波発振器を接続し，波形の観測をしてみよう（かっこ内の英語は，つまみの働きや記号を示す）。

実験器具 ディジタルオシロスコープ（ここではオシロスコープと表記），低周波発振器，電子電圧計，プローブ

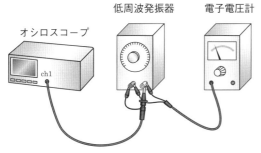

図A 実験接続図

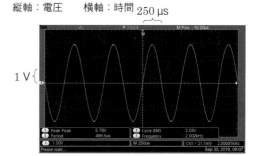

縦軸：電圧 横軸：時間 250 µs

図B 測定結果の例

実験方法

① 実験器具を図Aのように接続し，オシロスコープの電源スイッチ（POWER）を入れる。

② オシロスコープの工場出荷時設定（Default Setup）ボタンを押す。1（チャネル1メニュー）ボタンを押し，Probe Voltage を 10 × に設定する。使用するプローブの減衰率が 10 × であることを確認する。

③ 低周波発振器の出力周波数を 2 kHz にし，電源スイッチを入れる。電子電圧計の電源スイッチを入れ，電子電圧計の指針を確認しながら低周波発振器の出力電圧が 2 V になるように調整する。

④ 自動設定（Autoset）ボタンを押す。オシロスコープが，垂直軸や水平軸およびトリガ・コントロールを自動的に設定し，波形が表示される。

> **参考** アナログオシロスコープでは，垂直感度切換つまみ（VOLTS・DIV）を回し，波形が目盛内に収まるように調整する。微調つまみは，右いっぱい（CALIB）のところへ回しておく。トリガのレベル調整つまみ（LEVEL）を回して表示波形を静止させる。掃引時間切換つまみ（TIME・DIV）を回し，波形が 1～3 周期表示されるようにする。

実験結果 オシロスコープで観測した波形は，図Bのようになった。

考察

① オシロスコープの波形から，電圧のピークピーク値 V_{pp} を求めると，5.73 V であり，周期 T を求めると 500 µs である。

② 観測した電圧のピークピーク値 V_{pp} から実効値 V を求める。

$$V = \frac{V_{pp}}{2\sqrt{2}} = \frac{5.73}{2 \times 1.41} = 2.03 \text{ V}$$

③ 観測した周期 T から周波数 f を求める。

$$f = \frac{1}{T} = \frac{1}{500 \times 10^{-6}} = 2\,000 \text{ Hz} = 2 \text{ kHz}$$

1 節

1 **国際単位系** (p. 184)　国際的な取り決めに基づいた単位系を，国際単位系 (SI) という。

2 **誤差** (p. 187)　誤差 ε，測定値 M，真の値 T との間には，$\varepsilon = M - T$ の関係がある。

3 **階級指数** (p. 187)　階級指数が 0.5 の電圧計とは，誤差が最大目盛の $0.5\,\%$ 以下であることを示す。

4 **有効数字** (p. 187)　測定値が $75.4\,\mathrm{V}$ ということは，$75.35\,\mathrm{V}$ 以上 $75.45\,\mathrm{V}$ 未満の範囲であることを示し，75.4 という数値は意味のあるものであり，これを有効数字という。

2 節

5 **永久磁石可動コイル形計器** (p. 190)　可動コイル形計器は，電流が流れている磁界中のコイルに働く電磁力によって指針を回転させる計器で，直流電流計や直流電圧計として広く用いられている。

6 **可動鉄片形計器** (p. 191)　可動鉄片形計器は，固定コイルに流れる電流によって磁界を発生させ，二つの鉄片を磁化し，これらの鉄片の反発力によって指針を回転させる計器で，商用周波数の交流電流計や交流電圧計として広く用いられている。

7 **整流形計器** (p. 192)　整流形計器は，ダイオード (整流器) と可動コイル形計器を組み合わせた計器である。ダイオードを接続する向きをくふうすることによって，可動コイルにつねに同じ向きの電流が流れるようにしたもので，比較的高い周波数の交流電流計や交流電圧計として用いられている。

8 **電子電圧計** (p. 193)　電子電圧計は，抵抗減衰器・直流増幅器と可動コイル形計器を組み合わせた計器である。

9 **アナログ計器とディジタル計器** (p. 194)　測定値を，指針の振れ幅 (角度) で表す計器をアナログ計器，数字で表す計器をディジタル計器という。

3 節

10 **抵抗の測定** (p. 196〜197)　抵抗を測定するには，電圧計と電流計の指針の読みから計算 (オームの法則) によって求める方法や回路計を用いる方法などがある。また，絶縁の程度を絶縁抵抗として測定するには，絶縁抵抗計が用いられる。

11 **インダクタンスと静電容量の測定** (p. 198)　インダクタンスや静電容量を測定するには，交流ブリッジまたは LCR メータがよく用いられる。

12 **周波数の測定** (p. 199)　周波数の測定には，指針形周波数計やディジタル周波数計などが用いられる。

13 **電力の測定** (p. 200)　電力を測定する計器として，空心電流力計形計器が用いられる。この計器は，2 種類のコイルを使って，電力に比例した角度だけ指針を回転させるものである。

14 **電力量の測定** (p. 200〜201)　電力量を測定する計器として，誘導形計器が用いられる。この計器は，2 種類のコイルに生じる磁束の位相差によって円板に渦電流を発生させ，磁界中の渦電流に働く電磁力によって円板を回転させるものである。

15 **オシロスコープ** (p. 202〜203)　オシロスコープは，電気信号などの各種の波形を観測する測定器である。観測した波形によって，実効値や周期などを求めることができる。

章末問題

(1) 次の文中の（　）内に，適切な用語または数値を入れよ。

(1) 長さを測定するということは，標準となる長さを決め，これを（　　）として，その何倍であるかという数値を求めることである。

(2) 単位については，国際的な取り決めがある。この取り決めに基づいた単位系を，（　　）という。

(3) 階級指数が 1.0 の電気計器は，全目盛において，誤差が最大目盛の（　　）％以下であることを示す。

(2) 測定値が 1.86 V，真の値が 1.85 V のとき，誤差と誤差率を求めよ。

(3) 最大目盛 300 V，階級指数 1.0 の電圧計で電圧を測定したところ，100 V であった。真の値はどの範囲にあるか。

(4) 電気計器は，指針の振れ幅を読み取る計器と，数字を読み取る計器とに大別することができる。それぞれ何とよばれるか。

(5) 可動コイル形計器は，交流・直流のどちらの測定に使用されるか。

(6) 整流形計器で測定することができる周波数の範囲は，およそどれくらいか。

(7) 電気計器の目盛板に記載されている図 1(a)〜(f) の記号は，何を意味しているか。

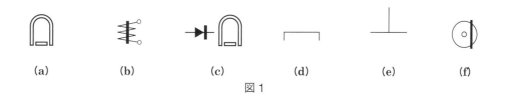

| (a) | (b) | (c) | (d) | (e) | (f) |

図 1

(8) 次の文は，周波数の測定に関するものである。下の語群から適切な語句を選び，（　　）内に記号を記入せよ。

「ディジタル周波数計は，読み取りに（　　）がなく，高い（　　）の測定ができ，低い周波数から数（　　）Hz までの測定ができる。」

語群

ア．オートレンジ　　イ．精度　　ウ．パルス
エ．G（ギガ）　　オ．個人差

(9) 図 2 は，オシロスコープによって，入力電圧の波形を表示画面に描かせたようすである。この波形の実効値と周波数を求めよ。ただし，垂直感度は 0.2 V/div であり，掃引時間は 5 ms/div である。

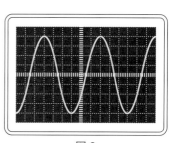

図 2

非正弦波交流と過渡現象

1節 非正弦波交流

1 非正弦波交流とは

| 目標 | ✔ 非正弦波交流の発生のしくみと種類を理解しよう。

1 非正弦波交流の発生

図1は，**非正弦波交流**[1]の例である。非正弦波交流は，正弦
non-sinusoidal wave AC
→ p. 128

波とは異なるが，規則正しく繰り返す波形を持った交流
である。

一方，規則性がなく偶発的に発生する波形のことを，

雑音という。
noise

非正弦波交流は，図2(a) に示すように，ダイオードや
トランジスタなどの半導体素子や，鉄心に巻かれたコイ
ルなどの電気回路を正弦波が通るさいに，ひずみを受けることによっ
て発生する。これは，これらの素子が，非直線的な特性を持っている[2]
ためである。

図1 非正弦波交流の例

[1] **ひずみ波交流**(distorted wave AC) ともいう。

[2] 非直線素子という。

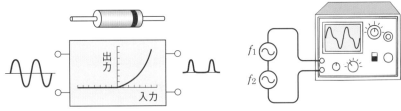

(a) 直線的でない特性の素子　　　　　(b) 複数の正弦波を合成
図2 非正弦波交流の発生する例

また，図2(b) に示すように，周波数が異なる複数の正弦波交流を合成しても，非正弦波交流をつくることができる。

これらのほかにも，電気回路で波形を整形することによって，各種の非正弦波交流波形をつくることができる。

ここで，図2(a) の具体例として，図3(a) のように，ダイオードに正弦波交流電圧 e [V]（図3(b) の入力電圧波形）を加える回路を考えてみる。このとき，ダイオードには，図3(b) のような波形（出力電流波形）の電流が流れる。この電流 i は，ダイオードの特性に対応して，ひずんだ電流になる。もし，赤色の線のような直線的な特性を持った素子であれば，出力電流 i は，ひずみのない赤色の線の正弦波となる。

変形してゆがむことを，ひずみというよ。

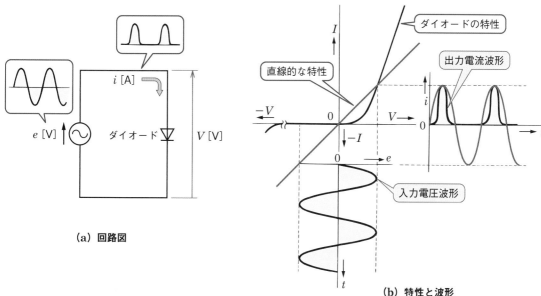

(a) 回路図

(b) 特性と波形

図3 ダイオードによる非正弦波交流の発生

2 非正弦波交流の種類

図4は，いろいろな非正弦波交流の例である。

(a) 方形波

(b) のこぎり波

(c) 三角波

図4 非正弦波交流の例

問1 図4のほかに，どのような非正弦波交流があるか調べてみよ。

2 非正弦波交流の成分

目標　🎯周期性を持った非正弦波交流は，正弦波交流の組み合わせでできていることを理解しよう。

1 非正弦波交流の表し方

非正弦波交流が，一定の周期で規則正しく繰り返す波形であれば，その非正弦波交流電圧 v [V] は，式 (1) のような三角関数による級数の**展開式**❶で表すことができる。

❶　フーリエ級数という。

非正弦波交流電圧

$$v = \underbrace{V_0}_{\text{直流分}} + \underbrace{V_1\sin(\omega t + \phi_1)}_{\text{基本波}}$$

$$+ \underbrace{V_2\sin(2\omega t + \phi_2)}_{\text{第2調波}} + \underbrace{V_3\sin(3\omega t + \phi_3)}_{\text{第3調波}} + \cdots + \underbrace{V_n\sin(n\omega t + \phi_n)}_{\text{第}n\text{調波}} + \cdots \text{ [V]} \quad (1)$$

$$\underbrace{}_{\text{高調波}}$$

第 1 項の V_0 は**直流分**，第 2 項は**基本波**，第 3 項以降は**高調波**といい，基本波の 2 倍の周波数の高調波を**第 2 調波**，以下 3 倍を**第 3 調波**，n 倍を**第 n 調波**という。2, 3, ……, n を高調波の次数といい，奇数のものを**奇数調波**，偶数のものを**偶数調波**という。

fundamental harmonic　higher harmonic
second harmonic　third harmonic

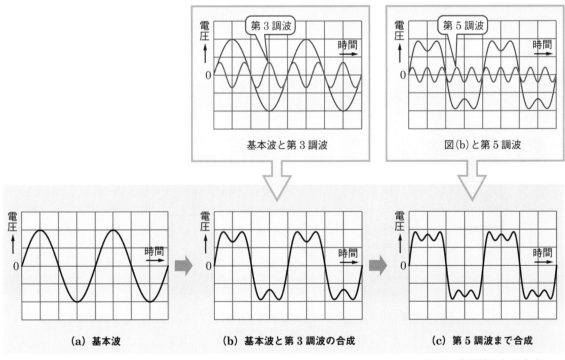

基本波と第 3 調波　　図 (b) と第 5 調波

(a) 基本波　　(b) 基本波と第 3 調波の合成　　(c) 第 5 調波まで合成

図 5　方形波のなりたち

2 | 非正弦波交流の生成

周期性を持った非正弦波交流が，式(1)で表せるということは，周波数と振幅の異なる正弦波をたし合わせてつくられていることを意味している。したがって，いろいろな周波数と振幅の正弦波交流を合成すれば，さまざまな非正弦波をつくり出すことができる。

図5は，基本波に奇数調波を順次合成していくと，方形波に近づいていくようすを表したものである。❶

図5(b)は，図5(a)の基本波に第3調波を合成した波形であり，図5(c)は，図5(b)に第5調波を合成した波形である。これを繰り返して，第99調波までの波形を合成したものが，図5(e)である。さらに奇数調波を合成していくと，よりきれいな方形波になる。

このように，方形波のような直線部がある波形であっても，周期的な波形であれば，多くの異なる周波数や振幅の正弦波の合成によってつくることができる。

❶ 矩形波ともいう。一般に，正負の二つの値を繰り返す。二つの値の一つが0を取る場合もあり，これをパルス(p.218参照)という。

> **Let's Try** 基本波 $v_1 = 20\sin\omega t$ と第2調波 $v_2 = 10\sin 2\omega t$ を合成した波形を v_a とし，同じ基本波 v_1 と第3調波 $v_3 = 10\sin 3\omega t$ を合成した波形を v_s とする。表計算ソフトのグラフ機能を使って，v_a と v_s を作図してみよう。作図のさい，横軸の変数を ωt に取って細かい間隔で値を設定し，v_a と v_s を計算しよう。また，作図した v_a と v_s の波形から，それぞれの特徴を考えてみよう。

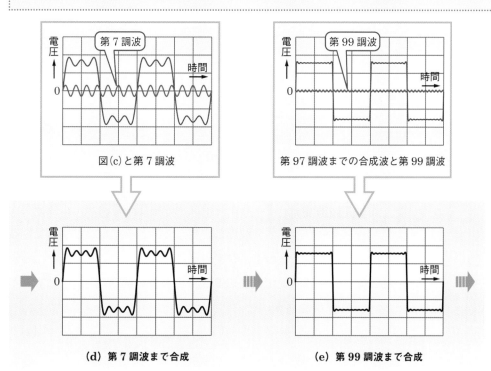

図(c)と第7調波

第97調波までの合成波と第99調波

(d) 第7調波まで合成

(e) 第99調波まで合成

第7章● 非正弦波交流と過渡現象

3 非正弦波交流の実効値とひずみ率

1 非正弦波交流の実効値

式 (2) で表される非正弦波交流電圧 v を考える。

$$v = V_0 + \sqrt{2}\,V_1 \sin(\omega t + \phi_1) + \sqrt{2}\,V_2 \sin(2\omega t + \phi_2)$$
$$+ \sqrt{2}\,V_3 \sin(3\omega t + \phi_3) + \cdots\cdots \qquad (2)$$

このとき，非正弦波交流電圧 v の実効値 V は，式 (3) で表される。

> **非正弦波交流電圧の実効値**
>
> $$V = \sqrt{V_0{}^2 + V_1{}^2 + V_2{}^2 + V_3{}^2 + \cdots\cdots}\ \ [\text{V}] \qquad (3)✿$$
>
> （各高調波の実効値）^{2} の和
> （基本波の実効値）^{2}
> （直流分）^{2}

✿たとえば，基本波 $\sqrt{2}\,V_1 \sin(\omega t + \phi_1)$ の最大値（振幅）は $\sqrt{2}\,V_1$ なので，基本波の実効値は，p.134 式 (7) より，
$$\frac{\sqrt{2}\,V_1}{\sqrt{2}} = V_1 \text{ となります。}$$

例題① 非正弦波交流電圧 $v = 10\sqrt{2}\sin\omega t + 5\sqrt{2}\sin 2\omega t + 3\sqrt{2}\sin 3\omega t$ [V] の実効値 V [V] を求めよ。

解答 非正弦波交流電圧 v は，直流分を含まないので，$V_0 = 0\,\text{V}$ であり，基本波および高調波の実効値は，それぞれ $V_1 = 10\,\text{V}$，$V_2 = 5\,\text{V}$，$V_3 = 3\,\text{V}$ である。したがって，式 (3) より，次のようになる。

$$V = \sqrt{10^2 + 5^2 + 3^2} = \sqrt{134} = 11.6\,\text{V}$$

問2 $v = 100\sqrt{2}\sin\omega t + 30\sqrt{2}\sin 3\omega t + 20\sqrt{2}\sin 5\omega t$ [V] で表される非正弦波交流電圧の実効値を求めよ。

問3 非正弦波交流電圧 v を p.210 式 (1) のように表したとき，v の実効値を求めよ。

2 非正弦波交流のひずみ率

非正弦波交流の電圧や電流が，正弦波交流波形と比較して，どのくらいひずんでいるか，その割合を示すものを，**ひずみ率** という。
distortion factor

ここで，非正弦波交流電圧の高調波分だけの実効値を V_h とすると，V_h は式 (4) で表される。

$$V_h = \sqrt{V_2{}^2 + V_3{}^2 + \cdots\cdots}\ \ [\text{V}] \qquad (4)$$

（各高調波の実効値）^{2} の和

一方，基本波の実効値を V_1 とすると，ひずみ率 k は，基本波の実効値 V_1 に対する高調波分だけの実効値 V_h の比を百分率で示した，式 (5) で表される。

ひずみ率

$$k = \frac{V_h}{V_1} \times 100 = \frac{\sqrt{V_2{}^2 + V_3{}^2 + \cdots\cdots}}{V_1} \times 100 \ [\%] \quad (5)$$

ひずみ率は，ひずみの程度を表すだけでなく，音響機器の特徴を表す量の一つとしてよく使われる。一般に，ひずみ率の数値が小さいほど，ひずみは少なく，良質な特性とされる。

図 6 に，オーディオアナライザの外観例を示す。この機器は，ひずみ率のほか，周波数など音響に関するさまざまな特性を測定することができる。[●]

❶ 図 6 の製品を使用するさいは，外部モニタもしくはパソコンと接続して，操作や表示を行う。

図6　オーディオアナライザの外観例

例題 ❷ 非正弦波交流電圧 $v = 10\sqrt{2} \sin \omega t + 2\sqrt{2} \sin 2\omega t + \sqrt{2} \sin 3\omega t \ [\mathrm{V}]$ のひずみ率 k を求めよ。

解|答　式 (4) より，
$$V_h = \sqrt{V_2{}^2 + V_3{}^2} = \sqrt{2^2 + 1^2} = \sqrt{5} = 2.24 \ \mathrm{V}$$
式 (5) より
$$\text{ひずみ率}\ k = \frac{V_h}{V_1} \times 100 = \frac{2.24}{10} \times 100 = \mathbf{22.4 \ \%}$$

問4　図 7 のような三角波が次の式で表されるとき，そのひずみ率を第 5 調波までの値で求めよ。

$$v = \frac{8V}{\pi^2}\left(\sin \omega t - \frac{1}{9}\sin 3\omega t + \frac{1}{25}\sin 5\omega t - \cdots\cdots\right)$$

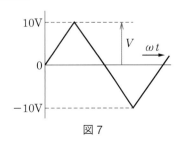

図7

1 *RL* 回路の過渡現象

か と げん しょう

目標	
	❷ 過渡現象とはどのような現象なのか理解しよう。
	❷ *RL* 回路の過渡現象において，時定数の意味を理解し，計算できるようになろう。

1 過渡現象の基礎

これまで，電気回路の電圧や電流の値は， 5
電気回路のスイッチを閉じて，時間がし
ばらくたったあとの安定した状態について考えてきた。しかし，この
節では，スイッチを閉じた直後のわずかな時間（数ミリ秒程度）に起こ
る，独特な現象について学ぶ。

この現象は，抵抗のみの回路では起きず，コンデンサやコイルが含 10
まれる回路で起きる。

コンデンサやコイルは，電気エネルギーをたくわえることのできる
素子であり，それぞれ静電エネルギー，電磁エネルギーをたくわえる
ことができる。これらの素子を含む回路では，スイッチのオン・オフ
操作などによって電圧や電流が急激に変化すると，回路が新たな安定 15
した状態になるまでに，時間を要する。

図 1(a) の回路において，スイッチ S を閉じると，電流 i は，図 1(b)
のように，増加したあとに一定の（安定した）値になる。つまり，$t = 0$
でスイッチ S を閉じると，電流は，**初期値** $i = 0$ からしだいに大きさ
initial value
を増し，一定の値になる。この安定したときの値を**定常値**といい，そ 20
steady value
の状態を**定常状態**という。また，定常値になるまでの変化している状
態を**過渡状態**といい，過渡状態における特性を**過渡特性**，その期間を
transient characteristic
過渡期間という。過渡期間中に電圧や電流が変化する現象を**過渡現象**
transient time transient phenomena
という。

過渡とは，ある状態から別の新しい状態に移り変わる途中という意味だよ。

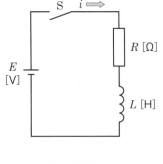

(a) 回路図

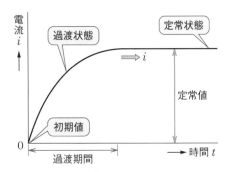

(b) 過渡特性

図 1　過渡現象

2 | *RL* 回路の過渡現象

図2(a) のような *RL* 回路において，スイッチ S を閉じると，レンツの法則により，電流 *i* の増加がさまたげられる。そのため，すぐに定常値 $i = \dfrac{E}{R}$ にはならずに，図2(b) のように変化する。❶
→ p. 110

→ p. 110

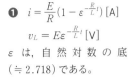

❶ $i = \dfrac{E}{R}\left(1 - \varepsilon^{-\frac{R}{L}t}\right)$ [A]

$v_L = E\varepsilon^{-\frac{R}{L}t}$ [V]

ε は，自然対数の底（≒ 2.718）である。

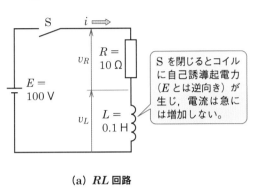

(a) *RL* 回路

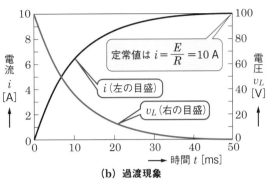

(b) 過渡現象

図 2 　*RL* 回路の過渡現象

3 | 時定数 (じ ていすう)

図3において，電流 *i* の過渡特性の曲線に，点 O から接線 O-a を引き，a から垂線 a-c をおろす。このときの横軸の大きさ O-c を，**時定数**といい，τ (タウ) で表す。単位には [s] が用いられる。

また，垂線と *i* の曲線との交点を b とすると，c-b は定常値の 63.2 % にあたる。すなわち，$t = 0$ から時定数 τ [s] ののちには，定常値の 63.2 % の値に達することがわかる。このようにして，時定数 τ は，ある回路の過渡期間の電流 *i* の大小を知る目安にすることができる。

RL 回路において，時定数 τ は，式 (1) で表すことができる。

RL 回路の時定数 　　　　$\tau = \dfrac{L}{R}$ [s] 　　　　　(1)

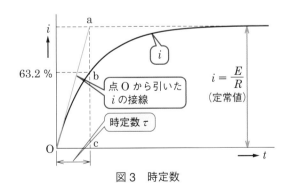

図 3 　時定数

問 1 　図 2(a) の *RL* 回路の時定数を求めよ。

2 RC 回路の過渡現象

目標　💡RC 回路の過渡現象の原理を理解し，時定数を計算できるようになろう。

1 │ 充電特性

図 4(a) のような RC 回路において，スイッチ S を閉じると ($t = 0$)，コンデンサ C に充電電流が流れ，コンデンサは，図 4(b) のような特性で充電される。端子電圧 v_c は，$V = \dfrac{Q}{C}$ の式から，電荷 Q が充電されるに従って上昇する。

一方，充電電流 i は，$t = 0$ で初期値 $i = \dfrac{E}{R}$ ❶ で流れ出し，充電が進んで電源電圧 E とコンデンサの端子電圧 v_C ❷ との電位差が少なくなるに従って減少していく。最終的に $v_C = E$ となったところで充電は終了し，$i = 0$ となる。

図 4(b) は，i，v_C を表すグラフであり，RC 回路の時定数 τ は，式 (2) で表される。

❶　$i = \dfrac{E}{R} \varepsilon^{-\frac{1}{RC}t}$ [A]
❷　$v_C = E(1 - \varepsilon^{-\frac{1}{RC}t})$ [V]

RL 回路の時定数は，$\tau = \dfrac{L}{R}$ [s] で，RC 回路の時定数は，$\tau = RC$ [s] だよ。

RC 回路の時定数	$\tau = RC$ [s]	(2)

RC 回路は，三角波などをつくる回路や，時間を制御する回路などに使われる。

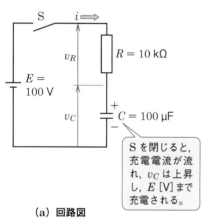

(a) 回路図

S を閉じると，充電電流が流れ，v_C は上昇し，E [V] まで充電される。

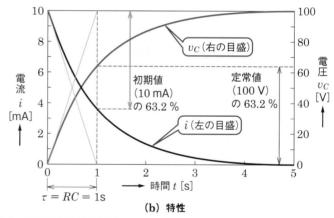

(b) 特性

図 4　RC 回路の充電特性

問2　$R = 10\,\text{k}\Omega$，$C = 100\,\text{μF}$ の RC 回路の時定数 τ_1 を求めよ。また，$C = 200\,\text{μF}$ にしたときの時定数 τ_2 を求めよ。

2 | 放電特性

図5のRC回路において，スイッチSを①側に接続すると，v_C，iは図4(b)の充電特性に従って変化する。コンデンサをじゅうぶんに充電したのち，スイッチSを②側に切り換えると，コンデンサにたくわえられた電荷が放電され，図5のように，充電電流とは逆向きの放電電流が流れる。

充電から放電までのv_C，iを表すグラフは，図6のようになる。充電によって電源電圧$E = 100\,V$と等しくなった端子電圧v_Cは，放電によって0Vになるまで減少し続ける。一方，電流iは放電により，充電のときとは逆向きに流れ，0Aまで減少し続ける。

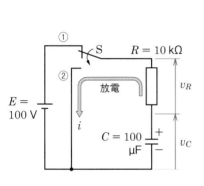

図5 RC回路の放電

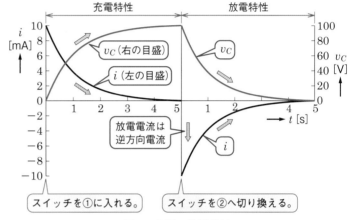

図6 充電・放電特性

Try 過渡現象は電気回路だけではなく，物理現象や化学反応などにも広くみられる❶。身のまわりの過渡現象を調べてみよう。

❶ たとえば，エアコンの電源を入れても，すぐには部屋の温度が設定値にならないなどの物理現象がある。

Zoom up 時定数

時定数τとは，ある変化を与えて，それが一定の値にまで変化するのに要する時間のことである。電気回路においては，抵抗とコイルやコンデンサで構成された電気回路に電流を流して，その電流の流れが定常値と初期値との差の63.2%に達するまでの時間$\tau\,[s]$のことである。さらに，時間が過ぎると，$5\tau\,[s]$で99.33%，$10\tau\,[s]$で99.99%と，ほぼ100%に近づいていく。この時定数は小さければよい，大きければ悪い，というものではない。

時定数が大きいということは，定常状態になるまでに時間がかかるということを意味しており，ゆっくりともとの状態などに戻ることを意味している。逆に，時定数が小さいということは，短時間で定常状態やもとの状態などに戻るということである。

第**7**章●非正弦波交流と過渡現象

3 微分回路と積分回路

✏ パルスの特徴と各種名称を理解し，微分回路と積分回路にパルスを入力したときの動作原理から出力波形のなりたちを説明できるようになろう。

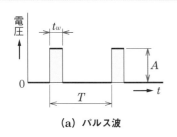

(a) パルス波

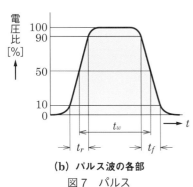

(b) パルス波の各部

図7 パルス

❶ デューティー比または占有率ともいう。

❷ 図7(b)の縦軸は，パルスの最大値(振幅)に対する各時刻の電圧の値(電圧比)を百分率で表したものである。

1 パルス

電圧または電流が，短時間に急激に変化し，周期的に発生する波形のことを，一般に**パルス**（pulse）という。図7(a)のパルスは，電圧値が急激に変化してある値を取り，一定時間維持したのち急激にもとに戻ることを繰り返す理想的な形をした波形で，方形波の一つである。T を周期，$\dfrac{1}{T}$ を周波数，t_w を**パルス幅**（pulse width），$\dfrac{t_w}{T}$ を**衝撃係数**（けいすう）❶といい，A は振幅を表す。しかし，実際に回路で発生したパルスは，図7(b)❷のような形をしていることが多い。この場合，パルス幅は，振幅が50 %に相当するパルスの幅をいい，t_r を**立上り時間**（rise time），t_f を**立下り時間**（fall time）という。

パルスは，コンピュータ・テレビジョン受信機・レーダ・音響機器・通信機器などに広く使われている。

問3 パルス幅が 10 µs，周期が 100 µs のパルスについて，周波数と衝撃係数を求めよ。

2 微分回路

抵抗とコンデンサを図8(a)のように接続した回路に，パルス幅 t_w が回路の時定数 $\tau = RC$ に対して，$t_w \gg \tau$ を満たすパルス電圧 e を加えたとき，抵抗 R の端子間電圧がどのようになるかを考える。

パルス電圧が正の一定値を取っている間，回路に充電電流が流れ，コンデンサが充電される。充電が完了すると電流は流れなくなる。

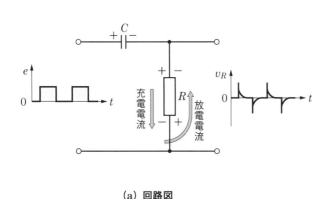

(a) 回路図

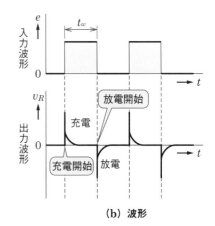

(b) 波形

図8 微分回路

パルス電圧が 0 V になると，入力が短絡されたことになり，コンデンサから放電電流が流れ，次にパルス電圧が正の一定値になるまえに，放電が終わる。したがって，抵抗 R の両端には，図 8(b) のような波形の電圧 v_R が現れる。このように，$t_w \gg \tau$ のように設定された回路を，**微分回路**❶という。

微分回路では，パルスの立上りや立下りにおいて，幅の狭い出力波形を発生させることができる。

❶ 出力波形を表す数式が，入力波形を表す数式を微分した形になる。

3 積分回路

抵抗とコンデンサを図 9(a) のように接続した回路に，パルス電圧 e を加えたとき，コンデンサ C の端子間電圧がどのようになるかを考える。

時定数 $\tau = RC$ をパルスの幅 t_w に対して $t_w = 5\tau$ となるように設定すると，パルス電圧が正の一定値を取っている間，回路に充電電流が流れ，コンデンサがほぼ充電される❷。パルス電圧が 0 V になったときには，入力が短絡されたことになり，コンデンサから放電電流が流れ❸，ほぼ放電が完了する。したがって，出力電圧 v_C は，図 9(c) のようになる。

❷ 満充電の 99.33 % となる（p.217 の Zoom up 参照）。
❸ パルス電源の内部インピーダンスは 0 Ω とみなせる。

$t_w \ll \tau$ に設定した場合は，充電の途中で放電を開始し，また放電の途中で充電を開始するといった動作を繰り返すことになり，じゅうぶんに時間が経過すると，図 9(d) のような三角波となる。このような回路を，**積分回路**❹という。

積分回路では，充電と放電を少しずつ繰り返すことにより，方形波から三角波を発生させることができる。

❹ 出力波形を表す数式が，入力波形を表す数式を積分した形になる。

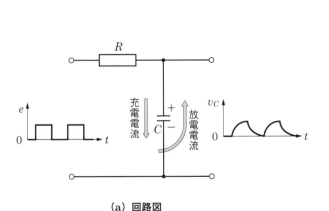

(a) 回路図

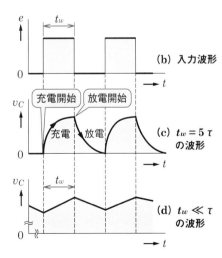

(b) 入力波形

(c) $t_w = 5\tau$ の波形

(d) $t_w \ll \tau$ の波形

図 9 積分回路

❶ 定常状態・過渡状態とは，どのような状態のことをいうか，簡単に説明せよ。

❷ 図 10 の回路において，次の問いに答えよ。

⑴ スイッチ S を閉じてから，じゅうぶんな時間が
たったのちの定常電流 I を求めよ。

⑵ 時定数を求めよ。

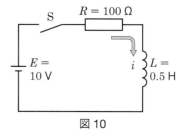

図 10

❸ 図 11 の回路において，次の問いに答えよ。

⑴ スイッチ S を閉じたとき，電流 i の初期値を求め
よ。

⑵ 定常電流 I を求めよ。

⑶ 時定数を求めよ。

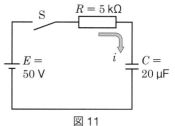

図 11

❹ 図 12 に示すパルスにおいて，周波数・パルス
幅・衝撃係数・立上り時間を求めよ。ただし，図
12 の縦軸は，パルスの最大値（振幅）に対する各
時刻の電圧の値（電圧比）を百分率で表したもの
である。

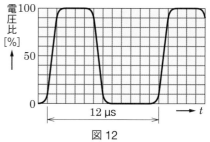

図 12

❺ 図 13(a), (b) の各回路の名称を答えよ。また，図 13(c) のようなパルス波をそれぞれ
の回路の入力端子 1-2 に加えると，出力端子 3-4 に出力される波形はどのようになるか，
それぞれの波形を描け。ただし，図 13(a) では $t_w \gg RC$，図 13(b) では $t_w \ll RC$ とする。

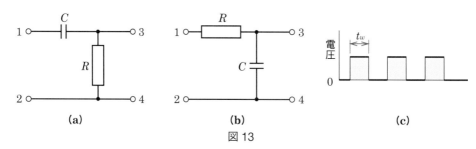

図 13

❻ 微分回路において，入力のパルス波の立下りのとき，出力に負のパルスが現れる理由
を説明せよ。

❼ 積分回路において，三角波の出力波形を得るには，R, C の大きさをどのように選べば
よいか。

過渡現象の確認

RC 直列回路において過渡現象を観測し，時定数を求めてみよう。

実験器具 直流電源装置，ディジタル式電圧計（アナログ式でもよいが，ディジタル式のほうが測定しやすい），スイッチ，抵抗 (100 kΩ)，コンデンサ (100 μF)，時計 (ストップウォッチ)

実験方法 ① 実験器具を図 A のように接続する。

② 直流電源装置とディジタル式電圧計の電源を入れる。

③ 回路のスイッチを閉じてから，5 秒ごとに 100 秒までの電圧を測定する。

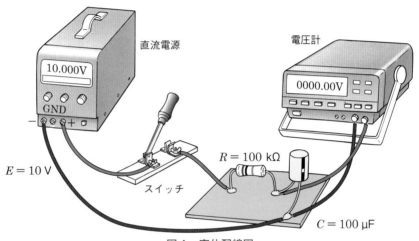

図 A　実体配線図

実験結果 測定結果をグラフにする（横軸に時間，縦軸に電圧）と，図 B のようになった。

考察 ① グラフより，コンデンサの端子電圧の定常値が 9.9 V であることがわかる。また，定常値となるのに約 1 分 (60 s) かかることがわかる。

② 図 B の過渡特性の曲線に原点 O から接線 Oa を引き，a から垂線 ab をおろす。横軸 Ob の長さから，時定数は 12 s であることがわかる。

③ 抵抗およびコンデンサには，表示された値に対して誤差があるため，実験値と計算値 ($RC = 100 \times 10^3 \times 100 \times 10^{-6} = 10$ s) は一致しない。

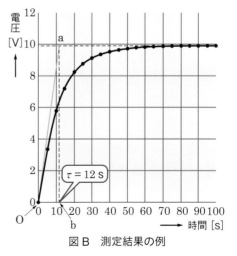

図 B　測定結果の例

1 節

1 非正弦波交流 (p. 208)　非正弦波交流は,正弦波とは異なるが,規則正しく繰り返す波形を持った交流であり,周波数と振幅の異なる複数の正弦波に分解できる。

（非正弦波交流）＝（直流分）＋（基本波）＋（高調波）

2 非正弦波交流電圧の実効値 (p. 212)　$V = \sqrt{V_0{}^2 + V_1{}^2 + V_2{}^2 + V_3{}^2 + \cdots\cdots}$ [V]

3 ひずみ率 (p. 213)　$k = \dfrac{\sqrt{（各高調波の実効値）^2の和}}{基本波の実効値} \times 100 = \dfrac{V_h}{V_1} \times 100 = \dfrac{\sqrt{V_2{}^2 + V_3{}^2 + \cdots}}{V_1} \times 100$ [%]

2 節

4 過渡現象 (p. 214)　回路のスイッチを閉じたとき,回路中の電流 i は,図1のように変化し,ある時間を経てから一定の値になる。この過渡期間中に電圧や電流が変化する現象を,過渡現象という。

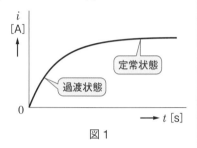

図 1

5 RL 回路の過渡現象 (p. 215)　RL回路（図2左）において,スイッチSを閉じると,電流 i は,図2右のような過渡現象を示す。

時定数　$\tau = \dfrac{L}{R}$ [s]

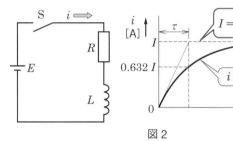

図 2

6 RC 回路の過渡現象 (p. 216)　RC回路（図3左）において,スイッチSを閉じると,電流 i は図3右のような過渡現象を示す。

時定数　$\tau = RC$ [s]

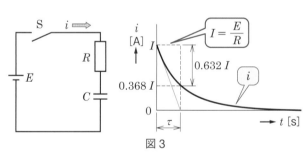

図 3

7 パルス・微分回路・積分回路 (p. 218, p. 219)　過渡現象を利用した回路には,微分回路（図4(a)）と積分回路（図4(b)）があり,パルスを別の波形に変換する。

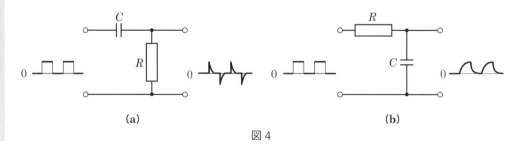

(a)　　　　　　　　　　　　　(b)

図 4

① 章 末 問 題

① $v = 10\sin\omega t + 2\sin(2\omega t + \pi)\,[\text{V}]$ の波形を作図せよ。横軸には $\omega t\,[\text{rad}]$ を取り，$0 \leqq \omega t \leqq 3\pi$ の範囲で描くこと。

② 非正弦波交流 $v = 20\sin 100\pi t + 2\sin 300\pi t + \sin 500\pi t\,[\text{V}]$ の電圧について，次の問いに答えよ。

⑴ 第 1，2，3 項は，それぞれ何を表しているか。

⑵ 実効値とひずみ率を求めよ。

⑶ それぞれの項の周波数を求めよ。

⑷ この電圧が，インダクタンス $L = 1\,\text{H}$ の両端に加わっているとき，回路に流れる電流の実効値を求めよ。

③ 次の文章の空欄にあてはまる用語・記号・数値を下の語群から選んで答えよ。

図 1 のような RC 回路で，スイッチ S を閉じた瞬間 $t = 0$ のとき，$i = (\quad)\,[\text{A}]$ となり，これを（　　）値という。

時間とともに i は大きさを（　　）し，一定の値になる。このときの値は，$i = (\quad)\,[\text{A}]$ であり，これを（　　）値という。この一定な値になるまでの状態を（　　）状態といい，この現象を（　　）という。

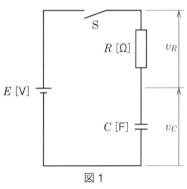

図 1

この間に R, C のそれぞれの端子電圧 v_R, v_C も一定時間後に，それぞれ一定値になり，同様に（　　）を示す。

> **語群**
> ア. 初期　　イ. 過渡　　ウ. 0　　エ. 増加　　オ. 充電　　カ. 定常
> キ. 減少　　ク. $\dfrac{E}{R}$　　ケ. 過渡現象

④ 時定数 $\tau = RC$ の単位がなぜ $[\text{s}]$（秒）になるのかを，単位系に注目して，式を使って説明せよ。

$$R\,[\Omega] = \frac{\text{電圧}\,[\text{V}]}{\text{電流}\,[\text{A}]}, \quad C\,[\text{F}] = \frac{\text{電荷}\,[\text{C}]}{\text{電圧}\,[\text{V}]}, \quad \text{電荷}\,[\text{C}] = \text{電流}\,[\text{A}]\cdot\text{時間}\,[\text{s}]$$

⑤ 微分回路と積分回路に，それぞれ，図 2 のような方形波電圧を入力した。出力波形は，それぞれどのようになるか図示せよ。ただし，微分回路では $t_w \gg RC$，積分回路では $t_w \ll RC$ とする。

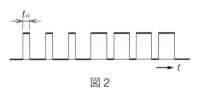

図 2

付録　電気回路に関するおもな英語

あ行

アース　earth
アドミタンス　admittance
アナログ計器　analog instrument
アンペア　ampere
アンペアの右ねじの法則　Ampere's right-handed screw rule
位相　phase
位相差　phase difference
一次電池　primary battery
陰イオン　anion
インダクタンス　inductance
インピーダンス　impedance
ウェーバ　weber
渦電流　eddy current
液晶ディスプレイ　liquid crystal display
オーム　ohm
オームの法則　Ohm's law
オシロスコープ　oscilloscope

か行

回路図　circuit diagram
角周波数　angular frequency
過渡期間　transient time
過渡現象　transient phenomena
過渡特性　transient characteristic
可変コンデンサ　variable capacitor
起磁力　magnetomotive force
起電力　electromotive force
基本波　fundamental harmonic
強磁性体　ferromagnetic material
共振周波数　resonance frequency
共役複素数　conjugate complex number
虚数単位　imaginary unit
許容電流　allowable current
キルヒホッフの法則　Kirchhoff's law
クーロン　coulomb
クーロンの法則　Coulomb's law
系統誤差　systematic error
原子核　atomic nucleus
検流計　galvanometer
コイル　coil
合成静電容量　combined capacitance
合成抵抗　combined resistance

高調波　higher harmonic
交流　alternating current
国際単位系　International System of Units
誤差　error
固定コンデンサ　fixed capacitor
コンダクタンス　conductance
コンデンサ　capacitor

さ行

サイクル　cycle
最大値　maximum value
サセプタンス　susceptance
雑音　noise
三相交流　three-phase AC
残留磁気　remanence
シールド線　shielding wire
磁化　magnetization
磁界　magnetic field
磁化曲線　magnetization curve
磁気　magnetism
磁気回路　magnetic circuit
磁気遮へい　magnetic shield
磁気抵抗　magnetic reluctance
磁気誘導　magnetic induction
磁極　magnetic pole
自己インダクタンス　self inductance
自己誘導　self induction
指示計器　indicating instrument
磁性体　magnetic material
磁束　magnetic flux
磁束密度　magnetic flux density
実効値　effective value
時定数　time constant
周期　period
充電　charge
自由電子　free electron
周波数　frequency
ジュール熱　Joule heat
ジュールの法則　Joule's law
瞬時値　instantaneous value
衝撃係数　duty factor
常磁性体　paramagnetic material
磁力線　line of magnetic force
真の値　true value
正弦波　sine wave
静電気　static electricity

静電遮へい　electrostatic shielding
静電誘導　electrostatic induction
静電容量　electrostatic capacity
静電力　electrostatic force
ゼーベック効果　Seebeck effect
絶縁体　insulator
接触抵抗　contact resistance
接地　ground
セル　cell
相互インダクタンス　mutual inductance
相互誘導　mutual induction
測定値　measured value

た行

帯電　electrification
帯電体　charged body
立上り時間　rise time
立下り時間　fall time
単位　unit
単相交流　single-phase AC
中性点　neutral point
直流　direct current
直流電動機　direct-current motor
直流発電機　direct-current generator
直列共振　series resonance
直列接続　series connection
直列抵抗器　series resistor
抵抗　resistance
抵抗率　resistivity
ディジタルオシロスコープ　digital oscilloscope
ディジタル計器　digital instrument
定常値　steady value
テスラ　tesla
電圧　voltage
電圧降下　voltage drop
電位　electric potential
電位差　potential difference
電荷　electric charge
電界　electric field
電解質　electrolyte
電気回路　electric circuit
電気分解　electrolysis
電気力線　line of electric force
電源　power source
電子　electron

電磁継電器　electromagnetic relay
電磁石　electromagnet
電磁誘導　electromagnetic induction
電磁力　electromagnetic force
電束　electric flux
電束密度　electric flux density
電池　cell, battery
電離　ionization
電流　current
電力　electric power
電力計　wattmeter
電力量　electric energy
電力量計　watthour meter
等価回路　equivalent circuit
透磁率　permeability
同相　in-phase
導電率　conductivity
トルク　torque

鉛蓄電池　lead storage battery
二次電池　secondary battery
熱起電力　thermoelectromotive force
熱電流　thermoelectric current
燃料電池自動車　fuel cell vehicle

パーマロイ　permalloy
配線用遮断器　molded-case circuit-breaker
発熱体　heating element
パルス　pulse
パルス幅　pulse width
半固定コンデンサ　pre-set capacitor
反磁性体　diamagnetic material
ヒステリシス　hysteresis
ひずみ率　distortion factor
非正弦波交流　non-sinusoidal wave AC
皮相電力　apparent power
比透磁率　relative permeability
ヒューズ　fuse
比誘電率　relative permittivity
標準器　standard
ファラデーの法則　Faraday's law

負荷　load
複素数　complex number
ブリッジ回路　bridge circuit
フレミングの左手の法則　Fleming's left-hand rule
フレミングの右手の法則　Fleming's right-hand rule
プローブ　probe
分流器　shunt
平均値　mean value
並列共振　parallel resonance
並列接続　parallel connection
ベクトル　vector
ペルチエ効果　Peltier effect
ヘンリー　henry
ホイートストンブリッジ　Wheatstone bridge
放電　discharge
保磁力　coercive force

まちがい　mistake

有効数字　significant figure
有効電力　effective power
誘電体　dielectric
誘電率　permittivity
誘導起電力　induced electromotive force
誘導性リアクタンス　inductive reactance
誘導電流　induced current
陽イオン　cation
容量　capacity
容量性リアクタンス　capacitive reactance

ラジアン　radian
力率　power factor
レンツの法則　Lenz's law

ワット時　watt hour

A-D 変換器　analog-to-digital converter
JIS　Japanese Industrial Standards
N 極　North pole
S 極　South pole
Y 結線　Y-connection
Δ 結線　Δ-connection

第 1 章 電気回路の要素

1 節

[p. 7]　問 1　略

[p. 9]　問 2　10 C

[p. 10]　問 3　略

[p. 11]　問 4　$V_a = 3\,\text{V}, \ V_b = 4.5\,\text{V}$

2 節

[p. 13]　問 1　$0.414\,\Omega$

　　　　問 2　$4 \times 10^{-8}\,\Omega\cdot\text{m}$

[p. 14]　問 3　63.6 %

[p. 15]　問 4　$3.4\,\Omega$

[p. 17]　問 5　コンデンサ。直流に対しては抵抗分が大きくなるため。

■章末問題 [p. 19]

1．(a) ランプ　(b) 直流電源　(c) スイッチ

2．図 2(c)

3．5 A

解説　$I = \dfrac{Q}{t} = \dfrac{25}{5} = 5\,\text{A}$

4．①必要な電圧を取り出す　②過剰な電流が流れるのを防ぐ　③熱を発生させる

5．$5.98 \times 10^{-3}\,\Omega$

解説　$A = \dfrac{\pi(6 \times 10^{-3})^2}{4} = 9\pi \times 10^{-6}\,\text{m}^2$

$R = \rho\dfrac{l}{A} = 1.69 \times 10^{-8} \times \dfrac{10}{9\pi \times 10^{-6}}$

$\quad = 5.98 \times 10^{-3}\,\Omega$

6．$0.0172\,\Omega\cdot\text{mm}^2/\text{m}$

解説　$1\,\text{m}^2 = 10^6\,\text{mm}^2, \ 1.72 \times 10^{-8}\,\Omega\cdot\text{m} = 0.0172 \times$ $(10^{-3})^2\,\Omega\cdot\text{m}^2/\text{m} = 0.0172\,\Omega\cdot\text{mm}^2/\text{m}$

7．9 倍

解説　$R' = \rho\dfrac{3l}{\frac{A}{3}} = 9\rho\dfrac{l}{A} = 9R$

8．$0.62\,\Omega$

解説　$R_{t_2} = R_{t_1}\{1 + \alpha_{t_1}(t_2 - t_1)\}$
$\qquad\quad = 0.5 \times \{1 + 0.004 \times (80 - 20)\} = 0.62\,\Omega$

9．イ

解説　$A = \pi\left(\dfrac{D}{2}\right)^2 = \pi\left(\dfrac{1.6 \times 10^{-3}}{2}\right)^2 = 6.4\pi \times 10^{-7}\,\text{m}^2$

$R = \rho\dfrac{l}{A} = 1.69 \times 10^{-8} \times \dfrac{120}{6.4\pi \times 10^{-7}} = 1.01\,\Omega$

10．(a) コンデンサ　(b) 抵抗　(c) コイル

11．交流，直流，交流

12．抵抗：[Ω]　静電容量：[F]　インダクタンス：[H]

第 2 章 直流回路

1 節

[p. 21]　問 1　$V = RI, \ R = \dfrac{V}{I}$

　　　　問 2　90 V

　　　　問 3　$3\,\Omega$

[p. 23]　問 4　$R_0 = 20\,\Omega, \ I = 1.5\,\text{A}$

　　　　問 5　$V_1 = 21\,\text{V}, \ V_2 = 14\,\text{V}$

[p. 25]　問 6　$R_0 = 3.75\,\Omega, \ I = 8\,\text{A}$

　　　　問 7　$R_0 = 0.9\,\Omega, \ I_1 = 4.5\,\text{A}, \ I_2 = 0.5\,\text{A}$

[p. 27]　問 8　$I = 2.5\,\text{A}, \ I_1 = 1.5\,\text{A}, \ I_2 = 1\,\text{A},$
　　　　　　　$V_1 = 3\,\text{V}, \ V_2 = 3\,\text{V}$

　　　　問 9　$I = 5\,\text{A}, \ I_1 = 3\,\text{A}, \ I_2 = 2\,\text{A}, \ I_3 = 0.8\,\text{A},$
　　　　　　　$I_4 = 1.2\,\text{A}$

　　　　問 10　直列接続：$2.4\,\text{k}\Omega$，並列接続：$0.6\,\text{k}\Omega$

[p. 28]　問 11　$r_m = 9.9\,\text{k}\Omega$

[p. 29]　問 12　$r_s = 4\,\Omega$

[p. 31]　問 13　$X = 9.22\,\text{k}\Omega$

[p. 32]　問 14　$I_3 = I_1 + I_2$

[p. 35]　問 15　$I_1 = 2\,\text{A}, \ I_2 = 3\,\text{A}, \ I_3 = 5\,\text{A}$

　　　　問 16　$I_1 = 5\,\text{A}, \ I_2 = 3\,\text{A}, \ I_3 = 2\,\text{A}$

▶節末問題 [p. 36]

1．5 mA

解説　$I = \dfrac{V}{R} = \dfrac{5}{1 \times 10^3} = 0.005\,\text{A} = 5\,\text{mA}$

2．$500\,\Omega$

解説　$R = \dfrac{V}{I} = \dfrac{10}{20 \times 10^{-3}} = 500\,\Omega$

3．4.7 V

解説　$V = RI = 47 \times 10^3 \times 100 \times 10^{-6} = 4.7\,\text{V}$

4．$15\,\Omega, \ 0.2\,\text{A}, \ 1\,\text{V}$

解説　$R_0 = R_1 + R_2 = 5 + 10 = 15\,\Omega$

$I = \dfrac{V}{R_0} = \dfrac{3}{15} = 0.2\,\text{A}$

$V_5 = R_1 I = 5 \times 0.2 = 1\,\text{V}$

5．$E = 40\,\text{V}, \ I_1 = 20\,\text{A}, \ I_2 = 5\,\text{A}$

解説　$R_0 = \dfrac{R_1 R_2}{R_1 + R_2} = \dfrac{2 \times 8}{2 + 8} = 1.6\,\Omega$

$E = R_0 I = 1.6 \times 25 = 40\,\text{V}$

$I_1 = \dfrac{V}{R_1} = \dfrac{40}{2} = 20\,\text{A}, \ I_2 = \dfrac{V}{R_2} = \dfrac{40}{8} = 5\,\text{A}$

6．a–b 間：2.4 V，b–c 間：3.6 V，$I = 0.6\,\text{A}$，
　　$I_1 = 0.24\,\text{A}, \ I_2 = 0.36\,\text{A}$

解説　$R_0 = R_1 + \dfrac{R_2 R_3}{R_2 + R_3} = 4 + \dfrac{15 \times 10}{15 + 10} = 10\,\Omega$

$I = \dfrac{V}{R_0} = \dfrac{6}{10} = 0.6\,\text{A}, \ V_{ab} = R_1 I = 4 \times 0.6 = 2.4\,\text{V},$

$V_{bc} = V - V_{ab} = 6 - 2.4 = 3.6\,\text{V},$

$$I_1 = \frac{V_{bc}}{R_2} = \frac{3.6}{15} = 0.24 \text{ A},$$

$$I_2 = \frac{V_{bc}}{R_3} = \frac{3.6}{10} = 0.36 \text{ A}$$

7 . 平衡, 733 Ω, 2.73 mA

解説 $R_{ab} = \frac{(1\,000 + 100) \times (2\,000 + 200)}{(1\,000 + 100) + (2\,000 + 200)} = 733 \text{ Ω},$

$I = \frac{V}{R_{ab}} = \frac{2}{733} = 2.73 \text{ mA}$

8 . $I_1 = 0.5$ A, $I_2 = -0.5$ A, $I_3 = 0$ A, 1 V

解説 点 a：$I_1 + I_2 + I_3 = 0$

閉回路 I：回路の上半分（反時計回り）

$2I_1 - 4I_2 = 9 - 6 = 3$

閉回路 II：回路の下半分（反時計回り）

$4I_2 - 3I_3 = 6 - 8 = -2$

これらの式を解いて, $I_1 = 0.5$ A, $I_2 = -0.5$ A, $I_3 = 0$ A, $V = 2 \times 0.5 = 1$ V

2 節

[p. 40] **問 1** 0.6 A, 167 Ω

問 2 25 Ω, 3.2 A

[p. 41] **問 3** 200 W, 0.96×10^6 J, 0.267 kW·h

[p. 42] **問 4** 2.88×10^6 J

問 5 4.82 A

[p. 43] **問 6** 6 分 59 秒

[p. 47] **問 7** 略

▶節末問題 [p. 48]

1 . (1) ウ, キ, オ (2) イ (3) ア, エ

2 . ウ

解説 1 h = 3 600 s, 1 J = 1 W·s

$H = 1.5 \times 10^3 \times 3\,600$ W·s $= 5\,400$ kJ

3 . イ

解説 $H = RI^2t = 0.75 \times 10^2 \times 3\,600 = 270$ kJ

4 . (1) 5 A (2) 20 Ω (3) 12 分 13 秒

解説 (1) $I = \frac{P}{V} = \frac{500}{100} = 5$ A

(2) $R = \frac{V}{I} = \frac{100}{5} = 20$ Ω

(3) $Q = mc(T_2 - T_1) = 1\,000 \times 4.19 \times (90 - 20)$

$= 293 \times 10^3$ J,

$H = RI^2t = 20 \times 5^2 \times t = 500t$ [J],

$Q = 0.8H$ より,

$t = \frac{293 \times 10^3}{0.8 \times 500} = 733$ 秒 $= 12$ 分 13 秒

5 . 476 W

解説 $R_0 = 20 + 2 \times 0.25 = 20.5$ Ω

$I = \frac{V}{R_0} = \frac{100}{20.5} = 4.88$ A,

$P = I^2R_{(20)} = 4.88^2 \times 20 = 476$ W

■章末問題 [p. 55]

1 . $I = 5$ μA

解説 $I = \frac{V}{R} = \frac{5}{1 \times 10^6} = 5$ μA

2 . $V_{max} = 300$ V

解説 $V_{max} = \left(1 + \frac{R_m}{r_v}\right)V_v = \left(1 + \frac{90 \times 10^3}{10 \times 10^3}\right) \times 30$

$= 300$ V

3 . $I_{max} = 0.1$ A

解説 $I_{max} = \left(1 + \frac{r_a}{r_s}\right)I_a = \left(1 + \frac{0.9}{0.1}\right) \times 10 \times 10^{-3}$

$= 0.1$ A

4 . (1) $I_2 = 1.5$ A, $I_3 = 1$ A (2) $V_1 = 6$ V, $V_2 = 3$ V

(3) $R_1 = 2.4$ Ω

解説 (1) $I_2 = \frac{R_3}{R_2 + R_3}I_1 = \frac{3}{2 + 3} \times 2.5 = 1.5$ A

$I_3 = \frac{R_2}{R_2 + R_3}I_1 = \frac{2}{2 + 3} \times 2.5 = 1$ A

(2) $V_2 = R_2I_2 = 2 \times 1.5 = 3$ V,

$V_1 = V - V_2 = 9 - 3 = 6$ V

(3) $R_1 = \frac{V_1}{I_1} = \frac{6}{2.5} = 2.4$ Ω

5 . (1) $2 + 3 = I$

(2) 閉回路 I：$2R + 2I = 16$,

閉回路 II：$-2I - 3 \times 10 = -E$

(3) $I = 5$ A, $E = 40$ V, $R = 3$ Ω

解説 (3) $I = 5$ A, $E = 30 + 2I = 30 + 2 \times 5 = 40$ V,

$R = 8 - I = 8 - 5 = 3$ Ω

6 . (1) $R = 14$ Ω (2) $P_R = 350$ W (3) $P_{10} = 90$ W

解説 (1) $R_0 = R + \frac{10 \times 15}{10 + 15} = \frac{V}{I} = \frac{100}{5} = 20$ より,

$R = 20 - 6 = 14$ Ω

(2) $P_R = RI^2 = 14 \times 5^2 = 350$ W

(3) $I_{10} = \frac{15}{10 + 15}I = \frac{15}{25} \times 5 = 3$ A

$P_{10} = R_{10}I_{10}^2 = 10 \times 3^2 = 90$ W

7 . 14.3 ℃

解説 $Q = mc(T_2 - T_1) = 15\,000 \times 4.19T$

$= 62\,850T$ [J], $H = Pt = 2\,000 \times 600$

$= 1.2 \times 10^6$ J, $Q = 0.75H$ より,

$T = \frac{0.75 \times 1.2 \times 10^6}{62\,850} = 14.3$ ℃

1 節

[p. 59] **問 1** 正に帯電している

[p. 61] **問 2** 水：7.12×10^{-10} F/m,
パラフィン：1.95×10^{-11} F/m

問 3 1.5 N, 反発力

問 4 2.4×10^{-2} N

[p. 62] **問 5** 6×10^5 V/m

問 6 3×10^5 V/m

[p. 63] **問 7** 2 倍

問 8 4×10^{-3} N

[p. 65] **問 9** 略

問 10 1.13×10^{11} 本

[p. 67] **問 11** 4.5×10^5 V/m, 3.98×10^{-6} C/m²

問 12 2.66×10^{-8} C/m²

問 13 4×10^3 V/m

▶ 節末問題 [p. 68]

1． $Q = 2 \times 10^{-6}$ C

解説 $F = 9 \times 10^9 \times \dfrac{Q_1 Q_2}{r^2}$ より,

$0.4 = 9 \times 10^9 \times \dfrac{Q^2}{0.3^2}$

$Q = \sqrt{4 \times 10^{-12}} = 2 \times 10^{-6}$ C

2． 0.9 N, 吸引力

解説 $F = 9 \times 10^9 \times \dfrac{Q_1 Q_2}{\varepsilon_r r^2}$

$= 9 \times 10^9 \times \dfrac{6 \times 10^{-6} \times (-2 \times 10^{-6})}{3 \times 0.2^2}$

$= -0.9$ N

3． 0.2 m

解説 $F = 9 \times 10^9 \times \dfrac{Q_1 Q_2}{\varepsilon_r r^2}$ より,

$0.9 = 9 \times 10^9 \times \dfrac{3 \times 10^{-6} \times 4 \times 10^{-6}}{3r^2}$

$r = \sqrt{4 \times 10^{-2}} = 0.2$ m

4． 24

解説 $F = 9 \times 10^9 \times \dfrac{Q_1 Q_2}{\varepsilon_r r^2}$ より,

$0.6 = 9 \times 10^9 \times \dfrac{4 \times 10^{-6} \times 1 \times 10^{-6}}{\varepsilon_r \times (5 \times 10^{-2})^2}$ $\varepsilon_r = 24$

5． 1×10^4 V/m

解説 $E = 9 \times 10^9 \times \dfrac{Q}{\varepsilon_r r^2} = 9 \times 10^9 \times \dfrac{0.9 \times 10^{-6}}{1 \times 0.9^2}$

$= 1 \times 10^4$ V/m

6． 2.5×10^{-6} C

解説 $E = 9 \times 10^9 \times \dfrac{Q}{\varepsilon_r r^2}$ より,

$900 = 9 \times 10^9 \times \dfrac{Q}{1 \times 5^2}$ $Q = 2.5 \times 10^{-6}$ C

7． 2×10^4 V/m

解説 $E = 9 \times 10^9 \times \dfrac{Q}{\varepsilon_r r^2} = 9 \times 10^9 \times \dfrac{5 \times 10^{-6}}{9 \times 0.5^2}$

$= 2 \times 10^4$ V/m

8． 1.6×10^{-3} N

解説 $F = QE = 0.8 \times 10^{-6} \times 2 \times 10^3$

$= 1.6 \times 10^{-3}$ N

9． 300 V/m

解説 $E = \dfrac{F}{Q} = \dfrac{1.5 \times 10^{-3}}{5 \times 10^{-6}} = 300$ V/m

10. 18 kV/m, 1.59×10^{-7} C/m²

解説 $E = 9 \times 10^9 \times \dfrac{Q}{\varepsilon_r r^2}$

$= 9 \times 10^9 \times \dfrac{5 \times 10^{-7}}{1 \times (50 \times 10^{-2})^2} = 18$ kV/m,

$D = 8.85 \times 10^{-12} \varepsilon_r E = 8.85 \times 10^{-12} \times 1 \times 18 \times 10^3$
$= 1.59 \times 10^{-7}$ C/m²

11. 1.77×10^{-9} C/m²

解説 $D = 8.85 \times 10^{-12} \varepsilon_r E = 8.85 \times 10^{-12} \times 1 \times 200$
$= 1.77 \times 10^{-9}$ C/m²

2 節

[p. 71] **問 1** 200 μC

問 2 1.65×10^{-9} C

問 3 20 V

問 4 6 pF

問 5 4 倍

問 6 22.1 pF

[p. 73] **問 7** 0.5 J

問 8 200 μF

[p. 75] **問 9** 8 μF, 20 μC, 60 μC

問 10 8 μF, 800 μC

問 11 12.5 V

[p. 77] **問 12** $C_0 = 2.1$ μF, $Q = 21$ μC, $V_1 = 7$ V,
$V_2 = 3$ V

問 13 $V = 10$ V, $V_1 = 6$ V, $V_2 = 4$ V

[p. 78] **問 14** $C_0 = 5$ μF, $V_1 = 50$ V, $V_2 = 50$ V,
$V_3 = 50$ V, $W_1 = 1.25 \times 10^{-2}$ J,
$W_2 = 6.25 \times 10^{-3}$ J,
$W_3 = 6.25 \times 10^{-3}$ J

1. (1) $C_0 = 2.4\,\mu\text{F}$　(2) $V_{ab} = 40\,\text{V}$,　$V_{bc} = 60\,\text{V}$

(3) $Q_2 = 180\,\mu\text{C}$

解説 (1) $C_{bc} = C_2 + C_3 = 4\,\mu\text{F}$,

$C_0 = \dfrac{C_1 C_{bc}}{C_1 + C_{bc}} = \dfrac{6 \times 10^{-6} \times 4 \times 10^{-6}}{(6+4) \times 10^{-6}} = 2.4\,\mu\text{F}$

(2) $Q = C_0 V = 2.4 \times 10^{-6} \times 100 = 240\,\mu\text{C}$,

$V_{ab} = \dfrac{Q}{C_1} = \dfrac{240 \times 10^{-6}}{6 \times 10^{-6}} = 40\,\text{V}$,

$V_{bc} = V - V_{ab} = 100 - 40 = 60\,\text{V}$

(3) $Q_2 = C_2 V_{bc} = 3 \times 10^{-6} \times 60 = 180\,\mu\text{C}$

2. (1) ① $C_0 = 2\,\mu\text{F}$　② $Q = 200\,\mu\text{C}$　(2) ① 3 倍

② $C_x = 3\,\mu\text{F}$

解説 (1) ① $C_{ab} = (1+2) \times 10^{-6} = 3\,\mu\text{F}$,

$C_0 = \dfrac{C_{ab} C_{bc}}{C_{ab} + C_{bc}} = \dfrac{3 \times 10^{-6} \times 6 \times 10^{-6}}{(3+6) \times 10^{-6}} = 2\,\mu\text{F}$

② $Q = C_0 V = 2 \times 10^{-6} \times 100 = 200\,\mu\text{C}$

(2) ① $V_{ab} = \dfrac{Q}{C_{ab}} = \dfrac{225 \times 10^{-6}}{3 \times 10^{-6}} = 75\,\text{V}$

$V_{bc} = V - V_{ab} = 100 - 75 = 25\,\text{V}$,　$\dfrac{V_{ab}}{V_{bc}} = \dfrac{75}{25} = 3$

② $Q = C_{bc} V_{bc} = (6 \times 10^{-6} + C_x) \times 25$

$C_x = \dfrac{225 \times 10^{-6}}{25} - 6 \times 10^{-6} = 3\,\mu\text{F}$

3. (1) $Q_1 = 210\,\mu\text{C}$　(2) $V_2 = 70\,\text{V}$　(3) $C_0 = 6\,\mu\text{F}$

(4) $Q_3 = 390\,\mu\text{C}$

解説 (1) $C' = \dfrac{C_1 C_2}{C_1 + C_2} = \dfrac{7 \times 10^{-6} \times 3 \times 10^{-6}}{(7+3) \times 10^{-6}}$

$= 2.1\,\mu\text{F}$,　$Q_1 = C'V = 2.1 \times 10^{-6} \times 100 = 210\,\mu\text{C}$

(2) $V_2 = \dfrac{Q_1}{C_2} = \dfrac{210 \times 10^{-6}}{3 \times 10^{-6}} = 70\,\text{V}$

(3) $C_0 = C' + C_3 = (2.1 + 3.9) \times 10^{-6} = 6\,\mu\text{F}$

(4) $Q_3 = C_3 V = 3.9 \times 10^{-6} \times 100 = 390\,\mu\text{C}$

4. (1) $Q_1 = 300\,\mu\text{C}$　(2) $V_2 = 10\,\text{V}$

(3) $Q_2 = 100\,\mu\text{C}$　(4) $W_2 = 5 \times 10^{-4}\,\text{J}$

解説 (1) $Q_1 = C_1 V = 20 \times 10^{-6} \times 15 = 300\,\mu\text{C}$

(2) $C_1 V_2 + C_2 V_2 = Q_1$ より,

$V_2 = \dfrac{300 \times 10^{-6}}{(10 + 20) \times 10^{-6}} = 10\,\text{V}$

(3) $Q_2 = C_2 V_2 = 10 \times 10^{-6} \times 10 = 100\,\mu\text{C}$

(4) $W_2 = \dfrac{1}{2} C_2 V_2^2 = \dfrac{1}{2} \times 10 \times 10^{-6} \times 10^2$

$= 5 \times 10^{-4}\,\text{J}$

1. $1.2 \times 10^{-2}\,\text{N}$

解説 $F = 9 \times 10^9 \times \dfrac{Q_1 Q_2}{\varepsilon_r r^2}$

$= 9 \times 10^9 \times \dfrac{4 \times 10^{-6} \times 9 \times 10^{-6}}{3 \times 3^2}$

$= 1.2 \times 10^{-2}\,\text{N}$

2. $11.3\,\text{cm}^2$

解説 $C = 8.85 \times 10^{-12} \times \varepsilon_r \dfrac{A}{l} = 1 \times 10^{-12}$

$A = \dfrac{1 \times 10^{-12} \times 1 \times 10^{-2}}{8.85 \times 10^{-12} \times 1} = 11.3\,\text{cm}^2$

3. 8 倍

解説 $C' = 8.85 \times 10^{-12} \times \varepsilon_r' \dfrac{A'}{l'}$

$= 8.85 \times 10^{-12} \times 2\varepsilon_r \times \dfrac{2A}{\frac{1}{2} l}$

$= 8.85 \times 10^{-12} \varepsilon_r \dfrac{A}{l} \times 8 = 8C$

4. (1) $Q_4 = 240\,\mu\text{C}$　(2) $C_0 = 4\,\mu\text{F}$　(3) $Q_1 = 160\,\mu\text{C}$

(4) $V_1 = 80\,\text{V}$　(5) $V_2 = 20\,\text{V}$　(6) $Q_3 = 100\,\mu\text{C}$

解説 (1) $Q_4 = C_4 V = 2.4 \times 10^{-6} \times 100 = 240\,\mu\text{C}$

(2) $C_{bc} = C_2 + C_3 = (3 + 5) \times 10^{-6} = 8\,\mu\text{F}$

$C_{ad} = \dfrac{C_1 C_{bc}}{C_1 + C_{bc}} = \dfrac{2 \times 10^{-6} \times 8 \times 10^{-6}}{(2+8) \times 10^{-6}} = 1.6\,\mu\text{F}$

$C_0 = C_{ad} + C_4 = (1.6 + 2.4) \times 10^{-6} = 4\,\mu\text{F}$

(3) $Q_1 = C_{ad} V = 1.6 \times 10^{-6} \times 100 = 160\,\mu\text{C}$

(4) $V_1 = \dfrac{Q_1}{C_1} = \dfrac{160 \times 10^{-6}}{2 \times 10^{-6}} = 80\,\text{V}$

(5) $V_2 = V - V_1 = 100 - 80 = 20\,\text{V}$

(6) $Q_3 = C_3 V_2 = 5 \times 10^{-6} \times 20 = 100\,\mu\text{C}$

5. (1) ① $C_0 = 3.2\,\mu\text{F}$　② $V_1 = 60\,\text{V}$　(2) $C_4 = 6\,\mu\text{F}$

解説 (1) ① $C_0 = \dfrac{Q}{V} = \dfrac{3.2 \times 10^{-4}}{100} = 3.2\,\mu\text{F}$

② C_1 と C_2 は直列接続なので,　$Q_1 = Q_2$

$2 \times 10^{-6} V_1 = 3 \times 10^{-6} \times (100 - V_1)$ より,　$V_1 = 60\,\text{V}$

(2) C_3 と C_4 の両端の電圧をそれぞれ 60 V と 40 V にす

る。$C_4 = \dfrac{Q_4}{V_4} = \dfrac{Q_3}{V_4} = \dfrac{4 \times 10^{-6} \times 60}{40} = 6\,\mu\text{F}$

6. (1) $Q_1 = 300\,\mu\text{C}$　(2) $Q_1 = 180\,\mu\text{C}$　(3) $C_x = 4\,\mu\text{F}$

(4) $W_x = 1.8 \times 10^{-3}\,\text{J}$

解説 (1) $Q_1 = C_1 V = 6 \times 10^{-6} \times 50 = 300\,\mu\text{C}$

(2) $Q_1 = C_1 V' = 6 \times 10^{-6} \times 30 = 180\,\mu\text{C}$

(3) $C_x \times 30 + 180 \times 10^{-6} = 300 \times 10^{-6}$ より,

$C_x = \dfrac{(300 - 180) \times 10^{-6}}{30} = 4\,\mu\text{F}$

(4) $W_x = \dfrac{1}{2} C_x V^2 = \dfrac{1}{2} \times 4 \times 10^{-6} \times 30^2$

$= 1.8 \times 10^{-3}\,\text{J}$

第4章 電流と磁気

1節

[p.83] **問1** A：S極，B：N極

[p.85] **問2** 2.51×10^{-4} H/m

問3 8.1×10^{-2} N

問4 2.11×10^{-2} N

[p.86] **問5** 6.33 A/m

[p.87] **問6** 0.633 A/m

問7 0.317 A/m

問8 時計回りの方向。つるした磁石のN極が右，S極が左を向いた状態で静止する。

問9 1.6×10^{-2} N

問10 5×10^{-5} Wb

[p.89] **問11** $\dfrac{m}{4\pi\mu_0\mu_r r^2}$ 本/m²

[p.91] **問12** 7.91×10^{-2} A/m，9.93×10^{-8} T

問13 6.28×10^{-3} T

問14 4×10^{-3} T

▶節末問題 [p.92]

1． 1.06×10^{-3} N

解説 $F = 6.33 \times 10^4 \times \dfrac{m_1 m_2}{r^2}$

$= 6.33 \times 10^4 \times \dfrac{3 \times 10^{-5} \times 5 \times 10^{-5}}{(30 \times 10^{-2})^2}$

$= 1.06 \times 10^{-3}$ N

2． 6.33×10^{-5} N

解説 $F = 6.33 \times 10^4 \times \dfrac{m_1 m_2}{\mu_r r^2}$

$= 6.33 \times 10^4 \times \dfrac{2 \times 10^{-5} \times 4 \times 10^{-5}}{5 \times (40 \times 10^{-2})^2}$

$= 6.33 \times 10^{-5}$ N

3． 0.2 m

解説 $F = 6.33 \times 10^4 \times \dfrac{m_1 m_2}{\mu_r r^2} = 2 \times 10^{-6}$

$r^2 = \dfrac{6.33 \times 10^4 \times 2 \times 10^{-6} \times 4 \times 10^{-6}}{6.33 \times 2 \times 10^{-6}} = 4 \times 10^{-2}$

$r = 0.2$ m

4． 31.7 A/m

解説 $H = 6.33 \times 10^4 \times \dfrac{m}{\mu_r r^2}$

$= 6.33 \times 10^4 \times \dfrac{5 \times 10^{-5}}{10 \times (10 \times 10^{-2})^2}$

$= 31.7$ A/m

5． 6.33×10^{-5} Wb

解説 $H = 6.33 \times 10^4 \times \dfrac{m}{\mu_r r^2} = 10$

$m = \dfrac{10 \times 1 \times (63.3 \times 10^{-2})^2}{6.33 \times 10^4} = 6.33 \times 10^{-5}$ Wb

6． 磁極から真下の向き

7． 1.44×10^{-3} N

解説 $F = mH = 12 \times 10^{-6} \times 120 = 1.44 \times 10^{-3}$ N

8． 500 A/m

解説 $H = \dfrac{F}{m} = \dfrac{3 \times 10^{-2}}{6 \times 10^{-5}} = 500$ A/m

9． 5×10^{-5} Wb

解説 $m = \dfrac{F}{H} = \dfrac{2 \times 10^{-3}}{40} = 5 \times 10^{-5}$ Wb

10． 1.2 T

解説 $B = \dfrac{\phi}{A} = \dfrac{3.6 \times 10^{-4}}{3 \times (10^{-2})^2} = 1.2$ T

11． 2.03 A/m，2.55×10^{-6} T

解説 $H = 6.33 \times 10^4 \times \dfrac{m}{\mu_r r^2}$

$= 6.33 \times 10^4 \times \dfrac{8 \times 10^{-6}}{1 \times (50 \times 10^{-2})^2}$

$= 2.03$ A/m

$B = 4\pi \times 10^{-7}\mu_r H = 4 \times 3.14 \times 10^{-7} \times 1 \times 2.03$

$= 2.55 \times 10^{-6}$ T

12． 9.04×10^{-2} T

解説 $B = 4\pi \times 10^{-7}\mu_r H$

$= 4 \times 3.14 \times 10^{-7} \times 1\,200 \times 60$

$= 9.04 \times 10^{-2}$ T

2節

[p.95] **問1** 26.5 A/m

問2 $I = 12.6$ A

[p.96] **問3** 400

[p.97] **問4** 1.2×10^4 H^{-1}

問5 $R_m = 9 \times 10^5$ H^{-1}

[p.99] **問6** 800 A

問7 $\mu = 4 \times 10^{-4}$ H/m

▶節末問題 [p.100]

1． 47.8 A/m

解説 $H = \dfrac{I}{2\pi r} = \dfrac{15}{2 \times 3.14 \times 5 \times 10^{-2}} = 47.8$ A/m

2． $I = 0.6$ A

解説 $I = \dfrac{F_m}{N} = \dfrac{180}{300} = 0.6$ A

3． 5×10^5 H^{-1}

解説 $R_m = \dfrac{NI}{\phi} = \dfrac{150}{3 \times 10^{-4}} = 5 \times 10^5$ H^{-1}

4． $\mu = 1.5 \times 10^{-3}$ H/m

解説 $\mu = \dfrac{l}{R_m A} = \dfrac{1.2}{1 \times 10^6 \times 8 \times (10^{-2})^2}$

$= 1.5 \times 10^{-3}$ H/m

5． $2.21 \times 10^5\,\mathrm{H^{-1}}$

解説　$R_m = \dfrac{l}{\mu A} = \dfrac{1}{\mu_0 \mu_r A}$

$\qquad = \dfrac{1}{4 \times 3.14 \times 10^{-7} \times 1\,200 \times 30 \times (10^{-2})^2}$

$\qquad = 2.21 \times 10^5\,\mathrm{H^{-1}}$

6． 略　　**7．** 略

3 節

[p.101] **問 1** 略

[p.102] **問 2** $I = 30\,\mathrm{A}$

[p.103] **問 3** ① 上　② 右　③ 左

問 4 (1) $2\,\mathrm{N}$　(2) $1.73\,\mathrm{N}$　(3) $1.41\,\mathrm{N}$

(4) $1\,\mathrm{N}$　(5) $0\,\mathrm{N}$

[p.105] **問 5** (1) $2\,\mathrm{N \cdot m}$　(2) $1.73\,\mathrm{N \cdot m}$

(3) $1.41\,\mathrm{N \cdot m}$　(4) $1\,\mathrm{N \cdot m}$

(5) $0\,\mathrm{N \cdot m}$

[p.107] **問 6**　$3.2 \times 10^{-4}\,\mathrm{N/m}$

▶節末問題 [p.108]

1． (1) $0.8\,\mathrm{N}$　(2) $0.693\,\mathrm{N}$　(3) $0.566\,\mathrm{N}$　(4) $0.4\,\mathrm{N}$

(5) $0\,\mathrm{N}$

解説　(1) $F = BIl\sin\theta = 0.8 \times 2 \times 0.5 \times \sin 90°$

$\qquad = 0.8\,\mathrm{N}$

(2)〜(5) 略

2． $1\,\mathrm{A}$，紙面の裏から表の向き

解説　$I = \dfrac{F}{Bl} = \dfrac{0.16}{0.4 \times 40 \times 10^{-2}} = 1\,\mathrm{A}$

3． (1) $1.2\,\mathrm{N \cdot m}$　(2) $1.04\,\mathrm{N \cdot m}$　(3) $0.848\,\mathrm{N \cdot m}$

(4) $0.6\,\mathrm{N \cdot m}$　(5) $0\,\mathrm{N \cdot m}$

解説　(1) $T = NBIld\cos\theta$

$\qquad = 500 \times 2 \times 0.2 \times 0.1 \times 0.06 \times \cos 0°$

$\qquad = 1.2\,\mathrm{N \cdot m}$

(2)〜(5) 略

4． $H = 3.18\,\mathrm{A/m}$，$B = 3.99 \times 10^{-6}\,\mathrm{T}$

解説　$H = \dfrac{I}{2\pi r} = \dfrac{2}{2 \times 3.14 \times 10 \times 10^{-2}} = 3.18\,\mathrm{A/m}$

$B = \mu H = \mu_0 \mu_r H = 4 \times 3.14 \times 10^{-7} \times 1 \times 3.18$

$\qquad = 3.99 \times 10^{-6}\,\mathrm{T}$

5． (1) $H_a = 7.96\,\mathrm{A/m}$　(2) $B_a = 1 \times 10^{-5}\,\mathrm{T}$

(3) $f = 4 \times 10^{-5}\,\mathrm{N/m}$

解説　(1) $H_a = \dfrac{I_a}{2\pi r} = \dfrac{4}{2 \times 3.14 \times 8 \times 10^{-2}}$

$\qquad = 7.96\,\mathrm{A/m}$

(2) $B_a = \dfrac{2I_a}{r} \times 10^{-7} = \dfrac{2 \times 4}{8 \times 10^{-2}} \times 10^{-7} = 1 \times 10^{-5}\,\mathrm{T}$

(3) $f = B_a I_b = 1 \times 10^{-5} \times 4 = 4 \times 10^{-5}\,\mathrm{N/m}$

6． $I = 20\,\mathrm{A}$

解説　$f = \dfrac{2 \times I \times I}{r} \times 10^{-7}$ より

$I^2 = \dfrac{fr}{2 \times 10^{-7}} = \dfrac{8 \times 10^{-4} \times 10 \times 10^{-2}}{2 \times 10^{-7}} = 400$

$I = \sqrt{400} = 20\,\mathrm{A}$

4 節

[p.111] **問 1**　$10\,\mathrm{V}$

問 2　50

問 3

図 4	鉄心の左側	鉄心の右側	検流計
(a)	S	N	←
(b)	S	N	←
(c)	N	S	→
(d)	N	S	→

[p.113] **問 4**　(1) $2\,\mathrm{V}$　(2) $1.73\,\mathrm{V}$　(3) $1.41\,\mathrm{V}$

(4) $1\,\mathrm{V}$　(5) $0\,\mathrm{V}$

[p.115] **問 5**　$-75\,\mathrm{V}$

問 6　$-1.2\,\mathrm{V}$，加えた電圧の向きと逆向き

問 7　$5\,\mathrm{H}$

問 8　$0.2\,\mathrm{H}$

[p.117] **問 9**　$6.4 \times 10^{-2}\,\mathrm{H}$，$4.8 \times 10^{-2}\,\mathrm{H}$

問 10　$L = 0.16\,\mathrm{H}$，$M = 0.12\,\mathrm{H}$

[p.118] **問 11**　$0.5\,\mathrm{J}$

▶節末問題 [p.119]

1． $0.25\,\mathrm{V}$

解説　$|e| = N\dfrac{\Delta\phi}{\Delta t} = 100 \times \dfrac{5 \times 10^{-3}}{2} = 0.25\,\mathrm{V}$

2． (1) $4\,\mathrm{V}$　(2) $3.46\,\mathrm{V}$　(3) $2.83\,\mathrm{V}$　(4) $2\,\mathrm{V}$　(5) $0\,\mathrm{V}$

解説　(1) $e = -Blv\sin\theta$

$\qquad = -2 \times 20 \times 10^{-2} \times 10 \times \sin 90°$

$\qquad = -4\,\mathrm{V}$

(2)〜(5) 略

3． $0.2\,\mathrm{V}$

解説　$e = -L\dfrac{\Delta I}{\Delta t} = -0.5 \times \dfrac{-0.2}{0.5} = 0.2\,\mathrm{V}$

4． $0.24\,\mathrm{H}$

解説　$L = \dfrac{N\phi}{I} = \dfrac{150 \times 8 \times 10^{-4}}{0.5} = 0.24\,\mathrm{H}$

5． $4\,\mathrm{A}$

解説　$I^2 = \dfrac{2W}{L} = \dfrac{2 \times 4}{500 \times 10^{-3}} = 16$

$I = \sqrt{16} = 4\,\mathrm{A}$

6． $6 \times 10^{-2}\,\mathrm{H}$，$4 \times 10^{-2}\,\mathrm{H}$

解説　$L = \dfrac{N\phi}{I} = \dfrac{60 \times 2 \times 10^{-3}}{2} = 6 \times 10^{-2}\,\mathrm{H}$

$M = \dfrac{N_2\phi}{I_1} = \dfrac{40 \times 2 \times 10^{-3}}{2} = 4 \times 10^{-2}\,\mathrm{H}$

7. 0.3 H, 0.4 H

> 解説 $|L| = \dfrac{e}{\dfrac{\Delta I}{\Delta t}} = \dfrac{3}{\dfrac{2}{0.2}} = 0.3\,\text{H}$

$|M| = \dfrac{e_2}{\dfrac{\Delta I_1}{\Delta t}} = \dfrac{4}{\dfrac{2}{0.2}} = 0.4\,\text{H}$

8. 1 H

> 解説 $M = \dfrac{N_2\phi}{I_1} = \dfrac{2\,500 \times 4 \times 10^{-4}}{1} = 1\,\text{H}$

⑤ 節

▶節末問題 [p.122]

1. ① 電気　② 回転　③ 回転　④ 電気

2. (a) ①　(b) ①

■章末問題 [p.126〜127]

1. 0.169 N

> 解説 $F = 6.33 \times 10^4 \times \dfrac{m_1 m_2}{\mu_r r^2}$
> $= 6.33 \times 10^4 \times \dfrac{6 \times 10^{-5} \times 4 \times 10^{-5}}{1 \times (3 \times 10^{-2})^2}$
> $= 0.169\,\text{N}$

2. 127 A/m, 右向き

> 解説 $H = 6.33 \times 10^4 \times \dfrac{m_1 m_2}{\mu_r r^2}$
> $= 6.33 \times 10^4 \times \dfrac{8 \times 10^{-5}}{1 \times (20 \times 10^{-2})^2}$
> $= 127\,\text{A/m}$

3. $H = 0.76\,\text{A/m},\ B = 9.55 \times 10^{-7}\,\text{T}$

> 解説 $H = 6.33 \times 10^4 \times \dfrac{m_1 m_2}{\mu_r r^2}$
> $= 6.33 \times 10^4 \times \dfrac{3 \times 10^{-6}}{1 \times (50 \times 10^{-2})^2}$
> $= 0.76\,\text{A/m}$
> $B = 4\pi \times 10^{-7}\mu_r H = 4 \times 3.14 \times 10^{-7} \times 1 \times 0.76$
> $= 9.55 \times 10^{-7}\,\text{T}$

4. (1) $F_m = 120\,\text{A}$　(2) $\mu = 1.51 \times 10^{-3}\,\text{H/m}$
(3) $R_m = 9.93 \times 10^5\,\text{H}^{-1}$　(4) $\phi = 1.21 \times 10^{-4}\,\text{Wb}$
(5) $H = 400\,\text{A/m}$　(6) $B = 0.605\,\text{T}$

> 解説 (1) $F_m = NI = 400 \times 0.3 = 120\,\text{A}$
> (2) $\mu = \mu_0\mu_r = 4 \times 3.14 \times 10^{-7} \times 1\,200$
> $= 1.51 \times 10^{-3}\,\text{H/m}$
> (3) $R_m = \dfrac{l}{\mu A} = \dfrac{30 \times 10^{-2}}{1.51 \times 10^{-3} \times 2 \times (10^{-2})^2}$
> $= 9.93 \times 10^5\,\text{H}^{-1}$
> (4) $\phi = \dfrac{NI}{R_m} = \dfrac{400 \times 0.3}{9.93 \times 10^5} = 1.21 \times 10^{-4}\,\text{Wb}$
> (5) $H = \dfrac{NI}{l} = \dfrac{400 \times 0.3}{0.3} = 400\,\text{A/m}$
> (6) $B = \dfrac{\phi}{A} = \dfrac{1.21 \times 10^{-4}}{2 \times (10^{-2})^2} = 0.605\,\text{T}$

5. (1) 1 N·m　(2) 0.866 N·m　(3) 0.707 N·m
(4) 0.5 N·m　(5) 0 N·m

> 解説 (1) $T = NBIld\cos\theta = 500 \times 0.8 \times 0.5 \times 10$
> $\times 10^{-2} \times 5 \times 10^{-2} \times \cos 0° = 1\,\text{N·m}$
> (2)〜(5) 略

6. $H = 10\,\text{A/m},\ B = 1.26 \times 10^{-5}\,\text{T}$

> 解説 $H = \dfrac{I}{2\pi r} = \dfrac{3.14}{2 \times 3.14 \times 5 \times 10^{-2}} = 10\,\text{A/m},$
> $B = 4\pi \times 10^{-7}\mu_r H = 4 \times 3.14 \times 10^{-7} \times 1 \times 10$
> $= 1.26 \times 10^{-5}\,\text{T}$

7. 0.866 A

> 解説 $I = \dfrac{F}{Bl\sin 60°} = \dfrac{0.09}{0.4 \times 0.3 \times 0.866} = 0.866\,\text{A}$

8. 4 A

> 解説 $f = \dfrac{2I_a I_b}{r} \times 10^{-7} = \dfrac{2 \times I^2}{40 \times 10^{-2}} \times 10^{-7}$
> $= 8 \times 10^{-6}$ より,
> $I^2 = \dfrac{8 \times 10^{-6} \times 40 \times 10^{-2}}{2 \times 10^{-7}} = 16,\quad I = \sqrt{16} = 4\,\text{A}$

9. 略

10. $e_{ab} = -2.5 \times 10^{-2}\,\text{V},\ e_{bc} = 0\,\text{V},$
$e_{cd} = 1.67 \times 10^{-2}\,\text{V}$

> 解説 $e_{ab} = -N\dfrac{\Delta\phi}{\Delta t} = -100 \times \dfrac{5-0}{2-0} \times 10^{-4}$
> $= -2.5 \times 10^{-2}\,\text{V}$
> $e_{bc} = -100 \times \dfrac{5-5}{4-2} \times 10^{-4} = 0\,\text{V}$
> $e_{cd} = -100 \times \dfrac{0-5}{7-4} \times 10^{-4} = 1.67 \times 10^{-2}\,\text{V}$

11. 3.2 V, 0.32 A

> 解説 $|e| = Blv\sin 90° = 0.2 \times 80 \times 10^{-2} \times 20 \times 1$
> $= 3.2\,\text{V},\quad I = \dfrac{|e|}{R} = \dfrac{3.2}{10} = 0.32\,\text{A}$

12. (1) $\phi_1 = 1 \times 10^{-4}\,\text{Wb},\ W_1 = 5 \times 10^{-2}\,\text{J}$
(2) $\phi_2 = 3 \times 10^{-4}\,\text{Wb},\ W_2 = 0.45\,\text{J}$

> 解説 (1) $\phi_1 = \dfrac{LI}{N} = \dfrac{1 \times 10^{-3} \times 10}{100} = 1 \times 10^{-4}\,\text{Wb},$
> $W_1 = \dfrac{1}{2}LI^2 = \dfrac{1}{2} \times 1 \times 10^{-3} \times 10^2 = 5 \times 10^{-2}\,\text{J}$
> (2) $\phi_2 = \dfrac{LI}{N} = \dfrac{1 \times 10^{-3} \times 30}{100} = 3 \times 10^{-4}\,\text{Wb},$
> $W_2 = \dfrac{1}{2}LI^2 = \dfrac{1}{2} \times 1 \times 10^{-3} \times 30^2 = 0.45\,\text{J}$

1 節

[p.129] **問 1** $e = 220 \sin(120\pi t)$ [V]

　　問 2 $e = -58.6$ V

[p.131] **問 3** 2.09 rad, $28.7°$

　　問 4 $T_1 = 20$ ms, $T_2 = 16.7$ ms

　　問 5 $f_1 = 25$ Hz, $f_2 = 50$ kHz

[p.132] **問 6** $\omega = 628$ rad/s

[p.133] **問 7** (1) 141 V, 10 A　(2) $\pi/6$ rad, 0 rad,

　　　　　　　$\pi/6$ rad　(3) 122 V, 10 A

[p.134] **問 8** 120 V, 5 A

[p.135] **問 9** 108 V, 4.5 A

▶節末問題 [p.136]

1 . イ

2 . (1) 瞬時値, V　(2) 最大値, V　(3) 周波数, Hz

　　(4) 時間, s　(5) 初位相, rad

3 . (1) 5 ms　(2) 333 μs　(3) 2.5 μs

解説 (1) $T = \dfrac{1}{f} = \dfrac{1}{200} = 0.005 = 5$ ms

　　(2)〜(3) 略

4 . (1) 0.5 Hz　(2) 100 Hz　(3) 2.5 kHz

解説 (1) $f = \dfrac{1}{T} = \dfrac{1}{2} = 0.5$ Hz　(2)〜(3) 略

5 . (1) 50 V, 0 rad　(2) 283 V, $-\pi/6$ rad

　　(3) 7.07 A, $\pi/4$ rad　(4) 30 A, $-2\pi/3$ rad

解説 (1) $E = 0.707 E_m = 0.707 \times 70.7 = 50$ V

　　(2) $E = 0.707 E_m = 0.707 \times 400 = 283$ V

(3) $I = 0.707 I_m = 0.707 \times 10 = 7.07$ A

(4) $I = 0.707 I_m = 0.707 \times 42.4 = 30$ A

6 . (1) $E_{m1} = 100$ V, $E_{m2} = 150$ V　(2) $T_1 = 4$ ms,

　　$T_2 = 5$ ms　(3) $f_1 = 250$ Hz, $f_2 = 200$ Hz

　　(4) $\alpha_1 = 0$ rad, $\alpha_2 = \pi/2$ rad

　　(5) $e_1 = 100 \sin 500\pi t$ [V],

　　$e_2 = 150 \sin(400\pi t + \pi/2)$ [V]

解説 (3) $f_1 = \dfrac{1}{T_1} = \dfrac{1}{4 \times 10^{-3}} = 250$ Hz

$f_2 = \dfrac{1}{T_2} = \dfrac{1}{5 \times 10^{-3}} = 200$ Hz

2 節

[p.137] **問 1** (1) $4 - j3$　(2) $8 + j6$　(3) $-j9$　(4) $j2$

　　問 2 (1) $13 + j4$　(2) $6 - j10$　(3) $-5 - j3$

　　　　　(4) $72 - j4$　(5) $3 - j2$　(6) $-j$

[p.139] **問 3** 略

　　問 4 (1) $100\angle 36.9°$　(2) $70.7\angle -45°$

　　　　　(3) $1\angle 90°$　(4) $17.3 + j10$

　　　　　(5) $70.7 - j70.7$

[p.140] **問 5** (和) $-1 + j3$, 3.16, $108.4°$

　　　　　(差) $5 - j5$, 7.07, $-45°$

[p.141] **問 6** (1) $200\angle -30°$　(2) $3827\angle 66°$

　　　　　(3) $5\angle 100°$　(4) $2.22\angle 13°$

3 節

[p.143] **問 1** $\dot{V} = 100\angle 0$ V, $\dot{I} = 25\angle -\pi/2$ A

[p.145] **問 2** 0.1 A

　　問 3 $0.5\angle \pi/4$ A

[p.147] **問 4** $X_L = 25.1$ Ω

[p.149] **問 5** $X_C = 26.5$ Ω

　　問 6 $X_C = 1$ kΩ, $f = 31.8$ Hz

[p.151] **問 7** 複素数 $Z = 8 - j6$ Ω,

　　　　　極座標表示 $\dot{Z} = 10\angle -36.9°$ Ω, 容量性

[p.153] **問 8** (1) $\dot{Z} = 91.8\angle 29.4°$ Ω

　　　　　(2) $\dot{Z} = 56.6\angle 45°$ Ω

　　　　　インピーダンス三角形は略

　　問 9 $I = 2$ A, $V_R = 60$ V, $V_L = 80$ V

　　　　　ベクトル図は略

　　問 10 $Z = 5.01$ Ω, $I = 9.98$ A

　　問 11 $V_R = 80$ V, $V_L = 60$ V

[p.155] **問 12** $V_R = 40$ V, $V_C = 30$ V, $V = 50$ V

　　問 13 $Z = 5.02$ Ω, $I = 9.96$ A

[p.157] **問 14** $Z = 155$ Ω, $\theta = 49.7°$

　　　　　インピーダンス三角形は略

　　問 15 $\dot{I}_R = 20$ mA, $\dot{I}_L = -j40$ mA,

　　　　　$\dot{I}_C = j30$ mA, $\dot{I} = 20 - j10$ mA

[p.159] **問 16** $\dot{Y} = 0.025 - j0.05$ S, $\dot{I}_1 = 3$ A,

　　　　　$\dot{I}_2 = -j6$ A, $\dot{I} = 3 - j6$ A

　　問 17 $\dot{Y} = 0.05 - j0.0125$ S, $G = 0.05$ S,

　　　　　$B = 0.0125$ S

▶節末問題 [p.160]

1 . ウ

解説 $Z = \sqrt{R^2 + (X_L - X_C)^2} = \sqrt{15^2 + (26 - 6)^2}$

　　　$= 25$ Ω

2 . イ

解説 $Z = \sqrt{R^2 + X_L{}^2} = \sqrt{9^2 + 12^2} = 15$ Ω

　　　$I = \dfrac{V}{Z} = \dfrac{150}{15} = 10$ A

　　$V_R = RI = 9 \times 10 = 90$ V

3 . (1) $V_R = 10$ V　(2) $V_L = 12.6$ V　(3) $V = 16.1$ V

　　(4) $51.5°$　(5) 略

解説 $X_L = 2\pi f L$

　　　$= 2 \times 3.14 \times 10 \times 10^3 \times 100 \times 10^{-3}$

　　　$= 6.28$ kΩ

$Z = \sqrt{R^2 + X_L{}^2} = \sqrt{5^2 + 6.28^2} = 8.03$ kΩ

(1) $V_R = RI = 5 \times 10^3 \times 2 \times 10^{-3} = 10$ V

(2) $V_L = X_L I = 6.28 \times 10^3 \times 2 \times 10^{-3} = 12.6$ V

(3) $V = ZI = 8.03 \times 10^3 \times 2 \times 10^{-3} = 16.1$ V

(4) $\theta = \tan^{-1}\dfrac{X_L}{R} = \tan^{-1}\dfrac{6.28}{5} = 51.5°$

4． (1) $V_R = 40$ V (2) $V_C = 31.8$ V (3) $V = 51.2$ V

(4) $-38.5°$ (5) 略

解説 $X_C = \dfrac{1}{2\pi f C}$

$= \dfrac{1}{2 \times 3.14 \times 1 \times 10^3 \times 0.01 \times 10^{-6}}$

$= 15.9\,\text{k}\Omega$

$Z = \sqrt{R^2 + X_C^2} = \sqrt{20^2 + 15.9^2} = 25.6\,\text{k}\Omega$

(1) $V_R = RI = 20 \times 10^3 \times 2 \times 10^{-3} = 40$ V

(2) $V_C = X_C I = 15.9 \times 10^3 \times 2 \times 10^{-3} = 31.8$ V

(3) $V = ZI = 25.6 \times 10^3 \times 2 \times 10^{-3} = 51.2$ V

(4) $\theta = \tan^{-1}\left(-\dfrac{X_C}{R}\right) = \tan^{-1}\left(-\dfrac{15.9}{20}\right) = -38.5°$

5． (1) $V_{ab} = 88.8$ V (2) $V_{cd} = 47.1$ V

(3) $V_{bd} = 45.9$ V

解説 $X_L = 2\pi f L = 2 \times 3.14 \times 100 \times 10 \times 10^{-3}$

$= 6.28\,\Omega$

$X_C = \dfrac{1}{2\pi f C} = \dfrac{1}{2 \times 3.14 \times 100 \times 500 \times 10^{-6}}$

$= 3.18\,\Omega$

$Z = \sqrt{R^2 + (X_L - X_C)^2}$

$= \sqrt{6^2 + (6.28 - 3.18)^2} = 6.75\,\Omega$

$I = \dfrac{V}{Z} = \dfrac{100}{6.75} = 14.8$ A

(1) $V_{ab} = RI = 6 \times 14.8 = 88.8$ V

(2) $V_{cd} = X_C I = 3.18 \times 14.8 = 47.1$ V

(3) $V_{bd} = (X_L - X_C)I = (6.28 - 3.18) \times 14.8$

$= 45.9$ V

◀ 4 節 ▶

[p. 163] 問 1　$f_0 = 35.6$ Hz, $I = 0.133$ A

問 2　$C = 0.0634\,\mu\text{F}$

[p. 165] 問 3　$f_0 = 5.04$ kHz

問 4　2.03×10^{-2} H

◀ 5 節 ▶

[p. 167] 問 1　$I = 6.67$ A, $P = 533$ W

[p. 168] 問 2　2 kV·A, 1.2 kW, 1.6 kvar

直角三角形は略

▶節末問題 [p. 169]

1． 0.866, 866 W

解説 $\cos\theta = \cos 30° = 0.866$

$P = VI\cos\theta = 200 \times 5 \times 0.866 = 866$ W

2． 500 V·A, 400 W, 300 var

解説 $\dot{Z} = R - jX_C = 16 - j12 = 20\angle-36.9°\,\Omega$

$\dot{I} = \dfrac{\dot{V}}{\dot{Z}} = \dfrac{100\angle 0°}{20\angle-36.9°} = 5\angle 36.9°$ A

$S = VI = 100 \times 5 = 500$ V·A

$P = S\cos\theta = 500 \times \cos 36.9° = 400$ W

$Q = S\sin\theta = 500 \times \sin 36.9° = 300$ var

3． (1) $I = 6.09$ A (2) $\cos\theta = 0.832$

(3) $S = 1.34$ kV·A (4) $P = 1.11$ kW

(5) $Q = 744$ var

解説 $\dot{Z} = R + j(X_L - X_C) = 30 + j20$

$= 36.1\angle 33.7°\,\Omega$

(1) $I = \dfrac{V}{Z} = \dfrac{220}{36.1} = 6.09$ A

(2) $\cos\theta = \cos 33.7° = 0.832$

(3) $S = VI = 220 \times 6.09 = 1.34$ kV·A

(4) $P = S\cos\theta = 1.34 \times 10^3 \times \cos 33.7° = 1.11$ kW

(5) $Q = S\sin\theta = 1.34 \times 10^3 \times \cos 33.7° = 744$ var

4． エ

解説 $I = \dfrac{P}{V\cos\theta} = \dfrac{1.5 \times 10^3}{200 \times 0.7} = 10.7$ A

5． ア

解説 $I = \dfrac{V_L}{X_L} = \dfrac{6}{6} = 1$ A, $P = V_R I = 8 \times 1 = 8$ W

6． ウ

解説 $I = \dfrac{P}{V\cos\theta} = \dfrac{20 \times 5}{100 \times 0.6} = 1.67$ A

◀ 6 節 ▶

[p. 171] 問 1　略

[p. 173] 問 2　$V_l = 416$ V, $I_p = 4.8$ A, $I_l = 4.8$ A,

$\theta = \pi/3$ rad (60°)

[p. 175] 問 3　$V_l = 80$ V, $I_p = 2$ A, $I_l = 3.46$ A,

$\theta = \pi/3$ rad (60°)

[p. 177] 問 4　$10\angle-\pi/6\,\Omega$

問 5　相電流：3.33 A　線電流：5.76 A

[p. 179] 問 6　720 W

▶節末問題 [p. 180]

1． (1) 120 (2) Y(または星形), $\triangle$(または三角)

(3) 相, 線間 (4) $V_l = \sqrt{3}\,V_p$ (5) $V_l = V_p$

(6) 相, 線 (7) $I_l = I_p$ (8) $I_l = \sqrt{3}\,I_p$

2． 略　3． 略

4． ウ

解説 $I_p = \dfrac{V}{R} = \dfrac{200}{50} = 4$ A

$I_l = \sqrt{3}\,I_p = 1.73 \times 4 = 6.92$ A

5 . (1) $I_p = 4\,\text{A}$ (2) $\theta = \pi/4\,\text{rad}$ (3) $V_l = 208\,\text{V}$
    (4) $P = 1.02\,\text{kW}$

解説 (1) $I_p = \dfrac{V_p}{Z} = \dfrac{120}{30} = 4\,\text{A}\ (= I_l)$

(3) $V_l = \sqrt{3}\,V_p = 1.73 \times 120 = 208\,\text{V}$

(4) $P = \sqrt{3}\,V_l I_l \cos\theta = 1.73 \times 208 \times 4 \times \cos\dfrac{\pi}{4}$

    $= 1.02\,\text{kW}$

■章末問題 [p. 182〜183]

1 . (1) $50.1\angle 0\,\text{V}$ (2) $28.4\angle -\pi/6\,\text{V}$
    (3) $7.09\angle\pi/4\,\text{A}$

解説 (1) $\dfrac{70.7}{\sqrt{2}} = 50.1$ (2) $\dfrac{40}{\sqrt{2}} = 28.4$

    (3) $\dfrac{10}{\sqrt{2}} = 7.09$

2 . (1) $100\,\text{V}$ (2) $191 - j110\,\text{V}$ (3) $-25 + j43.3\,\text{A}$

解説 (1) $\dot{V} = 100(\cos 0 + j\sin 0) = 100\,\text{V}$

(2) $\dot{V} = 220\left\{\cos\left(-\dfrac{\pi}{6}\right) + j\sin\left(-\dfrac{\pi}{6}\right)\right\}$

    $= 191 - j110\,\text{V}$

(3) $\dot{I} = 50\left(\cos\dfrac{2\pi}{3} + j\sin\dfrac{2\pi}{3}\right) = -25 + j43.3\,\text{A}$

3 . $I = 0.5\,\text{A}$

解説 $I = \dfrac{V}{X_L} = \dfrac{20}{40} = 0.5\,\text{A}$

4 . イ

解説 $I' = \dfrac{V}{X_L'} = \dfrac{V}{2\pi f' L} = \dfrac{V}{2\pi \times 60 \times L}$

    $= \dfrac{V}{2\pi \times 50 \times L} \times \dfrac{50}{60} = I \times \dfrac{50}{60} = 2 \times \dfrac{50}{60}$

    $= 1.67\,\text{A}$

5 . $I = 0.4\,\text{A}$

解説 $\dot{Z} = R + jX_L = 30 + j40 = 50\angle 53.1°\,\Omega$,

    $I = \dfrac{V}{Z} = \dfrac{20}{50} = 0.4\,\text{A}$

6 . $I = 28.3\,\text{mA}$

解説 $\dot{Z} = R - jX_C = 5 - j5 = 7.07\angle 45°\,\text{k}\Omega$,

    $I = \dfrac{V}{Z} = \dfrac{200}{7.07 \times 10^{-3}} = 28.3\,\text{mA}$

7 . (a) $I = 3.71\,\text{A}$, $P = 689\,\text{W}$
    (b) $I = 6.4\,\text{A}$, $P = 800\,\text{W}$

解説 (a) $\dot{Z} = 50 + j20 - j40 = 53.9\angle -21.8°\,\Omega$,

    $I = \dfrac{V}{Z} = \dfrac{200}{53.9} = 3.71\,\text{A}$,

$P = VI\cos\theta = 200 \times 3.71 \times \cos 21.8° = 689\,\text{W}$

(b) $\dot{I}_R = \dfrac{\dot{V}}{R} = \dfrac{200}{50} = 4\,\text{A}$,

    $\dot{I}_L = \dfrac{\dot{V}}{jX_L} = \dfrac{200}{j20} = -j10\,\text{A}$,

    $\dot{I}_C = \dfrac{\dot{V}}{-jX_C} = \dfrac{200}{-j40} = j5\,\text{A}$,

$\dot{I} = \dot{I}_R + \dot{I}_L + \dot{I}_C = 4 - j10 + j5 = 4 - j5\,\text{A}$
    $= 6.4\angle -51.3°\,\text{A}$,

$P = VI\cos\theta = 200 \times 6.4 \times \cos 51.3° = 800\,\text{W}$

8 . $I_l = 2.3\,\text{A}$, $V_l = 199\,\text{V}$, $P = 792\,\text{W}$

解説 $I_l = I_p = \dfrac{V_p}{Z} = \dfrac{115}{50} = 2.3\,\text{A}$,

$V_l = \sqrt{3}\,V_p = 1.73 \times 115 = 199\,\text{V}$,

$P = \sqrt{3}\,V_l I_l = 1.73 \times 199 \times 2.3 = 792\,\text{W}$

9 . $7\,\text{A}$, $12.1\,\text{A}$, $4.41\,\text{kW}$

解説 $I_p = \dfrac{V_p}{Z} = \dfrac{210}{30} = 7\,\text{A}$,

    $I_l = \sqrt{3}\,I_p = 1.73 \times 7 = 12.1\,\text{A}$,

    $P = 3V_p I_p = 3 \times 210 \times 7 = 4.41\,\text{kW}$

10 . $54 + j54\,\Omega$, $4 - j3\,\Omega$

解説 $\dot{Z}_\Delta = 3\dot{Z}_Y = 3 \times (18 + j18) = 54 + j54\,\Omega$,

    $\dot{Z}_Y = \dfrac{1}{3}\dot{Z}_\Delta = \dfrac{1}{3} \times (12 - j9) = 4 - j3\,\Omega$

第6章 電気計測

1 節

[p. 185] **問 1** s^{-1}

[p. 187] **問 2** 0.002, $0.001\,96$

       問 3 $31.95\,\text{mA}$ 以上 $32.05\,\text{mA}$ 未満

2 節

[p. 188] **問 1**   略

▶節末問題 [p. 195]

1 . 可動コイルに働く電磁力

2 . 固定鉄片と可動鉄片の磁化による反発力

3 . 永久磁石可動コイル形計器

4 . 略

5 . アナログ計器は指針の振れ幅で測定値を表示し、
ディジタル計器は測定値を数字で表示する。

6 . アナログ量をディジタル量に変換するもの

3 節

[p. 198] **問 1**   測定のための調整が自動で行われる。

[p. 204] **問 2** $0.6\,\text{V}$, $0.426\,\text{V}$, $30\,\mu\text{s}$, $33.3\,\text{kHz}$

1．(1) 単位　(2) 国際単位系（もしくは SI）　(3) 1.0

2．0.01 V，0.005 41

解説 $\varepsilon = M - T = 1.86 - 1.85 = 0.01$ V

$\dfrac{\varepsilon}{T} = \dfrac{0.01}{1.85} = 0.005\,41$

3．97〜103 V

4．アナログ計器，ディジタル計器

5．直流

6．20 Hz〜20 kHz

7．(a) 永久磁石可動コイル形　(b) 可動鉄片形
　(c) 整流形　(d) 指示計器を水平に使用する
　(e) 指示計器を鉛直に使用する　(f) 誘導形

8．オ，イ，エ

9．0.567 V，33.3 Hz

解説 $\dfrac{0.2 \times 4}{\sqrt{2}} = 0.567$ V，

$f = \dfrac{1}{T} = \dfrac{1}{5 \times 10^{-3} \times 6} = 33.3$ Hz

第 7 章　非正弦波交流と過渡現象

1 節

[p. 209] **問 1**　略

[p. 212] **問 2**　106 V

問 3　$V = \sqrt{V_0{}^2 + \dfrac{1}{2}\left(V_1{}^2 + V_2{}^2 + \cdots\cdots\right)}$

[p. 213] **問 4**　11.8 %

2 節

[p. 215] **問 1**　10 ms

[p. 216] **問 2**　$\tau_1 = 1$ s，$\tau_2 = 2$ s

[p. 218] **問 3**　10 kHz，0.1

▶節末問題 [p. 220]

1．略

2．(1) $I = 0.1$ A　(2) 5 ms

解説 (1) $I = \dfrac{E}{R} = \dfrac{10}{100} = 0.1$ A

(2) $\tau = \dfrac{L}{R} = \dfrac{0.5}{100} = 5$ ms

3．(1) 10 mA　(2) $I = 0$ A　(3) 0.1 s

解説 (1) $i = \dfrac{E}{R} = \dfrac{50}{5 \times 10^3} = 10$ mA

(3) $\tau = RC = 5 \times 10^3 \times 20 \times 10^{-6} = 0.1$ s

4．83.3 kHz，5 μs，0.417，1 μs

解説 $f = \dfrac{1}{T} = \dfrac{1}{12 \times 10^{-6}} = 83.3$ kHz

$\dfrac{t_\omega}{T} = \dfrac{5 \times 10^{-6}}{12 \times 10^{-6}} = 0.417$

5．(a) 微分回路　(b) 積分回路　　波形は略

6．略　　7．略

1．略

2．(1) 基本波，第 3 調波，第 5 調波　(2) 14.2 V，
　11.2 %　(3) 50 Hz，150 Hz，250 Hz　(4) 45.2 mA

解説 (2) $V = \sqrt{V_1{}^2 + V_3{}^2 + V_5{}^2}$

$= \sqrt{\left(\dfrac{20}{\sqrt{2}}\right)^2 + \left(\dfrac{2}{\sqrt{2}}\right)^2 + \left(\dfrac{1}{\sqrt{2}}\right)^2}$

$= 14.2$ V

$k = \dfrac{\sqrt{V_3{}^2 + V_5{}^2}}{V_1} \times 100$

$= \left\{\sqrt{\left(\dfrac{2}{\sqrt{2}}\right)^2 + \left(\dfrac{1}{\sqrt{2}}\right)^2} \div \dfrac{20}{\sqrt{2}}\right\} \times 100 = 11.2$ %

(3) $f_1 = \dfrac{\omega_1}{2\pi} = \dfrac{100\pi}{2\pi} = 50$ Hz，

$f_3 = \dfrac{\omega_3}{2\pi} = \dfrac{300\pi}{2\pi} = 150$ Hz，

$f_5 = \dfrac{\omega_5}{2\pi} = \dfrac{500\pi}{2\pi} = 250$ Hz

(4) $X_1 = \omega_1 L = 100\pi \times 1 = 314$ Ω，$X_3 = 3X_1 = 942$ Ω，
$X_5 = 5X_1 = 1\,570$ Ω，

$I_1 = \dfrac{V_1}{X_1} = \dfrac{20}{\sqrt{2}} \times \dfrac{1}{314} = 45.2$ mA，

$I_3 = \dfrac{V_3}{X_3} = \dfrac{2}{\sqrt{2}} \times \dfrac{1}{942} = 1.51$ mA，

$I_5 = \dfrac{V_5}{X_5} = \dfrac{1}{\sqrt{2}} \times \dfrac{1}{1\,570} = 0.45$ mA，

$I = \sqrt{I_1{}^2 + I_3{}^2 + I_5{}^2}$
$= \sqrt{(45.2^2 + 1.51^2 + 0.45^2) \times 10^{-6}} = 45.2$ mA

3．ク，ア，キ，ウ，カ，イ，ケ，ケ

4．略　　5．略

●本書の関連データが web サイトからダウンロードできます。

https://www.jikkyo.co.jp で

「新訂電気回路入門」を検索してください。

■監修

東京電機大学特別専任教授
東京大学名誉教授
日髙邦彦（ひ だか くにひこ）

国立明石工業高等専門学校名誉教授
神戸女子短期大学教授
堀桂太郎（ほり けい た ろう）

■編修

井上弘司（いのうえこう じ）　金澤恵司（かなざわけい し）

河合英光（かわ い ひでみつ）　坂本成一（さかもとしげかず）

佐竹一郎（さ たけいちろう）　長久　大（ちょうきゅう だい）

実教出版株式会社

写真提供・協力──朝日電器㈱　㈱アフロ　アルファ・エレクトロニクス㈱　岩崎通信機㈱　岩手県葛巻町　川崎重工業㈱　キーサイト・テクノロジー㈱　京セラ㈱　瀬戸内 Kirei 未来創り合同会社　ケニス㈱　国立研究開発法人産業技術総合研究所　㈱サンジェム　サンハヤト㈱　三和電気計器㈱　㈱ジーマックス　㈱島津理化　住友電機工業　太平洋精工　㈱タツノ　中部電力㈱　㈱テクシオ・テクノロジー　テレダイン・レクロイ・ジャパン　電源開発　東海旅客鉄道㈱　東芝デバイス＆ストレージ㈱　東北電力㈱　トヨタ自動車㈱　日動工業㈱　ニレック㈱　日置電機㈱　㈱ピーピーエス通信社　㈱フィリップス・ジャパン　㈱不二越　古河電池㈱　三菱電機㈱　㈱村田製作所　㈱目黒電波計測器　山菱電機㈱　FDK㈱　㈱IHI　JAXA　㈱Joman　㈱NTTドコモ　SEMITEC㈱

●表紙デザイン──難波邦夫
●本文基本デザイン──難波邦夫

First Stage シリーズ

新訂電気回路入門

2023 年 10 月 10 日　初版第 1 刷発行

©著作者　日髙邦彦　堀桂太郎
　　　　　ほか 7 名（別記）
●発行者　小田良次
●印刷者　株式会社太洋社

●発行所　実教出版株式会社
〒102-8377　東京都千代田区五番町 5
電話〈営業〉（03）3238-7765
　　〈企画開発〉（03）3238-7751
　　〈総務〉（03）3238-7700
https://www.jikkyo.co.jp

無断複写・転載を禁ず

© K. Hidaka,　K. Hori

ISBN978-4-407-36393-7

抵抗器の表示記号

4色表示 56×10²Ω（5.6 kΩ）±5%の例

抵抗器の端に近い色帯を左にして読み取る

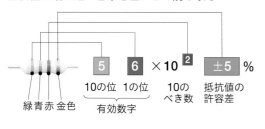

緑青赤金色

5 6 ×10² ±5 %

10の位 1の位 ／ 10の ／ 抵抗値の
有効数字 ／ べき数 ／ 許容差

数表示 10Ω ±5%の例

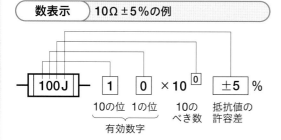

100J | 1 0 ×10⁰ ±5 %

10の位 1の位 ／ 10の ／ 抵抗値の
有効数字 ／ べき数 ／ 許容差

●色に対応する数値

色名	数字	10の べき数	抵抗値の 許容差[%]
黒	0	1	—
茶色	1	10	±1
赤	2	10^2	±2
橙	3	10^3	±0.05
黄	4	10^4	±0.02
緑	5	10^5	±0.5
青	6	10^6	±0.25
紫	7	10^7	±0.1
灰色	8	10^8	±0.01
白	9	10^9	—
桃色	—	10^{-3}	—
銀色	—	10^{-2}	±10
金色	—	10^{-1}	±5
無色			±20

●抵抗値の許容差（%）を表す 文字記号の例（数表示）

F	G	J	K	M	N	S	Z
±1	±2	±5	±10	±20	±30	−20 +50	−20 +80

コンデンサの表示記号

　比較的に容量の大きい電解コンデンサなどでは，定格電圧や静電容量値を下の写真(a)，(b)のように，数値で表示することが多いが，フィルムコンデンサやセラミックコンデンサなどでは，下図のように記号で表示する。

数表示 20000 pF（0.02μF）±10% 定格電圧50Vの例

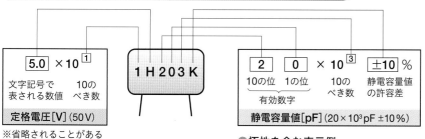

5.0 ×10¹

文字記号で ／ 10の
表される数値 ／ べき数

定格電圧[V]（50V）

1 H 203 K

2 0 ×10³ ±10 %

10の位 1の位 ／ 10の ／ 静電容量値
有効数字 ／ べき数 ／ の許容差

静電容量値[pF]（20×10³pF ±10%）

※省略されることがある

●定格電圧の数値を表す文字記号の例

A	B	C	D	E	F	G	H	J	K
1.0	1.25	1.6	2.0	2.5	3.15	4.0	5.0	6.3	8.0

●静電容量値の許容差（%）を表す文字記号の例

F	G	J	K	M	N	S	Z
±1	±2	±5	±10	±20	±30	−20 +50	−20 +80

●極性を含む表示例

コンデンサ(a)，(b)では⊖端子側が図示され，コンデンサ(c)では⊕端子側が記号で表されている。

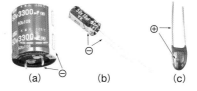

(a)　　　(b)　　　(c)

抵抗値と静電容量値の数値

　抵抗値と静電容量値には，いくつかの標準数列が規定され，推奨されている。以下に，代表的な標準数列のE24系列（有効数字2けた）の数値を示す。

10	11	12	13	15	16	18	20	22	24	27	30	33	36	39	43	47	51	56	62	68	75	82	91

カラー抵抗早見表［Ω］

カラー	3列目 茶色 1	3列目 赤 2
g：金色		
1 0 g	100	1.0k
1 5 g	150	1.5k
2 2 g	220	2.2k
3 3 g	330	3.3k
4 7 g	470	4.7k
6 8 g	680	6.8k
8 2 g	820	8.2k

カラー	3列目 橙 3	3列目 黄 4
g：金色		
1 0 g	10k	100k
1 5 g	15k	150k
2 2 g	22k	220k
3 3 g	33k	330k
4 7 g	47k	470k
6 8 g	68k	680k
8 2 g	82k	820k

代数公式

●乗法公式・因数分解

(1) $(a + b)^2 = a^2 + 2ab + b^2$

(2) $(a - b)^2 = a^2 - 2ab + b^2$

(3) $(a + b)(a - b) = a^2 - b^2$

●分数式 ($a \neq 0,\ b \neq 0$)

(1) $\dfrac{1}{a} \pm \dfrac{1}{b} = \dfrac{b \pm a}{ab}$

(2) $\dfrac{b}{\dfrac{1}{a}} = ab$

(3) $\dfrac{1}{\dfrac{1}{a} \pm \dfrac{1}{b}} = \dfrac{ab}{b \pm a}$

●複素数

複　素　数　$\dot{A} = a + jb = A\angle\theta$ 　　$A = |\dot{A}| = \sqrt{\overline{A}\dot{A}} = \sqrt{a^2 + b^2}$

共役複素数　$\overline{A} = a - jb = A\angle-\theta$ 　$\theta = \tan^{-1}\dfrac{b}{a}$

直交座標表示↑　　　　　↑極座標表示

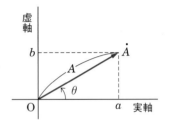

〔直交座標表示〕

加法減法　$(a + jb) \pm (c + jd) = (a \pm c) + j(b \pm d)$

乗法　$(a + jb)(c + jd) = (ac - bd) + j(ad + bc)$

除法　$\dfrac{a + jb}{c + jd} = \dfrac{ac + bd}{c^2 + d^2} + j\dfrac{bc - ad}{c^2 + d^2}$ 　$(c^2 + d^2 \neq 0)$

〔極座標表示〕

極座標表示では，乗法・除法について以下のように表される。

乗法　$(A\angle\alpha)(B\angle\beta) = AB\angle(\alpha + \beta)$

除法　$\dfrac{A\angle\alpha}{B\angle\beta} = \dfrac{A}{B}\angle(\alpha - \beta)$ 　$(B \neq 0)$

●指数 ($a > 0,\ b > 0$)

(1) $x^0 = 1$ ($x \neq 0$)

(2) $a^{-m} = \dfrac{1}{a^m}$

(3) $a^m a^n = a^{m+n}$

(4) $(a^m)^n = a^{mn}$

(5) $\dfrac{a^m}{a^n} = a^{m-n}$

電気・磁気の量記号と単位

t は時間 [s]　l は長さ [m]　A は面積 [m²]　P は電力 [W]

量	量記号	量記号に関係する式	名　称	単位記号
電流	I	$I = V/R$	アンペア (ampere)	A
電圧	V	$P = VI$	ボルト (volt)	V
電気抵抗	R	$R = V/I$	オーム (ohm)	Ω
電気量 (電荷)	Q	$Q = It$	クーロン (coulomb)	C
静電容量	C	$C = Q/V$	ファラド (farad)	F
電界の大きさ	E	$E = V/l$	ボルト毎メートル	V/m
電束密度	D	$D = Q/A$	クーロン毎平方メートル	C/m²
誘電率	ε	$\varepsilon = D/E$	ファラド毎メートル	F/m
磁界の大きさ	H	$H = I/l$	アンペア毎メートル	A/m
磁束	Φ	$V = \Delta\Phi/\Delta t$	ウェーバ (weber)	Wb
磁束密度	B	$B = \Phi/A$	テスラ (tesla)	T
自己 (相互) インダクタンス	$L, (M)$	$M = \Phi/I$	ヘンリー (henry)	H
透磁率	μ	$\mu = B/H$	ヘンリー毎メートル	H/m